高等职业教育"十四五"规划教材

果树生产与管理

张　爽　潘　伟　主编

中国农业大学出版社
·北京·

内容简介

本书共分为七个模块：模块一系统地叙述了果树栽培基础知识，包括果树概述、果树分类、我国果树资源分布、果树树体结构、果树的发育等；模块二主要介绍了果树育苗，包括苗圃地的选择与规划、果树苗培育以及苗木出圃；模块三主要介绍了果树建园，包括园地选择、规划设计以及果树栽植；模块四主要介绍了果园管理，包括果树整形修剪、土肥水管理、花果管理等；模块五主要介绍了以苹果、梨为代表的仁果类果树的栽培技术；模块六主要介绍了以桃、杏、李为代表的核果类果树的栽培技术；模块七主要介绍了以葡萄、草莓为代表的浆果类果树的栽培技术。

全书内容丰富，通俗易懂，图文并茂，适合高等职业院校学生及果树种植者阅读参考。

图书在版编目(CIP)数据

果树生产与管理/张爽，潘伟主编.--北京：中国农业大学出版社，2022.12

ISBN 978-7-5655-2915-3

Ⅰ.①果… Ⅱ.①张… ②潘… Ⅲ.①果树园艺—高等职业教育—教材 Ⅳ.①S66

中国国家版本馆 CIP 数据核字(2023)第 006684 号

书　　名 果树生产与管理
作　　者 张 爽 潘 伟 主编

策划编辑 康昊婷　　**责任编辑** 康昊婷 刘彦龙
封面设计 郑 川
出版发行 中国农业大学出版社
社　　址 北京市海淀区圆明园西路 2 号　　**邮政编码** 100193
电　　话 发行部 010-62733489，1190　　读者服务部 010-62732336
编辑部 010-62732617，2618　　出 版 部 010-62733440
网　　址 http：// www. caupress. cn　　**e-mail** cbsszs@cau.edu.cn
经　　销 新华书店
印　　刷 北京鑫丰华彩印有限公司
版　　次 2023 年 2 月第 1 版　　2023 年 2 月第 1 次印刷
规　　格 185 mm×260 mm　　16 开本　　12.25 印张　　310 千字
定　　价 39.00 元

编委会

主　编　张　爽（黑龙江农业职业技术学院）
　　　　潘　伟（黑龙江农业职业技术学院）

副主编　高凤文（黑龙江农业职业技术学院）
　　　　杨巧红（黑龙江农业职业技术学院）
　　　　杨春梅（伊春市农业综合服务中心）
　　　　亓艺桦（潍坊职业学院）
　　　　刘春博（吉林省经济管理干部学院）

参　编　葛　欣（黑龙江农业职业技术学院）
　　　　曹延明（黑龙江农业职业技术学院）
　　　　罗　育（黑龙江农业职业技术学院）
　　　　王学顺（黑龙江农业职业技术学院）
　　　　孙　雪（黑龙江农业职业技术学院）
　　　　梁超澎（黑龙江冰康蓝莓木种植有限公司）

前 言

本教材遵循国务院印发的《国家职业教育改革实施方案》文件，并认真贯彻教育部《“十四五”职业教育规划教材建设实施方案》的精神，同时执行教育部等六部门联合印发的《高职扩招专项工作实施方案》等文件精神，根据教学对象的培养目标及区域果树发展特点，教材力求做到深浅适度、实用够用、重点突出、综合性强，突出科学性、实践性和针对性，供种植类专业的专业核心课程、专业拓展课程使用，以尽可能满足学生的需要。

果树生产是农业的重要组成部分，随着农村产业结构的调整和农产品市场的放开，特别是在乡村振兴战略背景下，因地制宜发展果树生产，能够给农户带来可观的经济效益，特别是目前生态农业、观光农业等的发展，为果树栽培也开辟了新的天地。为了更好地指导农户进行果树育苗、果树栽培与管理，在高职扩招的背景下，我们编写了《果树生产与管理》这本教材。

《果树生产与管理》依据农业生产需求，系统地阐述了果树栽培基本知识、果树育苗、果树建园、果园管理，并根据北方果树特点介绍了苹果、梨、桃、杏、李、葡萄、草莓等果树的种类、品种、生物学特性以及对环境条件的要求、栽培管理措施。该教材构思新颖，内容丰富，结构合理，深浅适度，具有很强的实用性，是高等职业教育的种植类专业核心课程、拓展课程专用教材，也可作为现代农场主培育及农技人员岗位培训的教材，还可供从事农业相关工作的专业人员参考使用。

本书由张爽、潘伟担任主编，高凤文、杨巧红、杨春梅、亓艺桦担任副主编，葛欣、曹延明、罗育、王学顺、孙雪、梁超澎参与编写。编写分工为：张爽负责编写模块四、模块五；潘伟负责编写模块一、模块二、模块三；高凤文、杨巧红、王学顺、孙雪、曹延明负责编写模块六；杨春梅、亓艺桦、葛欣、罗育、梁超澎、刘春博负责编写模块七。全书由张爽统稿。本教材中的部分内容参考了相关著作和教材，在此一并表示衷心感谢。

由于果树种类繁多，栽培技术与管理方法不尽相同，同时，受多种因素影响，地域性差别也很大，加之编者水平有限，时间仓促，教材中的错误和不妥之处，衷心希望广大读者及时发现并提出宝贵意见。

编　者

2022 年 9 月

前言

目 录

模块一
果树栽培基础知识

【知识目标】

通过本模块学习，学生能够了解我国果树栽培历史、现状、发展趋势以及果树在国民经济中的重要性；熟悉果树生产的特点，果树的生长发育规律及根、芽、枝、花、果等的生长发育特点；熟悉我国果树资源分布的八个自然带及其特色品种；掌握果树的概念，果树分类的方法，果树树体结构，果树根系、枝、芽的分类方法及其特性。

【能力目标】

具备果树分类能力以及识别树体基本结构的能力，能够对果树种类，果树的根、芽、枝、花、果等的生长发育有深入的认知能力，为果树栽培管理奠定理论基础，从而更好地指导果树栽培与管理实践。

项目一　果树概述

一、果树与果树栽培的概念

果树是指能够生产可供人类食用的果实、种子及其衍生物的多年生植物及其砧木的总称。栽培果树最终的目的是为了获得优质果品。要想获得优质果品，我们必须从果树育苗、果园建立、栽培管理、病虫害防治、产后商品化处理等各个环节进行管理。因此，人们为了获得优质果品，按照科学的管理方式，对果树及其环境采用各类技术进行管理和调控的过程就称为果树栽培。

果树产业是以果品升值、经济增效为核心，开发和利用能提供干果或鲜果的多年生木本和草本果树进行的商品生产。它是由多领域、多行业、多学科共同参与的、系统性综合化的产业，包括果树资源开发利用、品种培育、生产技术研究、果园综合利用、果品加工与贮藏、果品贸易等。因此，果树栽培必须以科学研究为基础，技术创新为核心，市场需求为导向，社会化服务为支撑，并尽可能地延伸产业链，提高商品率，才能获得最佳效益。

二、果树栽培在国民经济中的作用

果树是一种高产值、多用途的园艺作物。果树生产具有较高的经济效益、生态效益和社会效益，在农业和国民经济中具有重要的作用。

1.果树生产是农业的重要组成部分

农业是国民经济的基础，而果树生产是农业的重要组成部分，尤其是随着农村产业结构的调整、乡村振兴战略的实施，以及农产品市场的进一步放开，果树生产已在农村经济结构中占据重要地位，已成为“一乡一色”“一村一品”的主要产业。

2.果品是人们生活的必需品

果品富含人体必需的脂肪、蛋白质、糖类、矿物质、维生素和食物纤维等六大营养素，不同种类的果品中的营养素各有特色，如猕猴桃的维生素含量较高，核桃的脂肪含量为63.0%，杏仁的蛋白质含量为23%～25%，干枣的含糖量为50%～87%，葡萄含糖量为8%～12%，板栗干物质的淀粉含量为50%～65%，每100 g山楂中钙的含量为85 mg，每100 g核桃中磷的含量为329 mg。

3.果品是我国重要的出口创汇商品

我国是果树种植大国，栽培面积和果品产量均居世界第一位。果树生产在我国外贸经济中占有特殊的地位。自加入WTO以后，我国充分利用丰富的自然资源，在以科学技术进步为前提的基础上，加快了果树经济增长方式由数量型向质量型的转变，优质果品产量逐年增加，国际市场竞争力不断加强，干鲜果品及其加工品出口量不断增加。2021年，受疫情影响，果品出口额和出口量双双出现回落，但出口量仍达354.6万t，出口额为54.3亿美元。目前，我国已经成为浓缩苹果汁生产和出口第一大国。

4.果树生产可为食品工业和化学工业提供原料

果品除鲜食外，还可加工成很多制品，如果汁、果酒、果醋、果酱、果脯、蜜饯、罐头、果干等，均以果树生产作为原料供应。果树的其他器官也可作为化学工业的原料，例如核桃的树皮、叶片以及果实的青皮可以提炼鞣酸和栲胶，青皮还可以提取B族维生素；核果类果树的果壳可作活性炭；橘皮可提炼香精油；银杏叶片可以提炼黄酮苷。

5.医疗价值

果品有保健和预防、治疗疾病的作用。人们利用果品中含有的丰富营养物质和特殊成分，将其作为保健食品或以其为原料制作药品。例如，梨具有清热化痰的作用；枣对于治疗肝炎和毒疮、补血健脑、抗癌和健脾强身具有特殊疗效；核桃有补肾、润肺、益气作用，并对上百种疾病有一定的治疗作用；山楂健脾消食；香蕉可润肠；无花果含多种抗癌物质；等等。因此，果品是人们健康生活的绿色伴侣。

6.果树具有生态环境效益

果树种类繁多，根深叶茂，花美果香，对环境有较强的适应性，既可绿化荒山、防风固沙、保持水土，改善生态环境和居民生活条件，也可以美化环境、净化空气等，实现人与自然的和谐发展。

7.果树产业具有社会功能

果树产业的社会功能主要包括教育培训功能、吸纳富余劳动力功能、果园的观光旅游功能等，均具有潜在的开发价值。

三、果树生产的特点

果树是多年生植物，其生长发育规律复杂，具有连续多年生产产品的特性。果树生长发育的特性决定了果树生产技术与管理的特殊性，并进一步影响到果品的经营、销售等各个领域。

与一般大田作物相比，果树生产具有以下特点。

1.果树具有较长的生长周期

多数果树寿命可达十几年，甚至几十年，不仅有春华秋实的年周期变化，还具有一生中生命周期的变化，生长发育规律相对复杂，也具有经济效益长、投资报酬高的特点，同时果树栽培技术含量要求也相对较高。

2.果树具有相对固定性，土肥管理及病虫害防治要求较高

果树一经定植，一般都是长期固定生长在一个地方，其长期从固定的土壤中吸收营养元素，树体容易出现各种缺素症，应注重土壤改良、培肥和营养的补充。与其他农作物相比，果园病虫害种类繁多，树体本身又是许多病虫害的越冬场所，因此，果园病虫害防治难度较大。随着果品安全要求的提高，果园植保工作中要注重保护，预防为主，加强综合防治，才能达到良好的控制效果。

3.果树种类多，技术含量大

与农作物相比，果树种类多，各种果树的树性差异很大，单株独立性强，又多采用无性繁殖，必然增加生产的技术难度，加大生产管理成本。同时，果树树种品种多，栽培过程中必须根据树种、品种和砧穗组合以单株作为管理单位，采用个性化的技术，做到因树制宜。另外，果树生产形式多样，既有常规的露地栽培，也有果树的设施栽培，栽培技术含量较高。

4.果品多以鲜食为主，质量要求高

目前，鲜食是我国果品消费的主要形式，果树生产技术必须适应鲜食消费的需求。一是必须以果品安全无公害作为果树生产的基本目标，在园地选择、肥料与农药使用、果品贮藏运输技术等方面严格执行标准，并逐步提升果品生产质量等级；二是以周年供应市场鲜果为目标，使设施生产和果品贮运技术成为果树生产的特色技术和果品增值的重要手段；三是将果品质量成为果树生产的核心，提高消费者与生产者的重视程度，由果品市场定位决定果树生产效益（市场定位主要考虑供应时间、消费对象及果品质量等因素）。

5.以精细管理为技术特点

果树种类较多，树性差异很大，只有采取精细管理技术，才能满足不同消费者的多种需求，实现果品的最大商品价值。具体体现为三点：一是集约经营。果树生产属于劳动密集型生产，人力资源的成本、技术素质及管理水平能显著影响果园经济效益。二是个性化管理。必须根据树种、品种和砧穗组合以单株作为管理单位，采用个性化的技术，做到因树制宜。三是以果品质量为技术核心，围绕质量精细管理。精细管理是果园提高效益的重要途径。

四、果树栽培历史和现状

（一）果树栽培历史

我国果树生产具有悠久的历史，是世界上果树栽培最古老的国家之一，约在6000年前，人们就已经采集和收藏野生果实作为食用。

《诗经》中对原产于我国的桃、李、梅、杏、榛、栗、枣等果树的栽培均有记述，这些果树品种距今已有3000多年的栽培历史；《诗经·秦风·晨风》篇记载有“山有苞棣，隰有树檖”，檖即梨。《夏小正》《山海经》也有对果树的记载。秦汉时代，我国果树栽培已发展到一定规模，《史记·货殖列传》记载：安邑千树枣，燕、秦千树栗，蜀、汉、江陵千树橘，淮北、常山已南、河济之间千树萩，……此其人皆与千户侯等。此期出现了面积较大的商品性生产，同时葡萄、核桃、石榴

等果树也由中亚引入了我国。

魏晋南北朝时期,《齐民要术》详细地论述了果树繁殖、栽植、管理、虫害防治等技术;宋代蔡襄著的《荔枝谱》,是现存世界上最早的一部果树专著,记载了我国69种荔枝,还着重描述了当时福州栽培荔枝的盛况:"福州种植最多,延施原野,洪塘水西尤其盛,一家之有,至于万株";宋代出现果树专著《橘录》,又名《永嘉橘录》《橘谱》,是中国最早的柑橘专著;明清时期果树生产得到较大发展。

我国幅员辽阔,地跨寒、温、热三带,形成了自然地理环境的差异性和果树种类的多样性,加之数千年文明的创造与积累,使我国果树生产具备了长期优势,对世界果树生产产生了较大影响。

一是我国拥有优良的种质资源。我国是世界上栽培植物起源最早和最大的中心之一,世界上的果树近1/4约52种原产于我国,不少果树具有极高的潜在价值,是今后果树科学研究、生产开发、技术创新的珍贵资源,如抗寒的山葡萄、抗火疫病的杜梨以及丰富的猕猴桃资源等;我国河北鸭梨、山东乐陵小枣、山西汾阳核桃、安徽砀山酥梨、新疆无核白葡萄等都是珍贵的果品。二是丰富的地理气候资源能满足各类果树生长发育的最佳需求,可生产出高档优质果品。例如我国西北黄土高原气候条件完全满足苹果生产最适宜区7项主要指标,优于盛产"蛇果"的美国。三是具有传统的精耕细作的生产技术,如果树建园技术、梨和桃的嫁接技术、枣树开甲技术、果树虫害防治技术、土窑洞贮藏技术等,至今仍在生产上应用。

(二)果树生产现状

新中国成立后,特别是改革开放以来社会主义市场经济体制的建立,迅速提升了果树的综合生产能力,有力地促进了果树生产的整体发展。

1.果树生产规模不断扩大

据农业农村部网站数据,2018年我国果树种植面积为11 874.93 khm^2,产量25 688万t。水果总产量及苹果、梨、桃、李、柿的产量均居世界首位,葡萄和猕猴桃产量亦为世界前5位,与1949年相比,单位面积产量及人均果品占有量都有明显提升。

2.果品种类丰富

我国果树种类丰富,作为商品栽培的有几十种。以苹果、柑橘、梨、桃、香蕉、葡萄为主,其他还有菠萝、荔枝、龙眼、杧果、杨梅、枇杷、番木瓜、猕猴桃、杏、李、樱桃、山楂、梅、枣、柿、核桃、板栗等。

3.果树生产结构趋于优化

在区域布局上,果树的树种和品种向优势产区集中,形成相应的适宜产区和最适产区,从而具备了优质果品规模化生产的条件。如苹果生产已形成渤海湾、西北黄土高原、中部黄河故道及西南高地四大集中产区,其面积和总产量在全国占比分别为95%和97%,已成为最重要的外销苹果产区。在品种结构上,形成了以少数最优品种为主,其他特色品种为辅的局面。如着色富士系苹果已占到苹果总产的60.4%。在果园栽培制度中,目前以矮化密植为主,矮化密植已基本取代乔化稀植;设施栽培生产发展迅速,已成为生产的主流和果品经济新的增长点。在生产模式上,适应买方市场、国际市场的需要,由过去单纯生产型向贮藏、加工、营销领域延伸,出现果树产业化经营;高效生态果园也正在部分果区推广,未来有望成为果园栽培的新模式。

4.果树生产新技术大量应用

随着果树生产的不断发展，新的技术大量应用，如果实套袋、脱毒苗木培育、节水灌溉、铺反光膜、无公害生产、设施栽培、平衡施肥、化学调控、采后保鲜等。另外，果树生产及质量控制标准的颁布执行，果树计算机专家系统的应用，果品市场信息网络的建立和大量名、优、新品种的推广，都使果树生产发生了巨大的变化。

五、果树生产的问题及对策

(一)存在问题

1.产品效益低

尽管我国的果树种植面积和果品总产量居世界第一位，但我国水果出口量却小于进口量。2021 年我国的水果进口量达 702.7 万 t，进口额达 134.7 亿美元；出口量为 354.6 万 t，出口额为 54.3 亿美元。另外，我国果树单位面积产量也较低，与世界先进国家水平相比还有很大差距，导致效益偏低。

2.果品的商品化处理率低

我国果品的商品率低，比如苹果采后商品化处理量只占苹果产量的 1%，贮藏量占苹果产量的 20%，加工转化量仅为 4.6%，再加上优质果率偏低，如苹果的优质果率仅 20%，高档优质果率仅 1%左右，尤其是外观质量较差，不能满足国内外市场需求，在国际市场上的价格只及美国的 1/2，日本的 1/3。

3.果品质量与安全问题

果园化肥和农药的大量使用，特别是在部分水果产区轻防重治的现象普遍存在，导致果品安全问题较为严重；同时果园土壤、灌溉用水以及空气的污染等造成果品有害物质的残留，严重影响了消费者信心与果品出口。

4.社会服务体系滞后

高效益的果树生产必须有配套的专业化服务体系。我国目前的服务体系远远不能适应果树的规模化生产，主要表现为营销体系尚未形成，果品市场亟待培育，为果树生产服务的技术体系和产业严重不足。另外，为果树生产服务的教学科研、技术推广等工作明显滞后，果树生产技术普及程度较低，多种原因严重制约着果树产业的持续发展。

(二)果树生产的对策

根据目前我国果树生产的现状及存在的问题，瞄准世界果品市场及果业发展前沿，我国果树生产应坚持因地制宜、安全优质、规模效益、具有特色的原则，采取相应的措施加快发展。

1.发展绿色果品，实现标准化生产

绿色果品是果树生产的最终目标，应在目前普遍推行无公害果品的基础上，坚持国家强制标准和市场调节双方面的作用，推行以提高果品质量为核心的果树标准化、安全化生产技术体系；逐步改善果园环境条件，严格按照生产技术规程进行施肥与病虫害防治，最终建立有利于保护消费者健康，有利于保证果品质量，有利于出口创汇的生产管理控制体系，实现标准化生产。

2.实现良种化

优良品种应具有丰产、优质、适应性强的特点。在选择栽培树种或品种时一定要因地制宜地选择高产、优质、抗性强、树冠紧凑、易管理、适于机械采收的品种。

3.苗木无毒化

果树病毒会导致果树生长结果不良，长期采用营养繁殖的果树传毒快、发病率高，导致树势衰弱、产量锐减、果实品质降低。另外，对已感染病毒病的果树尚无有效治愈方法，只能采取预防措施，以控制蔓延。而通过脱毒技术，建立无病毒苗木繁殖体系，培育无病毒苗木，并应用于生产中，是防止果树病毒病的主要途径和有效措施。

4.机械化和自动化

果园实现机械化管理，在很大程度上可以提高生产效率。在国外，果园机械种类和数量逐渐增多，如美国果园管理已基本实现机械化，并逐步向仪表化、自动化过渡，电脑的应用也逐步增多。我国的果树栽培技术也正向机械化和自动化方向发展。

5.果树生产的商品化

商品化栽培配套技术，应当以外观美丽、大小均匀、高糖适酸、高维生素和高纤维素的优质果为目标，大力研究推广疏花疏果、采前控水、合理修剪、果实套袋、果面贴字、果实涂蜡、果品精美包装等配套技术，使果树生产的商品化增强，进而提高经济效益。

6.反季节生产

借助于物理、生理、化学和生物工程技术，实行完全人工控制的促成栽培和抑制栽培，达到反季节生产的目的，进而实现果品错峰上市，提高果品生产的经济效益。

项目二　果树分类

一、果树分类

果树是一种经济树种，全世界的果树包括野生的果树大约有 3000 种，其中比较重要的有 300 种左右，我国作为商品性生产的果树有几十种。对于这些果树我们要进行分类，分类目的在于研究果树的种和品种类型、命名、栽培历史和地理分布，为果树优质丰产、扩大栽培区域、合理利用果树资源提供理论依据。果树分类的依据不同，同一种果树所属的类别也有所不同。常见的果树分类方法有植物学分类、生态适应性分类、果实构造分类等。

二、按植物学分类

目前，全世界主要果树，包括野生种、半野生种和栽培种分属于 134 个科、659 属、2972 种，另有变种 110 个。我国果树分属于 59 科、158 属、670 余种，如蔷薇科的山楂、苹果、梨、桃、杏、李、梅、樱桃、草莓、枇杷等；葡萄科的欧洲葡萄、美洲葡萄、山葡萄等；胡桃科的核桃、山核桃等。

三、按果树生态适应性分类

果树长期生长在不同气候等环境条件下，形成了对气候的不同需求与适应性，这种根据果树对环境条件的适应能力不同而划分的方法称为生态适应性分类。按照生态适应性分类可分为寒带果树、温带果树、亚热带果树和热带果树。

1.寒带果树

一般能耐－40 ℃以下的低温，可在高寒地区栽培，如山葡萄、树莓、秋子梨、山定子、榛子、蒙古杏、醋栗、穗醋栗等。

2.温带果树

多是落叶果树，适于在温带栽培，休眠期需要一定低温，如苹果、梨、李、樱桃、葡萄、沙果、桃、杏、梅、山楂、板栗(北方系)、核桃、枣、柿等。

3.亚热带果树

既有常绿果树，也有落叶果树，这些果树通常在冬季需要短时间的冷凉气候，如龙眼、枇杷、橄榄、油梨、柑橘类、荔枝、扁桃、杨梅、阳桃、石榴等。

4.热带果树

适于在热带地区栽培，较耐高温、高湿，如香蕉类、菠萝、杧果、番木瓜、椰子、腰果、树菠萝、番荔枝、人心果、番石榴、面包果、榴莲、可可等。

四、按果实构造分类

按果实构造分类是果树栽培学主要的分类方法。它主要是依据果实构造上相似或存在一些共同特点，综合生长结果习性和栽培技术相近划分为类。按果实构造主要分为仁果类、核果类、浆果类、坚果类、柑果类等。

1.仁果类

仁果类果实的特点是果实由花托和子房共同发育而成，称为假果。其食用部分主要是肉质的花托，花芽均为混合花芽。如苹果、梨、山楂、木瓜等。

2.核果类

核果类果实的特点是果实由子房发育而成，外果皮薄，内果皮木质化为硬核，中果皮肉质，为食用部分，花芽为纯花芽。如桃、李、杏、樱桃、枣等。

3.浆果类

浆果类果实特点是果实多浆汁，种子小而多，散布在果肉内。如葡萄、猕猴桃、树莓、石榴、草莓、柿、醋栗、穗醋栗等。

4.坚果类

坚果类果实特点是果实外面多具坚硬的外壳，食用部分多为种子，含水分少，统称为干果。如核桃、板栗、榛子、银杏、开心果等。

5.柑果类

柑果类的特点是真果，外果皮革质，中果皮海绵状，内果皮形成多汁的瓤瓣，是食用部分。如柑、橘、橙、柚等。

五、按植株形态特性分类

1.乔木果树

有明显的主干，树高大或较高大，如苹果、梨、李、杏、荔枝、椰子、核桃、柿、枣等。

2.灌木果树

丛生或有几个矮小的主干，如石榴、醋栗、穗醋栗、无花果、刺梨、树莓、沙棘等。

3.藤本(蔓生)果树

这类果树的枝干称为藤或蔓,树不能直立,依靠缠绕或攀缘在支持物体上生长,如葡萄、猕猴桃等。

4.草本果树

这类果树具有草质的茎,多年生,又可分为乔生草本和矮生草本。乔生草本如香蕉、椰子等,矮生草本如草莓、菠萝等。

六、按冬季叶幕特性分类

根据果树叶片在冬季是否脱落,可分为落叶果树和常绿果树。

1.落叶果树

叶片在秋季和冬季全部脱落,第二年春季重新长叶,在年周期活动中可明显地分为生长期和休眠期两个阶段,如苹果、梨、桃、李、杏、柿、枣、核桃、葡萄、山楂、板栗、樱桃等。

2.常绿果树

叶片终年常绿,春季新叶长出后老叶逐渐脱落,在年周期活动中无明显的休眠期,如柑橘类、荔枝、龙眼、杧果、椰子、菠萝、槟榔等。

除以上分类方法外,果树也可依据果实含水量及利用特点分为水果和干果;依据利用情况分为栽培类型、半栽培类型和野生型。

项目三　我国果树资源分布

我国具有丰富的果树种类资源,这些果树资源广泛分布在我国各地。一种果树能在某个地方生存下来,是它们在漫长的系统发育过程中,经过自然选择和人工驯化,适应了当地自然环境条件的结果。根据果树自然分布与环境条件的一致性规律可以划分多个果树自然分布地带,这些地带简称为果树带;果树带的划分不仅可以反映果树分布与自然环境条件的关系,而且可以作为制定果树发展规划、建立果树生产基地、制定果树增产措施,以及果树引种和育种的理论依据。根据各地的自然环境条件、果树分布的实况及参考过去的果树带划分方法,可以把我国果树划分为八个自然分布带。

一、热带常绿果树带

本带位于北纬 24°以南,包括广东的潮安、从化,广西的梧州、百色,云南的开远、临沧、盈江,福建的漳州以及台湾的台中以南的全部地区。本带处于我国热量最丰富、降水量最多的湿热地带。年平均气温 19.3～25.5 ℃,7 月平均气温 23.8～29.0 ℃,1 月平均气温 11.9～20.8 ℃,绝对最低气温大多在−1.0 ℃以上,年降水量 832～1 666 mm,无霜期 340～365 d。

本带为我国热带、亚热带果树主产区。主要栽培的热带果树有香蕉、菠萝、椰子、番木瓜等;主要栽培的亚热带果树有柑橘、荔枝、龙眼、橄榄、枇杷、杧果等;主要的名产区及品种有台湾菠萝、广东荔枝、广东新会甜橙、广东梅州沙田柚、广东高州香蕉、云南景洪杧果、广西沙田柚、海南椰子等。

二、亚热带常绿果树带

本带位于热带常绿果树带以北，云贵高原常绿落叶果树混交带以东，包括江西全省、福建大部、广东、广西北半部、湖南的溆浦以东，浙江宁波、金华以南，以及安徽南缘的屯溪、宿松，湖北南缘的广济、崇阳地区。

本带处于我国暖热润湿地带，年平均气温 16.2～21.0 ℃，7 月平均气温 27.7～29.2 ℃，1 月平均气温 4.0～12.3 ℃，绝对最低气温 −1.1～8.2 ℃，年降水量 1 281～1 821 mm，无霜期 240～331 d。

本带果树主要是亚热带常绿果树，也有多种落叶果树，果品具有种类多、品质好的特点。主要栽培果树有柑橘、枇杷、杨梅、黄皮、阳桃等，还有柿（南方品种群）、砂梨、板栗（南方品种群）、桃（华南系）、李、梅、枣（南方品种群）、龙眼、荔枝、葡萄、核桃、中国樱桃等。本带的著名产区和品种有浙江黄岩温州蜜柑及本地早橘，江西南丰蜜橘，福建龙眼及枇杷等。

三、云贵高原常绿落叶果树混交带

本带位于第一带以北，第二带以西，包括云南大部、贵州全部，四川平武、泸定、西昌以东，湖南黔阳、慈利以西，湖北宜昌、郧县以西，以及陕西南部的城固，甘肃南端的文县、武都和西藏的察隅等。

本带年平均气温 11.6～19.6 ℃，7 月平均气温 18.6～28.7 ℃，1 月平均气温 2.1～12.0 ℃，绝对最低气温 −10.4～0 ℃，年降水量 467～1 422 mm（湖南慈利），无霜期 202～341 d。

由于自然地理及生态条件的作用，本带果树种类繁多，常绿、落叶果树常混交分布。大体在海拔 800 m 以下的地区，由于气温高、终年无霜、雨量充沛，分布有香蕉、菠萝、椰子、番荔枝、番木瓜、杧果等热带果树，在海拔 800～1 200 m 的地区，分布有柑橘、龙眼、荔枝、枇杷等亚热带果树，亦有不少的落叶果树；在海拔 1 300～3 000 m 的地区，分布有各种落叶果树；海拔 3 000 m 以上分布果树较少。

本区主要果树有柑橘、梨、苹果、桃、李、核桃、板栗、荔枝、龙眼、石榴等，其次为香蕉、枇杷、柿、中国樱桃、枣、葡萄、杏、油橄榄、沙果、无花果、海棠果等。本带著名品种有四川米易的杧果、香蕉、番木瓜等，四川江津的锦橙，四川奉节的脐橙，云南昭通和贵州威宁的苹果、梨，西藏察隅的木瓜、桃、葡萄、甜橙、芭蕉、海棠果等。

四、温带落叶果树带

本带位于亚热带常绿果树带及云贵高原常绿落叶果树混交带以北，包括江苏、山东全部，安徽、河南的绝大部分，湖北宜昌以东，河北承德、怀来以南，山西武乡以南，辽宁鞍山、北票以南，以及陕西的商县、大荔一带，浙江的北部等。

本带地势多较低平，海拔通常不超过 40 m，年平均气温 8.0～16.6 ℃，7 月平均气温 22.3～28.7 ℃，1 月平均气温 −10.9～4.2 ℃，绝对最低气温 −29.9～−10.10 ℃，年降水量 499～1 215 mm，无霜期 157～256 d。

本带落叶果树种类多、数量大，是我国落叶果树，尤其是苹果和梨的最大生产基地。主要果树有苹果、梨、桃、柿、枣、葡萄、核桃、板票、杏等，其次有樱桃、山楂、石榴、李、梅、无花果、海棠果、沙果、草莓、油桃、君迁子、枇杷、银杏、香榧、山核桃等。著名品种有山东肥城桃、莱阳慈梨、乐陵无核枣、河北定县鸭梨、赵县雪花梨、深州蜜桃，河南灵宝圆枣、安徽砀山酥梨、陕西华县大接杏等。

五、旱温落叶果树带

本带由两部分构成：一部分位于云贵高原常绿落叶果树混交带及温带落叶果树带的西边，包括山西北半部，甘肃东南部，陕西西北部，宁夏中卫以南，青海黄河及湟水流域的贵德、民和、循化一带，四川西北的南坪、马尔康、甘孜，西藏东南部河谷地带的拉萨、林芝、昌都、日喀则；另一部分位于新疆的伊犁盆地以及塔里木盆地周围的喀什、库尔勒、和田、哈密及甘肃的敦煌。

本带年平均气温 7.1～12.1 ℃，7 月平均气温 15.6～26.7 ℃，1 月平均气温 －10.4～－3.5 ℃，绝对最低气温 －28.4～－12.1 ℃，年降水量 32～619 mm，年平均相对湿度 42%～69%，无霜期 120～229 d。本带的东边部分地势高亢，为我国果树栽培高海拔区域。

主要栽培果树有苹果、梨、葡萄、核桃、桃、柿、杏等，其次有枣、李、扁桃、阿月浑子、槟子、海棠等。本带是我国生产优质苹果最好的地区和苹果外销商品生产基地。新疆塔里木盆地是我国最大的葡萄生产基地，也是世界著名的葡萄干产区。

六、干寒落叶果树带

本带包括内蒙古全部，宁夏、甘肃，辽宁西北部、新疆北部、河北张家口以北，以及黑龙江、吉林西部。

本带年平均气温 4.8～8.5 ℃，7 月平均气温 17.2～25.7 ℃，1 月平均气温 －15.2～－8.6 ℃，绝对最低气温 －32.0～－21.9 ℃，年降水量 116～415 mm，平均相对湿度 47%～57%，无霜期 127～183 d。

本带海拔较高，气候干燥而较为寒冷，适于栽种耐干燥寒冷的落叶果树。主要栽培小苹果、葡萄、秋子梨、新疆梨、海棠果等，其次有李、桃(匍匐栽培)、草莓、树莓等。

七、耐寒落叶果树带

本带位于我国东北角，包括辽宁的辽阳以北、吉林的通辽以东，以及黑龙江的齐齐哈尔以东地区。

本带是我国果树栽培纬度最高、气候最寒冷的地区。果树分布区年平均气温 3.2～7.8 ℃，7 月平均气温 21.3～24.5 ℃，1 月平均气温 －22.7～－12.5 ℃，绝对最低气温 －40.2～－30.0 ℃，年降水量 406～871 mm，无霜期 130～153 d。此带气候特点是生长期内的气温及降水能满足一般落叶果树生长结果的要求，但生长期短，休眠期气温及湿度较低，对果树越冬不利，仅可栽培耐寒落叶果树，但吉林南端的集安、库伦旗等小气候较好的地方，大苹果仍可生长结果，安全越冬。

主要栽培果树有中小苹果、海棠果、秋子梨、杏、乌苏里李、加拿大李、中国李、葡萄等，其次有树莓、醋栗、穗醋栗、毛樱桃、草莓等。

八、青藏高寒落叶果树带

本带位于我国西部北纬 28°～40°地区，包括西藏大部地区、青海绝大部分地区，甘肃西南角的合作、碌曲，四川北端的阿坝一带。

本带海拔多在 3 000 m 以上。年平均气温仅－3.0～－2.0 ℃，绝对最低气温－42.0～－24.0 ℃。因此，本带为高寒地区。由于本带降水较少，比较干燥，又属干寒地区，仅有少量李、杏等果树分布。

项目四　果树树体结构

果树种类繁多，树体组成也有所不同。一般来说，果树树体可分为地上部和地下部两部分（图 1-1）。地上部包括主干和树冠，地下部为根系，地上部和地下部的交界处称为根颈。

一、果树的地上部

（一）主干

主干是指根颈到第一分枝之间的部分。主干对树冠起支撑作用，是根系与树冠输送水分和养分的通道，并具有贮藏养分的作用。

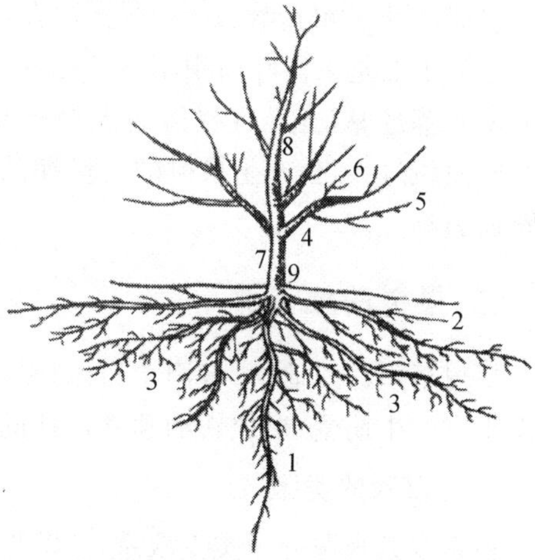

1.主根；2.侧根；3.须根；4.主枝；5.侧枝；6.枝组；7.主干；8.中心干；9.根颈

图 1-1　果树树体结构

（二）树冠

树体主干以上部分总称为树冠，包括骨干枝、结果枝组和叶幕。树冠东西南北的距离称为冠径，用东西距离（m）×南北距离（m）表示，从根颈或地面到树冠顶端称为树高。

1.骨干枝

树冠内比较粗大而起骨干作用的永久性枝称为骨干枝。骨干枝一般包括中心干、主枝和侧枝。骨干枝的组成、数量和配置不同，形成不同的树形结构，这种结构对果树受光量和光合效率影响很大，是决定果树能否高产的关键。

中心干是指第一分枝到树顶之间的部分，也称为中央领导干。有些树体有主干，但没有中心干。主干和中心干称为树干，即树体的中轴；着生在中心干上的永久性骨干枝称为主枝，着生在主枝上的永久性骨干枝称为侧枝；着生在中心干和各级骨干枝先端的一年生枝称为延长枝。随着果树矮化密植技术的推广，骨干枝的级次呈明显减少的趋势。

辅养枝是指临时性的枝，为了使果树在幼树时期能提早结果及利用辅养枝上的叶片制造养分，加速幼树生长发育，适当保留部分辅养枝是必要的，但成形后要根据其生存空间的变化进行体积的缩减，改造为大型结果枝组或彻底疏除。

2.结果枝组

结果枝组是指着生在各级骨干枝上、有两个以上分枝的小枝群，是构成树冠、叶幕和结果枝的基本单位。

结果枝组按其体积大小分为大型枝组、中型枝组和小型枝组，具有 10 个以上枝条的枝组称为大型枝组，具有 5～10 个枝条的枝组称为中型枝组，具有 5 个以下枝条的为小型植株；按其着生部位分为背上枝组、背下枝组、侧生枝组；按照着生的方向分为直立枝组、水平枝组、下垂枝组、斜生枝组。按分枝多少可分为单轴枝组和多轴枝组(图 1-2)。

3.叶幕

叶片在树冠内的集中分布称为叶幕。叶幕一般是与树冠形态呈相对一致的叶片群体,其形状包括半圆形、分层形、开心形、树篱形等。叶幕的形状和体积根据果树的树种、品种、树龄、树形和栽植密度不同而异。生产上常以叶面积指数(总叶面积/单位土地面积)来表示果树叶面积。一般果树的叶面积指数以 3～5 比较合适,叶面积指数低于 3 是果树叶面积不足的标志,但过高则表明叶幕过厚,会导致树冠内光照不良,无效光合叶面积过大,会产生果树的产量和品质下降等负面影响。

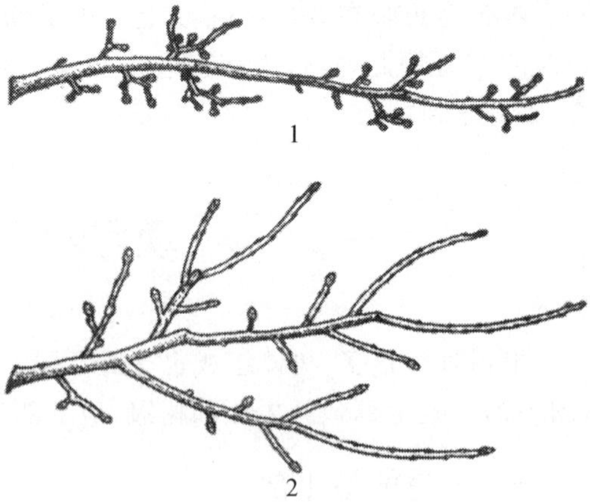

1.单轴枝组;2.多轴枝组

图 1-2 单轴枝组与多轴枝组

二、果树的地下部

果树根系深入地下,有固定树体、吸收、贮藏、疏导、分泌,以及合成某些有机物质的功能;根系也有产生萌蘖,形成新的独立植株的能力。

(一)根系的类型

根系按其来源分为实生根系、茎源根系和根蘖根系 3 类(图 1-3)。

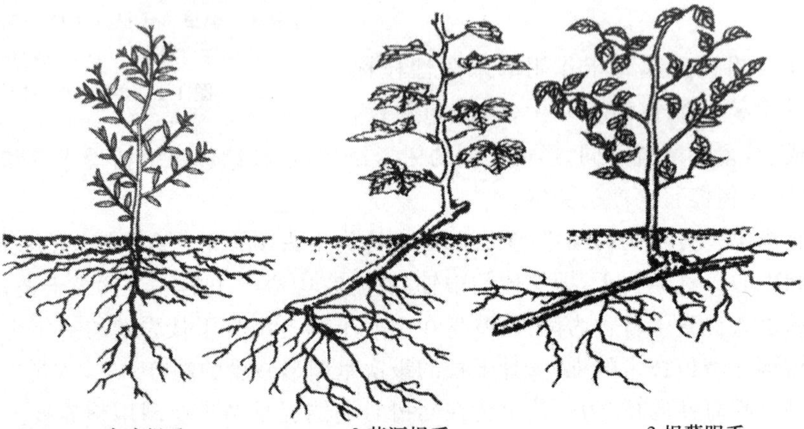

1.实生根系 2.茎源根系 3.根蘖跟系

图 1-3 果树根系的类型

1.实生根系

实生根系是指由种子胚根发育形成的根系。其特点是主根发达,生命力强,根系入土较深,对外界环境条件适应能力强,但个体间差异较大。

2.茎源根系

茎源根系是指由母体茎上产生不定根形成的根系。如葡萄、无花果、石榴等采用扦插、压条繁殖的果树的根系就属于茎源根系。其特点是没有主根,侧根虽发达却入土较浅,寿命较短，但地上部个体间差异较小。

3.根蘖根系

根蘖根系是指着生有根蘖苗的一段母体根系，与母体切离后成为独立个体而进一步发育成的根系，如山楂、石榴、枣等采用分株繁殖的果树。其生长发育特点与茎源根系相似。

（二）根系的结构

果树的根系主要由骨干根和须根两类根群组成。

1.骨干根

一般来说，由种子的胚根向下垂直生长先形成主根。主根分生出的侧根，称为一级根，依次再分生出各级侧根，构成全部根系。主根和各级大侧根构成根系的骨架部分，称为骨干根。骨干根粗而长，色泽较深，寿命长，主要起固定、输导和贮藏作用。

2.须根

主根和各级侧根上着生的细根统称为须根。须根细而短，大多在营养期末死亡，未死亡的进一步发育成骨干根。须根起生长、输导、合成和吸收的作用。

3.生长根和吸收根

根系群体先端的初生根依形态、构造和功能的不同分为生长根和吸收根两类。生长根为白色，在土壤中不断向前伸展，并能继续分生新的生长根和吸收根，同时也具备一定的吸收作用。吸收根也为白色，主要起吸收水分、矿质元素和合成作用。吸收根数量多，生理活性强，在根系生长旺季可达总根量的90%以上。生长根和吸收根主要利用先端密生的根毛从土壤中获取矿质元素和水分。

三、果树芽

（一）芽的种类

芽是尚未发育成长的枝或花的雏体，由茎的顶端分生组织及叶原基、腋芽原基、芽轴和幼叶等外围附属物所组成。

1.按照芽的性质

分为叶芽和花芽。芽内只具有雏梢和叶原基，萌发后只形成枝叶的芽称为叶芽；花芽是芽内具有雏梢、叶原基及花原基的芽，又分为纯花芽和混合花芽。纯花芽只具有花原基，萌发后只开花结果，不抽枝长叶，如核果类果树的花芽；混合花芽内除了花原基还具有雏梢、叶原基，萌发后先长一段新梢，再在新梢上开花结果，如仁果类果树、柿枣类果树等。顶芽是花芽的称为顶花芽，侧芽是花芽的称为腋花芽。

2.按照着生位置

分为顶芽和侧芽。着生在枝条顶端的芽称为顶芽。但柿、杏和板栗等枝梢的顶芽常自行枯死，以侧芽代替顶芽位置生长，这种顶芽称为伪顶芽。着生在枝条叶腋间的芽称为侧芽，也称为腋芽。

3.按照芽在叶腋间的着生位置

分为主芽和副芽。位于叶腋中央，芽体较大且发芽充实的芽称为主芽；位于主芽上方或两侧的芽称为副芽。副芽的大小、形状和数目因树种而异。如核果类果树的副芽在主芽的两侧；仁果类果树的副芽则隐藏在主芽基部的芽鳞内，呈休眠状态；核桃的副芽着生在主芽的下方。

4.按照同一节上芽的着生数量

分为单芽和复芽。在一个节位上只着生一个明显芽的称为单芽，如仁果类果树；在同一节上着生两个或两个以上明显芽的称为复芽，如核果类果树。

5.按照芽的萌发特点

分为早熟性芽、晚熟性芽和潜伏芽三类。当年形成、当年萌发的芽称为早熟性芽；当年形成、第二年适时萌发的芽称为晚熟性芽；当年形成，在第二年甚至以后连续多年不萌发的芽称为潜伏芽。生产上可利用此特点来加快整形和进行更新复壮。

6.按照有无鳞片

分为鳞芽和裸芽。有鳞片包被的芽称为鳞芽，多数多年生木本植物的越冬芽就属于鳞芽；而没有鳞片包被，幼叶或芽内器官裸露的芽称为裸芽，如葡萄的夏芽。

7.按芽发育的程度

分饱满芽和瘪芽。发育大而充实的芽称为饱满芽，小而不充实的芽称为瘪芽。

(二)芽的特性

1.芽的异质性

芽在发育过程中，由于营养状况和外界条件的不同，同一枝条上芽的大小和饱满程度存在差异，这种现象称为芽的异质性。果树修剪上常利用芽的异质性，选用饱满芽或瘪芽作为剪口芽，调节树体的长势。

2.顶端优势

处于枝条顶端的芽最先萌发，长势最强，向下的芽依次减弱的现象，称为顶端优势。顶端优势的强度与树种、品种、枝条着生的枝势等有关。

3.芽的早熟性和晚熟性

落叶果树新梢上的芽，当年再次萌发抽生二次枝或三次枝的现象称为芽的早熟性。具有早熟性芽的树种有桃、葡萄等，一年可多次分枝，树冠扩展快、形成早，幼树进入结果期较早。芽在形成的当年一般不萌发，要到第二年春天才开始萌发并抽生枝叶，这种现象称为芽的晚熟性。具有晚熟性芽的树种有苹果、梨等。这类果树由于分枝级次少、树冠扩展慢，因此结果较晚。

4.芽的潜伏力

隐芽寿命的长短称为芽的潜伏力。一般来讲，隐芽多、寿命长，树体更新容易，如苹果、梨等；隐芽少、寿命短，树体更新复壮较难。

5.萌芽力

萌芽力是指一年生枝上所有的芽萌发的能力，用萌发的芽数占枝条总芽数的百分比来表示。一般萌芽率在40%以下为弱，40%～60%为中，60%以上的为强。

6.成枝力

成枝力是指一年生枝条上的芽萌发后抽生长枝的能力，用抽生长枝的数量表示，一般抽生2个以下者为弱，4个以上者为强。

萌芽力和成枝力的强弱与树种、品种的遗传特性有关，还受顶端优势、枝势和树龄的影响。苹果的短枝型和梨的大多数品种萌芽力强而成枝力弱，核果类果树和葡萄的萌芽力和成枝力均强，杏、柿等则萌芽力和成枝力均弱。掌握各个树种、品种萌芽力和成枝力的强弱，对整形修剪具有重要的作用。一般来讲，各种果树的萌芽力和成枝力的强弱可概括为4种类型：①萌芽力、成枝力均强；②萌芽力、成枝力均弱；③萌芽力强、成枝力弱；④萌芽力弱、成枝力强。

四、果树的枝

（一）枝的种类

1.按照枝条的性质

分为生长枝、结果枝和结果母枝。

生长枝是指枝条上仅着生叶芽，萌发后只抽生枝叶不开花结果的枝，又称营养枝。生长枝根据生长状况又可分为发育枝、徒长枝、纤弱枝和叶丛枝。其中发育枝一般芽体饱满，生长健壮，组织充实，是构成树冠和发生结果枝的主要枝条；徒长枝生长特别旺盛，枝长而粗，节间长，不充实；纤弱枝生长极弱，叶小而细；叶丛枝枝条极短，小于0.5 cm，叶序排列呈丛状。

结果枝是指枝条上着生有纯花芽或当年抽生的带果新梢。依其年龄分为两类：一类是花芽着生在一年生枝上，而果实着生在二年生枝上，如核果类果树；另一类是花和果实着生在当年抽生的新梢上的枝，如苹果、梨、葡萄、板栗、核桃、柿、山楂等。结果枝按照枝条的长短和形状的不同又可分为长果枝、中果枝、短果枝、短果枝群、花束状果枝。

仁果类果树的长果枝大于15 cm，核果类长果枝大于30 cm；仁果类果树的中果枝长5～15 cm，核果类果树15～30 cm；仁果类果树的短果枝小于5 cm，核果类小于15 cm；短果枝结果后，经连续分枝结果而形成一群短果枝群；花束状果枝枝极短，长度仅1～5 cm，顶芽为叶芽，围绕顶芽密集着生花芽，开花时形似花束，故名花束状果枝。

结果母枝是指着生有混合花芽、能抽生结果枝的一年生枝。

2.按照枝条的年龄

分为新梢、一年生枝、二年生枝和多年生枝。当年抽生的枝条，在当年落叶之前称为新梢。按其抽生的季节不同，又可分为春梢、夏梢、秋梢和冬梢。落叶果树春梢明显，夏梢、秋梢的情况表现各异。

落叶后的新梢称为一年生枝。一年生枝在春季萌芽后称为二年生枝。两年以上的枝条称为多年生枝。

3.按照枝条在树体上的着生姿势

分为直立枝、斜生枝、水平枝和下垂枝。树冠内枝条的生长势以直立枝最旺，斜生枝次之，水平枝再次之，下垂枝最弱。

4.按照枝条所起的作用

分为骨干枝、辅养枝、延长枝、竞争枝等。辅养枝是果树在幼树阶段，除骨干枝外，所有其他枝条的总称。其作用是利用其上的叶片制造营养物质，供给骨干枝的生长发育所需，促进骨干枝及早结果。辅养枝在果树成年后或疏除或改造成结果母枝，因此，辅养枝是一种临时性的枝条。延长枝指处于各级骨干枝和大、中型枝组的最先端的一年生枝，它的延伸方向决定了骨干枝或枝组的发展方向。竞争枝指着生在延长枝附近、长势与延长枝相当，可能与延长枝产生竞争的枝。

(二)枝条的特性

1.顶端优势

顶端优势是指活跃的顶端分生组织(顶芽或顶端的腋芽)抑制下部侧芽发育的现象。顶端优势强的植株枝条上部的芽长出的侧枝生长势较强,越向下长势越弱,最下部的芽处于休眠状态。生产上摘心或剪掉顶部,就是为了去除顶端优势,促进侧芽发育,多发枝条。

2.干性

中心干的强弱和维持时间的长短称为干性。中心干强、维持时间长则为干性强,反之则为干性弱。干性的强弱是由树种、品种的遗传特性决定的,也是确定树形结构的重要依据。苹果、梨、甜樱桃、柿、板栗等干性强,多选用有中心干的树形;桃、杏、葡萄等干性弱,多选用无中心干的树体结构。

3.层性

顶端优势和芽的异质性,使一年生发育枝的着生部位多集中在母枝的先端,中部为中短枝,下部的芽呈休眠状态,这样连年重演,使中心干上的主枝成层分布,形成明显的层次,这种现象称为层性。一般顶端优势明显、成枝力弱的树种和品种层性明显,如苹果、梨、柿子等;顶端优势弱、成枝力强的层性不明显,如桃、李等。这种特性在幼龄树上表现明显,随着树龄的增长逐渐减弱。

4.生长量和生长势

新梢在一年内达到的长度和粗度的总和称为生长量。新梢在年生长周期中所抽生的枝条生长的快慢程度称为生长势。生长量越大,生长势越强;生长量越小,则生长势越弱。

5.分枝角度

分枝角度是指分枝与母枝所形成的夹角。根据分枝角度将树姿分为开张(60°以上)、半开张(40°～60°)和直立(40°以下)。分枝角度大的,长势缓和,易形成花芽。在果树栽培中,对于各种树形的分枝角度都有一定的要求,以利于通风透光,容纳更多的枝组,达到丰产、优质的目的。同时还可通过改变各级枝的分枝角度来平衡树势。

项目五 果树的发育

一、果树一生的生长发育规律

果树一生要经过生长、结果、衰老、更新和死亡的过程,这个过程称为生命周期。生命周期中的各个阶段称为年龄时期。

果树的繁殖方法包括实生繁殖和营养繁殖。实生繁殖由种子繁殖长成果树,具有完整的发育史,但生产上应用较少。营养繁殖是采用扦插、压条、嫁接、分株和组织培养等方法培育的果树。一般把营养繁殖的乔木果树的一生划分为幼树期、初果期、盛果期和衰老期 4 个年龄时期。

1.幼树期

幼树期也称为营养生长期,是指果树从定植至第一次开花结果的时期。此期的生长特点是树体生长旺盛,年生长期长,进入休眠迟;枝条多趋于直立生长,生长量大,往往有多次生长,节间较长，组织不充实，越冬性较差，长枝占比高。幼树期主要栽培任务是促进增长，尽快扩大营养面积；选择培养好各级骨干枝，建立良好的树体结构；促控结合，促花早结果，加强树体保护。苹果、梨的幼树期一般为 3～4 年，杏、李、樱桃等为 2～3 年，葡萄、桃为 1～2 年。

2.初果期

初果期也称为生长结果期，是指从果树第一次结果到大量结果前的时期。此期的特点是前期营养生长仍占主导地位，树冠、根系继续扩大，但随着结果量的迅速增加，离心生长趋缓，侧向生长加强，达到或接近最大营养面积；长枝比例下降，中、短枝比例增加；产量逐渐上升，品质逐渐提高。初果期的主要栽培任务是继续完成整形任务，逐步清理和改造辅养枝，维持树体结构；缓和树势，增加花芽比例，促进果树及早转入盛果期。苹果、梨的初果期为 3～5 年；葡萄、核果类很短，一经开花结果，很快进入盛果期。

3.盛果期

盛果期是指从果树大量结果到产量明显下降的时期。其特点是离心生长基本停止，树冠、产量和果实品质均达到生命周期中的最高峰；新梢生长趋于缓和，形成大量花芽，中短枝比例增加；生长结果的平衡关系极易破坏，管理不当容易出现大小年现象。主要栽培管理任务是处理好生长与结果之间的关系，既要保证树体健壮生长，又要满足优质、高产、稳产的需要，尽量延长盛果期的时间。盛果期持续时间因树种和栽培管理水平不同而有差异。

4.衰老期

衰老期是指从果树产量、品质明显下降到树体死亡的时期。此期特点是骨干枝先端逐渐枯死，向心生长逐步加强，结果量和果实品质明显下降。栽培上应适时更新复壮。经济效益降到一定程度后则需砍伐，重新建园。

二、果树年生长发育规律

果树一年中随外界环境条件的变化出现一系列的生理与形态的变化并呈现一定的生长发育规律性，果树这种随气候而变化的生命活动过程称为年生长周期，简称年周期。在年周期中，果树的器官随季节性气候变化而发生的外部形态规律性变化的各个时期称为生物气候学时期，简称物候期。落叶果树在一年中的生命活动表现为明显的两个阶段，即生长期和休眠期。从春季萌芽到秋季落叶为果树的生长期，落叶后到第二年春季萌芽为果树的休眠期。在生长期中，可明显看出树体形态上的各种有序变化，如萌芽、开花、枝叶生长、芽的形成与分化、果实的发育和成熟、落叶等。而常绿果树没有集中的落叶期，大多数也无明显的休眠期。

果树的物候期一般选择在形态上有明显标志的阶段来进行划分，如萌芽期、新梢生长期、开花期、果实成熟期、花芽分化期、落叶休眠期等。果树的物候期具有顺序性、重叠性和重演性。顺序性是指同一种果树的各个物候期呈现一定的顺序，如开花是在萌芽的基础上进行的，同时为果实发育做准备；重叠性是指同一树上同时出现多个物候期的现象，如落叶果树的新梢生长、果实发育、花芽分化、根系活动等物候期均交错进行，而这种重叠性会导致营养的竞争；重演性是指同一物候期在一年中多次重复出现的现象，如新梢可多次生长，形成春梢、夏梢、秋梢等。

(一)根系的生长发育

1.根系分布特点

果树实生根系在土壤中的分布一般可分为2～3层，上层根群的主根与侧根的夹角较大，分枝性强，受地表环境条件和肥水等的影响较大；下层根群夹角较小，分枝性弱，受地表环境和肥水等的影响较小。依据根系在土壤中的分布与地面所形成的角度不同，根系可分为水平根和垂直根两类。

根系在土壤中的分布与树种、砧木、土壤、栽培管理技术等有关。水平根的分布范围一般为树冠的1～3倍，尤以树冠外缘附近分布较为集中。土壤肥沃、土质黏重时，水平根分布范围较小；瘠薄山地或沙地，水平根分布范围较大。垂直根的分布深度一般小于树高，如桃、杏、李等浅根性果树多集中分布在10～40 cm；而苹果、梨、银杏、核桃、柿等深根系果树多集中分布在20～60 cm。乔化砧的果树比矮化砧的果树的根系分布深而广。

2.根系年生长动态

果树根系在年周期中没有自然休眠现象，只要条件适宜，根系全年均可生长。在一年中，其生长发育的动态除受土壤温度、水分、通气性等环境条件的影响外，还受果树种类、砧木、当年生长状况、产量等树体本身因素的相互制约，同时也会受到低温、高温、干旱、有机物质、内源激素状况等其他因素的影响，从而表现出生长快慢或停止生长等现象。

各种果树根系在年周期中新根发生高峰的次数因树种、树龄及环境条件不同而不同。如未修剪的桃、杏、李等树种根系会在5月初至7月底出现一次生长高峰，梨和葡萄的根系一年中会出现两次生长高峰，苹果会出现三次生长高峰。生产中将根系一年中生长表现出的周期性变化分为单峰曲线、双峰曲线和三峰曲线三种类型。

(二)芽的生长发育

1.芽的生长发育

芽是叶、枝、花的原始体，是临时性器官。落叶果树芽的形成过程一般要经过芽原基出现期、鳞片分化期和雏梢分化期。

(1)芽原基出现期　芽原基是果树萌芽前后子芽内雏梢或新梢叶腋间产生的由细胞团组成的生长点，是芽的雏形。绝大多数果树的芽原基的出现与萌芽同步，随着叶芽的萌发，由基部往上各叶腋间发生新一代芽的原基。有些树种，如葡萄、板栗、柿等则在越冬前在芽内雏梢的叶腋间就已经形成了芽原基。

(2)鳞片分化期　芽原基出现后，生长点由外向内分化出鳞片原基，并进一步发育成固定的鳞片。一般来讲，某节上叶片发育的过程就是该节位芽的鳞片分化期。

(3)雏梢分化期　鳞片分化结束后，条件适宜的芽通过质变期转入花芽分化，不适宜的则进入雏梢分化期。雏梢分化期大致可分为冬前雏梢分化、冬季休眠和冬后雏梢分化三个时期。冬前雏梢分化在秋季落叶前后进行，落叶后随着气温的下降，雏梢分化停止，进入冬季休眠。通过休眠后有的芽会继续进行分化，增加芽内雏梢节数，有的则不再增加雏梢节数，顶端分化出顶芽原基。

2.芽的萌发

萌芽是落叶果树地上部由休眠转入生长的标志。此期从芽膨大开始至花蕾伸出或幼叶分离为止。不同树种的萌芽物候期的标准不同。以叶芽为例，仁果类果树萌芽可分为芽膨大期和芽开绽期两个时期，而核果类果树以延长枝上部的叶芽为标准，鳞片开裂叶苞出现时为萌芽期。不同果树在不同环境条件下每年萌发的次数不同，有一次萌发和多次萌发之分。

萌芽是果树遗传性特征和环境条件共同作用的结果。萌芽迟早与温度有密切关系，各种果树萌芽都要求一定的积温，多数落叶果树芽一般在日平均气温 5 ℃以上，土温达 7～8 ℃，经 10～15 d 即可萌发，但枣和柿芽萌发则要求平均气温在 10 ℃以上。

（三）枝的生长发育

枝的生长包括加长生长和加粗生长。一年中加长生长和加粗生长所达到的长度和粗度的总和称为生长量；在一定时间内加长生长和加粗生长的快慢称为生长势。

1.加长生长

新梢的加长生长是从叶芽萌发，露出芽外的幼叶彼此分离后至新梢顶芽形成为止。加长生长是通过新梢顶端分生组织的细胞分裂、伸长实现的。细胞分裂只发生在顶端，而细胞伸长则是延续到顶端以下的几节，在细胞分裂、伸长的同时，细胞的大小和形状也发生变化，细胞壁增厚，进一步分化成表皮、皮层、初生韧皮部和初生木质部、中柱鞘和髓等各种组织。新梢的加长生长一般经过三个时期。

（1）新梢开始生长期　新梢开始生长期是指从第一片叶展开到迅速生长之前的阶段。此期外界气温低，根系吸收差，生长只能依靠去年树体储藏的养分。此时新梢生长缓慢，节间短，叶片较小。苹果、梨开始生长期持续 9～14 d。

（2）新梢迅速生长期　新梢迅速生长期从新梢节间明显伸长开始到生长缓慢下来为止。此期随着气温的升高，根系吸收能力逐渐加强，前期依靠上年储藏的养分，后期则依靠当年叶片提供的养分。此时新梢生长加快，节间较长，叶片较大，芽体大而饱满。

（3）新梢缓慢生长期　新梢缓慢生长期是指从生长缓慢直至停止的生长阶段。此期由于温度、湿度和光周期的变化，细胞分裂变缓直至停止，新梢生长也逐步停止。此时形成的新梢节间较短，大多数中、长枝在此期间形成顶芽，并停止生长。

2.加粗生长

加粗生长是形成层细胞分裂、分化和增大的结果。加粗生长比加长生长开始晚，结束也晚。形成层细胞活动是由加长生长形成的幼叶中产生的生长素和叶片光合产物共同作用的结果。在每次新梢加长生长高峰后，以靠近新梢顶端的枝条加粗生长开始最早，依次向下部发展，所以，级次越低的骨干枝，加粗高峰越晚。一年中果树加粗生长最明显的时间在 8—9 月，如多年生枝干加粗生长期一般要比新梢加粗生长期晚 1 个月左右，其停止也晚 2～3 个月。枝条加粗的年间差异表现为木质部的年轮，多年生枝只有加粗生长。

（四）叶和叶幕

1.单叶的发育

果树叶的发育从叶原基出现开始经过叶片、叶柄和托叶的分化，直到叶片展开及叶片停止增大为止，这是叶的整个发育过程。新梢不同部位的叶，开始形成的时间和生长发育的长短均不相同。新梢基部的叶，其叶原基是在叶萌发前在芽内分化形成的，称为芽内分化。而有些叶片的叶原基分化是萌发后在芽外进行的，称为芽外分化。单叶面积的大小，一般取决于叶片生长期及迅速生长期的长短。

叶片生长期可分为迅速生长期和缓慢生长期两个时期，果树叶面积的大小取决于叶片生长期及迅速生长期的长短。一般来讲，生长期长，迅速生长期也长，叶片就较大，反之就较小。不同树种叶片的生长期不同，梨 16～28 d，苹果 20～30 d，葡萄 15～30 d。

2.叶的功能期

新梢上不同部位、不同叶龄的叶片，光合能力不同。幼嫩的叶片，由于叶肉组织量少，叶绿素浓度低，光合总产量低。随着叶龄的增加，叶面积增大，叶片光合能力逐渐增强，直到老熟为止。当叶面积达到成叶的 1/2 时，养分收支平衡。叶片达到最大时，叶片变绿变厚，这时候叶片光合能力最强，净光合产量最大。

3.叶幕的形成

叶幕是指一个与树冠形态相一致的叶片群体。在年周期中，叶幕随着枝叶的生长而变化。为了保持叶幕较长时间的生产状态，在年周期中要求叶幕前期增长快，中期相对稳定，后期保持的时间长。一般树势强、幼年树、以抽生长枝为主的树种、品种，叶幕形成时间较长，叶片出现高峰较晚；树势弱、成年树、以抽生短枝为主的树种、品种，其叶幕形成时间短，叶片出现高峰较早，如苹果成年树以短果枝为主，树冠叶面积增长最快出现在短枝停止生长时，到 5 月下旬中、短枝停长时已形成了全树最大总叶面积的 80%，而桃树以长枝为主，叶面积形成较慢。

（五）花芽分化

1.花芽分化时期

果树芽的生长点经过生理和组织状态的变化，最终形成各种花器官原基的过程称为化芽分化。大多数落叶果树一年只进行一次花芽分化，如苹果的花芽分化集中在 6—7 月，梨集中在 6—8 月，桃集中在 7—8 月，葡萄集中在 5 月。但有些树种，由于本身的生物学特性、环境条件变化及栽培技术的影响，一年内也能进行多次分化。如葡萄经摘心后，只要条件适宜，可连续分化并多次结果。

花芽分化需要新梢必要的生长和及时停止生长，而不同新梢在一年中是分批分期停止生长的，且同时停止生长的新梢处于不同的营养状况和条件下，故大多数落叶果树花芽分化既相对集中又相对分散，因而花芽分化是分期分批陆续完成的。

2.花芽分化过程

芽在经过初期的发育后进入了质变期，开始了生理分化，接着进行形态分化，在雌蕊、雄蕊的发育过程中形成了性细胞。其中在芽生长点内进行的、由营养生长状态向生殖生长状态转化的一系列生理生化过程称为生理分化，从花原基最初形成至各器官形成称为形态分化。

(1)生理分化　生理分化过程是叶芽向花芽转化的关键时期，称为花芽分化临界期。处于此期的芽在生理生化方面必须具有一定的核酸、内源激素、营养物质和酶系统的活性，在形态上必须完成芽鳞片的分化，芽内雏梢发育到一定的节数，花原基才开始发生。在这一阶段，生长点原生质处于不稳定状态，对内外因素非常敏感，易于改变代谢方向。生理分化期的长短因树种而异，如苹果从形态分化前 1～7 周开始，板栗为 3～7 周。生理分化开始的时间也因树种而异，苹果大致在 5 月中旬至 9 月下旬，桃在 6 月中旬至 8 月上旬，板栗在 6 月上旬至 8 月中旬，核桃在 6 月下旬至 7 月上旬。

(2)形态分化　花芽的形态分化是按一定顺序依次进行的，花器的分化自外向内、自下而上。形态分化的顺序依次是分化初期、花萼分化期、花瓣分化期、雄蕊分化期、雌蕊分化期。有的果树花萼外有苞片或总苞，则在萼片分化前先增加苞片或总苞的分化。不同果树之间花芽形态分化始期有较大差异，桃、杏等芽内含单花的纯花芽，分化始期的形态变化是从芽生长点变大、突起始，到转化为花原基止；李、樱桃芽内含1～5朵花的纯花芽，分化始期从芽生长点变大、突起开始，到分化出1～5个花原基为止；具有花序的果树，花芽分化始期是从芽的分化部位变宽、突起开始，经过花序轴的分化到单花原基出现为止。仁果类果树花芽形态分化过程和形态变化共分为7个时期，而核果类果树分为6个时期(图1-4)。

①叶芽期。叶芽期的生长点光滑，生长点内的原分生组织细胞具有体积大小一致、形态相似和排列整齐紧密的特点。

②分化始期。生长点变宽，突起，呈半球形，两侧出现尖细的突起，此突起为叶或苞片原基。

③花原基分化期。肥大高起的生长点呈不圆滑状，并出现突起的形状，中央为中心花原基，周围突起为侧花原基。苹果中心突起较早，也较大，为中心花原基；梨的周边突起较早，体积较大。

④萼片分化期。花原基经过伸长、增大，顶部中心向下凹陷，四周向上长出突起，即萼片原始体。

⑤花瓣分化期。萼片内侧基部产生新的突起，即花瓣原始体。

⑥雄蕊分化期。花萼进一步伸长，在花瓣原始体内侧产生新的突起，多排列为上下两层，即雄蕊原基。

⑦雌蕊分化期。在花原始体中心底部发生突起，通常有5个，即雌蕊原基。

花芽一旦开始形态分化，芽的性质是不能逆转的，不能转化为叶芽。但是在形成的过程中如果条件恶化，将导致正在分化的花器官部分败育，形成不完全花。

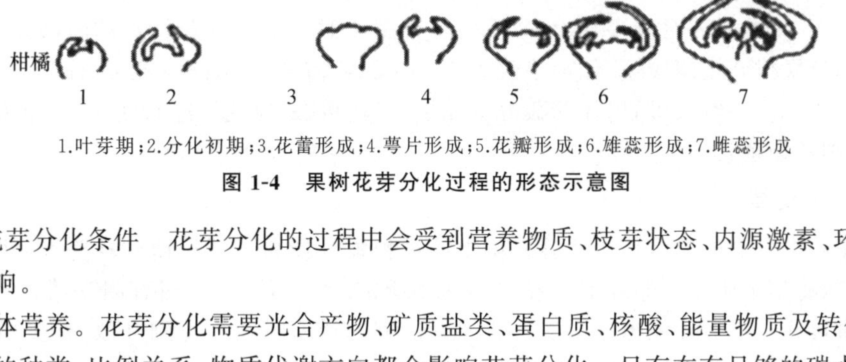

1.叶芽期；2.分化初期；3.花蕾形成；4.萼片形成；5.花瓣形成；6.雄蕊形成；7.雌蕊形成

图1-4　果树花芽分化过程的形态示意图

(3)花芽分化条件　花芽分化的过程中会受到营养物质、枝芽状态、内源激素、环境条件等因素的影响。

①树体营养。花芽分化需要光合产物、矿质盐类、蛋白质、核酸、能量物质及转化物质等。营养物质的种类、比例关系、物质代谢方向都会影响花芽分化。只有在有足够的碳水化合物积累的基础上，保证一定的氮素营养，碳氮比适宜，才有利于花芽分化。生产中常采用抑制营养生长、促进营养积累的措施，如调整开张角度、环剥等。另外，钾、锌、硼、铜、钙对花芽分化也有影响。

②枝芽状态。花芽分化时，芽内生长点必须处于生理活跃状态，并且细胞处于缓慢分裂状态，即“长而不伸、停而不眠”。多数果树是在新梢处于缓慢或停止生长状态时进行花芽分化的。而正在进行旺盛生长的新梢，或者已进入休眠的芽是不能进行花芽分化的。

③内源激素。果树花芽分化是在多种激素的相互作用下发生的，所以需要激素的启动和促进。植物开花取决于抑花激素和促花激素的平衡。促花激素主要是指成叶中产生的脱落酸和根尖产生的细胞分裂素；抑花激素主要是指产生于种子、幼叶的赤霉素和产生于茎尖的生长素。所以结果过多，种子生产的赤霉素多，会抑制花芽分化。因此，各类激素之间只有达到动态平衡时才会启动花芽分化。

④环境条件。光照时花芽形成的必要条件，不仅影响营养物质的合成和积累，也影响内源激素的产生和平衡。在强光下，特别是在紫外光照射下，赤霉素和生长素被分解或其活性被抑制，就会抑制新梢的生长，诱导产生乙烯，促进花芽分化。温度主要通过影响光合作用、呼吸作用和物质的转化及运输等过程，从而间接影响花芽的分化时期、质量和数量。落叶果树一般都在高温下进行花芽分化，温度过高或过低都不利于花芽分化。例如，苹果花芽分化适宜温度为22～30 ℃，若平均温度低于10 ℃，花芽分化则处于停滞状态。花芽分化临界期前，适当干旱可抑制新梢生长，有利于光合产物的积累，也有利于花芽分化。

（六）开花

开花是指从花蕾的花瓣松裂时起至花瓣脱落为止。在果树生产上以单株为单位将花期分为4个时期：即初花期，全树有5%的花开放；盛花期，25%～75%的花开放；终花期，全部花已开放，并且有部分花瓣开始脱落；谢花期，50%的花正常脱落至花全部脱落。

果树开花的早晚因树种、品种及气候条件而异。通常，桃、杏、李等核果类果树开花最早，其次是苹果、梨等仁果类果树，最晚的是葡萄、枣、柿等果树。同一棵树上的不同结果枝开花先后也有差别，短果枝先开，长果枝和腋花芽后开。在平原，纬度向北每推进1°（约110 km），果树的开花期平均延迟4～6 d；在山地，海拔每升高100 m，开花期延迟3～4 d。

果树树种不同，开花的状况也不同。仁果类果树多为花序，如苹果为伞形花序，中心花先开；梨为伞房花序，边花先开；山楂为多歧聚伞花序；核果类果树为纯花，但每芽的花朵数也有区别，如桃1芽1朵花，李1芽1～3朵花，甜樱桃1芽1～6朵花；葡萄开花时花序由上而下单花帽状脱落。

在一天中，花的开放时间多在上午10时至下午2时。果树开花持续的时间因树种而异。苹果、梨、桃等果树开花期较短，如苹果仅需5～15 d，桃需7～9 d；枣、板栗、柿等花期长，如枣花期为21～37 d。一般来讲，树体储藏养分充足、开花整齐、单花持续时间长，坐果率高。气候凉且湿润，则花期延长。

（七）授粉受精

果树花粉粒发育成熟后传到雌蕊柱头上的过程称为授粉。花粉落到柱头上，花粉粒萌发形成花粉管，将精细胞送到雌蕊的胚囊中，与卵细胞结合形成合子的过程叫受精。绝大多数果树必须经过授粉受精后才能形成果实。果树最适宜的授粉时间在花刚开放、柱头新鲜且有晶莹的黏液分泌时，大多数果树的授粉适宜时间为晴朗无风或微风的上午，其类型大致可分为以下3种。

1.自花授粉、自花结实

同一品种内的授粉叫自花授粉。最典型的自花授粉是在花开放前，花粉粒已经成熟，在同一朵花内完成的授粉，称为闭花授粉。在自花授粉后能获得商品生产要求的产量为自花结实，否则称为自花不结实。落叶果树中有的能自花结实，如大多数桃、杏的品种，具有完全花的葡萄品种及部分李、樱桃品种。但自花结实的品种，异花授粉后往往产量更高。

2.异花授粉、异花结实

异花授粉是指果树不同品种间的授粉，它是植物界普遍的授粉方式。这些果树有的是雌雄异熟，如长山核桃，其花粉散发过早或过晚，不能适时授粉；有的是雌雄异株，如银杏、山葡萄、猕猴桃；有的是雌雄同株异花，如板栗、核桃、榛等；有的是自交不亲和等。因此，建园时必须配置花粉量多、花期一致、亲和力强的品种作为授粉树，创造异花授粉的条件。不同品种间授粉结果的现象称为异花结实，提供花粉的品种称为授粉品种。

3.单性结实

未经受精而形成果实的现象称为单性结实，通常没有种子。单性结实分为自发性单性结实和刺激性单性结实。自发性单性结实不需要任何刺激就能单性结实，如柿、山楂；刺激性单性结实则要有花粉或其他刺激才能单性结实，在葡萄等果树上用赤霉素诱导单性结实有一定的效果。

(八)果实发育

1.坐果与落花落果

经过授粉受精后，子房及其附属部分生长发育形成果实，称为坐果。坐果的多少常用坐果率表示，具体有花朵坐果率和花序坐果率两种形式。花朵坐果率即坐果数与开花数的百分比，花序坐果率即坐果花序数与开花数的百分比。一般在生理落果后统计坐果率。

即使授粉受精，果树的落花落果现象仍然存在，如苹果、梨的最终坐果率为 8%～15%，桃、杏为 5%～10%。落花落果的具体原因包括内在因素和外界条件。由于树体内部因素造成的落花落果统称为生理落果。落花落果呈多峰现象，苹果、梨、桃、李等的生理落花落果集中时期一般有 3～4 次。

(1)落花　出现在盛花后期，部分花开始脱落，直至谢花。导致落花的主要原因是花器发育不完全，如雌蕊、胚珠退化，或虽然花器发育完全但未能授粉受精，因此缺乏激素调动营养。

(2)早期幼果落果　出现在谢花后 2 周左右，多数是受精不完全的幼果脱落，其原因主要是授粉受精不充分和树体贮藏养分不足。

(3)“六月落果”　出现在谢花后 4～6 周，仁果类果树约在 6 月中上旬出现。“六月落果”对树体的营养损失最大，其原因主要是新梢生长与果实生长存在养分竞争。

(4)采前落果　部分果树品种在果实成熟期会发生落果，也称为采前落果。其原因主要是生长后期胚产生生长素的能力下降，致使离层形成而脱落。如元帅系苹果从成熟前 30～40 d 起开始少量脱落，成熟前 15～20 d 大量脱落，成熟前脱落最严重。

2.果实发育

果实发育所需时间的长短因树种、品种不同而异。草莓只需约 20 d，樱桃大约需 40 d，杏、枣需 50～100 d。同一树种不同品种间差异也较大。如苹果的早熟品种约需 60 d，晚熟品种则约需 120 d。同一品种由于地理位置、栽培条件等的不同也有所差异。

从花开开始，将果实体积、直径或鲜重在不同时期的积累值绘制成的曲线，叫作果实生长曲线。果实生长曲线有 S 形和双 S 形。苹果、梨、草莓及板栗、核桃都属于 S 形，大部分核果类果实及葡萄、无花果、猕猴桃、枣、柿等属于双 S 形。

果实发育可分为细胞分裂期、胚发育期、果实迅速生长期。

(1)细胞分裂期　从受精到胚乳停止增殖为细胞分裂期。该时期细胞迅速分裂，使果肉和胚乳迅速增加。这一时期主要是细胞数目的增加，从花原基发育开始一直持续到花后3～4周。

(2)胚发育期　从胚乳停止增殖到种子硬化为胚发育期。以苹果为例，细胞停止分裂后进行细胞分化和膨大，胚迅速发育并吸收胚乳。对核果类果树来说，此期是硬核期，内果皮硬化，胚迅速发育。同一树种不同品种成熟期就是由这个阶段的长短决定的。

(3)果实迅速生长期　从果实细胞体积迅速增大到达到本品种固有大小为果实迅速生长期。细胞体积和细胞间隙的增长，使果实体积迅速增长，逐渐进入成熟期。此时，果实内的大量营养物质在酶和乙烯的作用下分解和转化，呈现出该品种固有的风味。

(九)落叶和休眠

1.落叶

落叶是果树进入休眠的标志。落叶前在叶片内发生一系列生理生化变化，叶内的营养物质逐渐转移到枝干中；叶绿素分解，叶黄素出现使叶片变黄，或花青素的出现使叶片转为红色，与此同时在叶柄基部形成离层，在外力作用下叶片脱落。

温带果树一般在日平均气温降到15 ℃以下、日照时间少于12 h时开始落叶。昼夜温差大、干旱和水涝等都会促进落叶。各种落叶果树对温度的敏感程度不同，枣最敏感，其次是桃、梨、苹果。

果树落叶的早晚受树种、树龄、树势、枝条类型等因素的影响。桃树在15 ℃以下落叶，梨在13 ℃以下落叶，苹果在9 ℃以下开始落叶。幼树比成年树落叶晚，壮树比弱树落叶晚。在同一棵树上，长枝比短枝落叶晚，树冠外围和上部比内膛和下部落叶晚。干旱、水涝和病虫害都能引起果树落叶，生长后期高温和潮湿会延迟落叶。过早落叶和延迟落叶对越冬和第二年的生长、结果都不利。

2.休眠

休眠期是指果树落叶后至第二年萌芽前的一段时期。果树在休眠期生命活动并没有停止，树体内部仍进行着各种生理活动，如呼吸、蒸腾，根的吸收、合成，芽的进一步分化等，但这些活动比生长期要微弱得多，仅能维持最基本的生命活动。果树休眠是果树在系统发育过程中为了适应不良的环境条件形成的一种特征，如低温、高温和干旱等都可引起果树休眠。

落叶果树的休眠期分为两个阶段，即自然休眠和被迫休眠。自然休眠是由果树本身的遗传特性和生理活动决定的，要求在一定的时间和一定程度的低温条件下才能顺利通过。此期内即使给予适宜的环境条件，也不能发芽生长。不同树龄的果树进入休眠期的早晚也不相同。幼年树进入休眠期晚于成年树，而且解除休眠也迟。不同器官和组织进入休眠期的早晚也不一致。一般小枝、细弱枝、早形成的芽比主干、主枝休眠早；根颈进入休眠最晚，但解除休眠最早，因此容易受冻害。同一枝条上以皮层和木质部进入休眠期较早，形成层最迟。

各种果树通过自然休眠所需要的时间，一般以芽的需冷量来表示，即在7.2 ℃以下需要的小时数，桃为500～1 200 h，苹果、梨为900～1 000 h。

被迫休眠是指果树已通过自然休眠期，但由于低温、干旱等环境条件的限制而暂时抑制了萌芽生长，一旦条件适宜，可随时解除休眠进入生长。

模块巩固

1.什么是果树栽培？果树栽培在国民经济中占有什么样的地位？

2.果树生产具有哪些特点？

3.我国果树生产存在哪些问题？如何应对？

4.举例说明果树按照果实构造进行分类可以分为哪几类？

5.举例说明果树按照生态适应性分类可以分为哪几类？

6.我国果树划分为哪八个自然分布带？黑龙江省属于哪个自然分布带。

7.以苹果为例简要说明果树的树体结构。

8.简要说明果树枝芽特性。

9.简要说明营养繁殖的乔木果树一生中可分为哪几个时期，各时期的特点是什么。

10.简要说明果树授粉受精的类型。

11.以苹果为例简要说明果树果实发育的过程。

模块二
果树育苗

【知识目标】

通过本模块学习，学生能够了解苗圃地选择、规划中需要注意的问题，果树砧木选择的依据、果树嫁接的原理等；熟悉常见的果树砧木种类及其特点，实生苗、嫁接苗、自根苗的流程以及苗木出圃的要求；掌握果树实生苗、嫁接苗、自根苗繁殖的方法以及管理方法。

【能力目标】

具备苗圃地规划设计能力以及常见果树砧木分析选择能力，能够根据品种选择适宜的砧木，并能独立完成果树实生苗、嫁接苗、自根苗的培育，为果树苗圃地建立和育苗奠定理论基础，从而更好地指导果树育苗生产与管理。

项目一　苗圃地的选择与规划

一、苗圃地的选择

1.位置

第一，苗圃应设立在需苗中心，这样可以减少在苗木运输过程中因苗木失水而导致的苗木质量降低，从而提高苗木栽植成活率。第二，苗圃地的交通要便利，宜靠近铁路、公路或水路，便于苗木和生产物资的运输。第三，为了生产优质的苗木，苗圃附近不能有污染源，工厂及交通主干道附近不宜选作苗圃地。

2.地形、地势和坡向

苗圃地宜选择背风向阳、排水良好、地势较高、地形平坦开阔的地方。坡地育苗应选坡面在1°～3°的地块。坡度过大的需要修筑梯田，以防水土流失；坡度过小，不利于排出积水，易造成渍害。在较黏重的土壤上，坡度宜大些；在沙性土壤上，坡度宜小些。地下水位过高的低洼地、光照不足的山谷地、重度盐碱地、峡谷风口等均不宜做苗圃地。在地形起伏较大的地区，不同的坡向，直接影响光照、温湿度、水分和土层的厚薄，从而影响苗木的生长。一般南坡光照强，受光时间长，温度高，湿度小，昼夜温差大；北坡与南坡相反；而东、西坡介于两者之间，但东坡在日出前至上午较短时间内温度变化很大，对苗木生长不利，西坡则因冬季多西北风，易受寒流的影响。因此，苗圃地要根据所育苗木的种类特性、栽培设施应用程度选择适宜的坡向。

3.土壤条件

苗圃地的土壤以土层深厚，土质疏松，通透性好的沙壤土、壤土为宜，有利于种子萌发、出土、插条生根及幼苗的生长发育。过于黏重的土壤，排水、通气不良，雨后泥泞，且易板结，干旱时易龟裂，土壤耕作困难，不利于果树根系生长；过于沙化的土壤，保水保肥能力差，夏季表土温度高，易灼伤幼苗，且不易带土坨移栽。

苗圃地土壤肥力要求中等，生产出的苗木生长健壮、抗逆性强、质量高。如果肥力过强，易造成苗木徒长，组织不充实，易受冻害；肥力过差，苗木生长细弱，成熟度差，不易成活。

土壤的酸碱度对苗木的生长发育有明显的影响。不同的树种对酸碱度的适应性不同，如板栗、砂梨、柑橘、枇杷喜微酸性土壤，葡萄、枣、无花果等耐轻度盐碱。一般以中性、微酸或微碱性的土壤为好。此外，在选址时，还要详细调查苗圃地病虫害发生程度，如蛴螬、蝼蛄、地老虎等的为害程度，以及立枯病、根癌病的感染程度。病虫害过于严重的地块，应在建立苗圃前，采取有效措施加以根除，以防病虫害继续扩展和蔓延。

4.灌溉条件

任何苗木在生长发育过程中必须有充足的水分供应，才能生长良好。实践证明，在一般情况下，适宜的地下水位是沙壤土为 1.5～2 m，黏壤土为 2.5～4 m。苗圃灌溉用水的水质应为淡水，水中含盐量不能超过 0.1%～0.15%。

二、苗圃规划

根据育苗生产需要，苗圃用地应划分为生产用地和非生产用地两部分。生产用地是苗圃中进行育苗的可耕作区域，其用地不得少于苗圃总面积的 75%。生产用地内设立各个作业区，即育苗区，一般为长方形。方向应根据苗圃地的地形、地势、坡向、主风向等因素综合考虑，一般情况下，作业区的长边采取南北方向，这样苗木受光均匀，有利于苗木生长发育。在坡度较大时，作业区的长边应与等高线平行。非生产用地主要包括道路系统、灌排系统、防护林带、建筑房屋、堆肥场等，这些用地要小于苗圃总面积的 25%。

1.母本园

母本园是提供繁殖材料的圃地，包括品种母本园、无病毒采穗圃和砧木母本园等。品种母本园的主要任务是提供繁殖苗木所需要的接穗和插条。无病毒采穗圃是从国家或省级无病毒园引进苗木，并进行隔离栽植，即采穗圃应距现有果园 3 000 m 以上。砧木母本园主要任务是生产砧木种子或营养系繁殖材料。

2.繁殖区

繁殖区也称育苗圃，是苗圃规划的主要内容，占总面积的 1/2 以上。繁殖区根据所培育的苗木种类分为实生苗培育区、自根苗培育区和嫁接苗培育区；也可按树种分区，如苹果育苗区、梨育苗区、桃育苗区和葡萄育苗区等。在生产中同树种、同龄期的苗木应相对集中安排，以便于统一管理。

3.配套设施

为了便于苗圃管理，应设立必要的道路，路的宽窄以苗圃面积和使用交通工具的种类而定。在规划道路的同时，应统一安排灌溉和排水系统、房屋及其他建筑物。这些应本着便于管理、节省开支、少占耕地的原则安排。

项目二 实生苗培育

利用种子繁殖的苗木称为播种苗或实生苗。实生苗繁殖简单，繁殖系数高，根系发达，对环境适应力强，生长迅速，寿命长，产量高，但变异性大。实生苗多用作嫁接苗的砧木。

一、种子采集与处理

(一)种子的采集

1.选择母本树

种子是良种壮苗的基础，种子的好坏直接关系到出苗率的高低、幼苗的整齐度和生长势。因此，采集的种子要求品种纯正，类型一致，无病虫害，充分成熟，籽粒饱满，无混杂。要获得高质量的种子，首选要选择好采种母本树，采种母本树应为成龄树，品种、类型纯正，适应当地条件，生长健壮，性状优良，无病虫害，种子饱满。

2.适时采收

绝大部分树种必须在种子充分成熟时采收。这时，果实具有树种、品种固有的色泽，种子充实饱满。采集过早，种子未成熟，种胚发育不完全，内部营养不足，生活力弱，发芽率低。表 2-1 为主要果树砧木种子采收期、层积天数和播种量。

表 2-1 主要果树砧木种子采收期、层积天数和播种量

名称	采收时期	层积天数/d	每千克种子粒数	播种量/(kg/hm^2)	嫁接树种
山荆子	9—10 月	30～90	15 000～22 000	15.0～22.5	苹果
楸子	9—10 月	40～50	40 000～60 000	15.0～22.5	苹果
西府海棠	9 月下旬	40～60	约 60 000	——	苹果
沙果	7—8 月	60～80	44 800 左右	15.00～33.75	苹果
秋子梨	9—10 月	40～60	1 600～2 800	30～90	梨
沙梨	8 月	——	20 000～40 000	15～45	梨
杜梨	9—10 月	60～80	28 000～70 000	15.0～37.5	梨
豆梨	9—10 月	10～30	80 000～90 000	7.5～22.5	梨
山桃	7—8 月	80～100	——	——	桃、李
毛桃	7—8 月	80～100	200～400	450～750	桃、李
山杏	6—7 月	80～100	800～1 400	225～450	杏
李	6—8 月	60～100	——	——	李、桃
毛樱桃	6 月	——	8 000～14 000	112.5～150.0	樱桃、桃
甜樱桃	6—7 月	150～180	10 000～16 000	112.5～150.0	樱桃
中国樱桃	4—5 月	90～150	——	——	樱桃
山楂	8—11 月	200～300	13 000～18 000	112.5～225.0	山楂
枣	9 月	60～90	2 000～2 600	112.5～150.0	枣
酸枣	9 月	60～90	4 000～5 600	60～300	枣

续表 2-1

名称	采收时期	层积天数/d	每千克种子粒数	播种量/(kg/hm²)	嫁接树种
君迁子	11 月	30 左右	3 400～8 000	75～150	柿
核桃	9 月	60～80	70～100	1 500～2 250	核桃
核桃楸	9 月	——	100～160	2 250～2 625	核桃
山葡萄	8 月	90～120	——	——	葡萄
猕猴桃	9 月	60～90	100 万～160 万	——	猕猴桃
草莓	4—5 月	——	200 万	——	——

注：引自陈登文《果树栽培技术（北方本）》，2013

3.取种

取种的方法应根据果实的利用特点而定。果实无利用价值的，如山荆子、秋子梨、杜梨、山桃、海棠果、君迁子等多用堆沤取种，即将果实放入容器内或堆放于背阴处，使果肉变软腐烂，堆放厚度以 25～35 cm 为宜，保持堆温 25～30 ℃，温度不能超过 30 ℃，否则种子会失去生活力。果肉软化后，揉碎，使种子与果肉分离，再用清水淘洗干净，取出种子。果肉能利用的，可结合加工过程取种，如山楂、枣、酸枣取种，可用水浸泡膨胀后，搓去果肉，取出种子，洗净晾干。葡萄、猕猴桃取种，可搓碎，用水漂去果肉、果皮，再洗净晾干。板栗种子怕冻、怕热、怕风干（干燥），在堆放过程中，要根据堆内的温度、湿度适当洒水，待刺苞开裂，即可脱粒，脱粒后用窖藏或埋于湿沙中保存。

4.干燥和分级

大多数果树种子取出后，需要适当干燥，方可贮藏。通常将种子摊开呈薄薄的一层于阴凉通风处晾干，不宜暴晒。场所有限或阴天时，也可用人工干燥。

种子晾干后进行精选，除去杂物、病虫粒、畸形粒、破粒、烂粒，使种子纯度达 95%以上。净种方法：大粒种子（核桃、板栗等）用人工挑选，小粒种子利用风选、筛选、水选等方法。

精选后，按种子大小、饱满程度或重量进行分级。大粒种子人工选择分级，中、小粒种子可用不同的筛孔进行筛选分级。

（二）种子的贮藏

种子阴干后离播种和沙藏还有一段时间。一般果树砧木种子贮藏时，空气相对湿度 50%～60%为宜，最适温度 0～5 ℃。落叶果树的大部分树种，包括苹果、梨、桃、葡萄、柿、枣、山楂、杏、李、部分樱桃、猕猴桃等的种子及其砧木种子，充分阴干后进行贮藏可用麻袋、布袋或筐、箱等装好存放在通风、干燥、阴冷的室内、库内、囤内等。板栗、银杏、甜樱桃和大多数常绿果树的种子，必须采后立即播种或湿藏。湿藏时，种子与含水量为 50%的洁净河沙混合后，堆放室内或装入箱、罐内。贮藏期间要经常检查温度、湿度和通气状况，尤其夏季气温高、湿度大，种子易发热出汗，筐、袋中上层种子易结露，应及时晾晒，散热降温，并通气换气。此外，还要注意防虫、防鼠、防腐烂。

（三）种子的质量检验

种子层积处理前、播种前或购种时，均需对种子进行质量检验，以确定种子的使用价值，准确掌握播种量。

1.种子净度和纯度的检验

净度是指种子占样品的百分比,纯度是指本品种种子占种子的百分比。

检验的方法是取袋内上、下、里、外部分样品,混合后准确称其重量,然后放置于光滑的纸上,把本品种种子、其他种子、杂质分别拣出。先称本品种种子,记录重量;再称其他种子,记录重量;其余的一块儿再称,作为杂质,记录重量。杂质包括破粒、秕粒、虫蛀粒及杂物。

然后按照以下公式进行计算:

净度=(本品种种子重量+其他种子重量)/(本品种种子重量+其他种子重量+杂质重量)×100%

纯度=本品种种子重量/(本品种种子重量+其他种子重量)×100%

2.种子生活力的鉴定

(1)目测法　观察种子的外表和内部。一般生活力强的种子,种皮不皱缩,有光泽,种粒饱满,胚和子叶呈乳白色,不透明,有弹性,用手指按压不破碎,无霉烂味;而种粒瘪小,种皮发白且发暗、无光泽,弹性小或无弹性,胚及子叶变黄或污白,都是生活力减退或失去生活力的种子的标志。目测后,计算正常种子与劣质种子的百分数,判断种子生活力情况。

(2)染色法　根据种子染色情况,判断其生活力大小。先取100粒种子,如果种子大可以取50粒,然后将种子浸水1～2 d,待种皮柔软后剥去种皮,用5%～10%红墨水染色6～8 h,染色后用水漂洗,检查染色情况。凡胚和子叶没有染色的或稍有浅斑的,为有生活力的种子;胚和子叶部分染色的为生活力较差的种子;胚和子叶完全染色的,为无生活力的种子。最后计算各类种子的百分数。

也可采用氯化三苯四氮唑(TTC)染色,种子处理方法同前。氯化三苯四氮唑溶液的配制浓度为0.5%(小粒种子)～1.0%(大粒种子),在黑暗条件下,保持20～30 ℃,染色3 h。种子的胚全部均匀明显着色说明种子的生活力强,中等生活力的种子的胚染色较浅,无生活力的种子,子叶及胚附近大面积不着色。

(四)种子的休眠和层积处理

1.种子的休眠和后熟

休眠是指有生命力的种子,由于内、外条件的影响而不能发芽的现象。休眠分为自然休眠和被迫休眠。种子成熟后,其内部存在妨碍发芽的因素时则处于休眠状态,称为自然休眠。形态上成熟的种子,萌芽前内部进行生理活动引起种子后熟的生理变化,从而使种子萌发称为后熟作用。通过后熟的种子吸水后,由于环境条件不适宜仍处于休眠状态,称为被迫休眠。

落叶果树的种子必须通过自然休眠才能在适宜条件下萌芽。常绿果树的种子多数没有或有很短的休眠期,采种后稍晾干,立即播种即发芽;少数常绿果树种子有休眠期。

种子休眠是由于一种或多种因素综合作用的结果。例如,山楂种子休眠主要是生理原因引起的,但其种皮硬厚、致密,不透性延长了后熟过程。因此,不同种类的种子,完成后熟需要的时间也不同,如湖北海棠需30～35 d,山楂种子一般播种后需经过2个冬天才能发芽,如果提前采收或经过破壳处理,或温、湿处理后再行层积处理,翌年播种后可以发芽;核桃只需一定低温就可以完成后熟。

生产上使种子完成后熟的方法:一是秋季播种,种子在田间自然条件下通过休眠;二是春季播种,播种前需进行人工处理,最常用的方法是层积处理。

2.种子的层积处理

将果树种子和湿润基质混合或相间放置，在适宜的条件下，使种子完成后熟，解除休眠的措施，称为层积处理。所用基质多为河沙，因而层积处理也称沙藏。层积天数即种子完成后熟所需时间，开始层积时间可根据果树种子完成后熟所需天数和当地春季播种时间决定。

(1)层积前处理　层积前将精选的种子用清水浸泡 1～2 d，每日换水并搅拌 1～2 次，使全部种子充分吸水。河沙要洁净，小粒种子河沙用量为种子体积的 3～5 倍，大粒种子为 5～10 倍，含水量 50%左右，以手握成团但不滴水为度。

(2)种子的层积处理　选地形较高、排水良好的背阴处，挖一深宽各 60～100 cm 的东西向的层积沟，长度随种子的数量而定。层积时，先在沟底铺一层 5～10 cm 的湿沙，然后将种子和湿沙混合均匀或分层相间放入距离地面 10～30 cm，具体厚度根据当地冻土层厚度确定，冻土层深则厚，反之则薄，上覆湿沙与地面相平或稍高于地面，盖上一层草后，再用土堆盖成屋脊形，四周挖好排水沟(图 2-1)。对层积种子名称、数量和日期要做好记录。

层积过程中的适宜温度为 2～7 ℃。层积期间应检查 2～3 次，并上下翻动，以便通气散热。如沙子变干，应适当洒水；发现霉烂种子要及时挑出；春季气温上升，应注意种子萌动情况，如果距离播种期较远而种子已萌动，应立即将其转移到冷凉处，延缓其萌发。

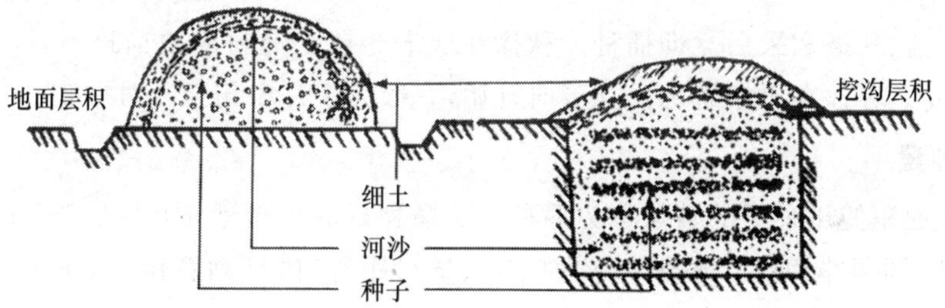

图 2-1　种子层积处理

(五)种子的播种前处理

一般情况下，在播种前要将种子移至温度较高的地方，待种子露白时即可播种。播种前 5～10 d 移入室内，保持一定室温，任其自然发芽；大量种子可用底热装置、塑料拱棚或温室大棚进行催芽。有些厚壳种子，如核果类，层积处理后种皮硬壳仍未裂开时，催芽前或播种前要进行破核，每天用 30～40 ℃温水处理、冲洗 1～2 次，有 20%～30%的种子露出白尖时，进行播种。

二、苗床准备

(一)土壤消毒

为了防治苗圃地下病虫及幼苗的病害，在整地时要对土壤进行处理。立枯病、猝倒病、根腐病等病害危害较大。一般用 50%多菌灵或 70%甲基托布津或 50%福美双，每 667 m^2 地表喷洒 5～6 kg，翻入土壤。地下害虫，如蛴螬、地老虎、蝼蛄、金针虫等为害比较严重，可每 667 m^2 用 50%辛硫磷 300 mL 拌土 25～30 kg，撒施于地表，然后耕翻入土进行防治。

(二)施入底肥

基肥最好在整地前施入,也可作畦后施入畦内,翻入土壤。每 667 m^2 施 2 500~4 000 kg 腐熟有机肥,同时混入过磷酸钙 25 kg、草木灰 25 kg,也可用复合肥、果树专用肥。缺铁土壤,每 667 m^2 施入硫酸亚铁 10~15 kg,以防苗木缺铁,导致黄化病的发生。

(三)整地

苗圃地喷药、施肥后,深耕细耙,除去影响种子发芽的杂草、残根、石块等障碍物,整平土地。耕翻深度以 25~30 cm 为宜。土壤干旱时可以先灌水造墒,再行耕翻,亦可先耕翻后灌水。

(四)整地作畦

土壤经过耕翻平整即可作畦或垄,一般畦宽 1 m、长 10 m 左右,畦埂宽 30 cm,畦面应耕平整细。低洼地宜采用高畦苗床,畦面应高出地面 15~20 cm。畦的四周开 25 cm 深的沟,以便灌溉和排水防涝。垄作适于大规模育苗,有利于机械化管理。

三、播种

(一)播种时期

播种分春播、秋播和采后立即播种。秋播在秋末冬初土地封冻之前进行,一般为 10 月中旬至 11 月中旬。春播在土壤解冻后立春时开始,一般为 3 月中旬至 4 月中旬。

(二)播种量

单位土地面积使用种子的数量称为播种量。播种量的单位通常以 kg/667 m^2 或 kg/hm^2 表示。播种量可根据树种、当地条件、播种方法、株行距等,由计划育苗数、每千克种子粒数以及种子发芽率等计算得出。

播种量(kg/hm^2)=每公顷计划出苗数/(每千克种子粒数×种子纯度×种子发芽率)

但实际用量一般要高于计算用量。如仁果类,每 667 m^2 可容纳基本苗数 10 000~12 000 株,实际用量应为苗数的 3~4 倍,如果种子发芽率低可提高到 5~6 倍;大粒种子,发芽率高,可为 1.5 倍。

(三)播种方法

播种方法有条播、点播和撒播。

1.条播

按一定的行距开沟,将种子均匀地撒在沟内。1 m 宽的畦播 2~4 行,小粒种子行距 20~30 cm,大粒种子 30 cm,边行距畦埂至少 10 cm。也可采用宽窄行播种,一般仁果类宽行 50 cm、窄行 25 cm;核果类宽行 60 cm、窄行 30 cm。

播种时先按行距开沟,大粒种子宜深,小粒种子宜浅;土壤疏松的应深,土壤黏重的要浅。灌透水,待水渗下后将种子撒在沟中,再覆土整平,最后盖上覆盖物或细沙。

2.点播

按一定的株、行距挖小穴将种子撒于穴内。点播育苗,一般畦宽 1 m,每畦播 2~3 行,株距 15 cm。播种时先开沟或开穴,灌透水,待水渗下后放种,再覆土整平。

3.撒播

将种子均匀撒在畦面上，然后撒土覆盖种子。撒播适用于小粒种子和极小粒种子苗床密播，如山荆子、杜梨、猕猴桃种子。具体方法是先将畦面整平，刮平覆土后灌水，水渗后均匀撒种，然后覆细土，再覆一层细沙，也可再加覆盖物。

(四)播种深度

播种覆土厚度要根据种子的大小、苗圃地的土壤及气候等条件来决定，一般为种子直径的2～5倍。在这一范围内，如果种子大、气候干燥、沙质土壤可深播；种子小、气候湿润、黏质土壤可浅播。秋播比春播要深。生产上不同果树种子播种深度大致为：草莓、猕猴桃、无花果等，播后不覆土，只需稍加镇压或筛以微薄细沙土，不见种子即可；山荆子覆土1 cm以内，楸子、沙果、杜梨、葡萄、君迁子等1.5～2.5 cm；樱桃、枣、山楂、银杏3～4 cm；桃、山桃、杏等4～5 cm；核桃、板栗5～6 cm。

四、播后管理

(一)覆盖

播种之后，床面用作物秸秆、草类、树叶、芦苇等材料覆盖。覆盖的厚度，秋播5～10 cm，春播2～3 cm，干旱、风多、寒冷地区适当盖厚。当20%～30%幼苗出土时，应逐渐撤除覆盖物。

(二)灌水

种子萌发出土前后，忌大水漫灌，尤其是中、小粒的种子，以免冲刷，造成播行混乱。如果需要灌水，以渗灌、滴灌和喷灌方式为好，也可用洒水壶或喷雾器于傍晚喷水增墒。苗高10 cm以上时，不同灌溉方式均可采用，但幼苗期漫灌时水流量不宜过大。生长期应适时、适量灌水。秋季注意控制肥水，越冬前灌足封冻水。

(三)间苗与移栽

间苗是在确定好留苗量的基础上，把多余的苗拔掉，使幼苗分布均匀、整齐，以利于苗木的健壮生长。间苗、定苗在幼苗长到2～3片真叶时进行。定苗距离为：小粒种子10 cm，大粒种子15～20 cm。间去“小、弱、密、病、虫”苗。间出的幼苗除了病弱苗和损伤苗不能利用外，其他幼苗可以移栽，以提高出苗率。移栽前2～3 d灌水1次，移栽宜在阴天或傍晚进行，栽后灌水。

(四)断根

在苗高10～20 cm时将主根截断称为断根。截断时离苗10 cm左右倾斜45°角斜插下锹，将主根截断。

(五)中耕锄草

苗木出土后以及整个生长期间，要经常中耕锄草，破除板结，增强土壤透气性，清除杂草，减少水分和养分的消耗，为苗木生长创造良好的环境条件。

(六)追肥

在苗木生长期土壤追肥1～2次。第一次追肥在5—6月，每667 m^2 施用尿素8～10 kg；第二次追肥在7月上中旬，每666.7 m^2 施用复合肥10～15 kg。

叶面喷肥 7～10 d 进行 1 次，生长前期喷 0.3%～0.5%的尿素，8 月中旬以后喷 0.5%的磷酸二氢钾；或交替使用有机腐殖酸液肥、氨基酸复合肥、光合微肥等叶面肥料。

（七）防治病虫害

1.拔病苗

发现病苗立即拔除，并迅速带离苗圃，集中烧毁或深埋。

2.灌根

发现幼苗被地下害虫为害，可用辛硫磷等药剂灌根处理。每 667 m^2 用 50%辛硫磷 250 mL 加水 500～650 kg 灌根；或用 50%碘依可酯 1 000～1 500 倍液灌根。

3.地面诱杀

对地老虎、蝼蛄等地下害虫，可以加工毒饵诱杀。如用谷子 500 g 煮或炒至半熟，拌 50%甲胺磷 10 mL 制成毒谷，或用 90%晶体敌百虫 1 kg，麦麸或油渣 30 kg，加水适量拌成豆渣状毒饵，傍晚撒施于苗圃内诱杀。还可利用趋光性黑光灯诱杀成虫。

4.喷药防治

幼苗根部病害采用铜铵合剂防治效果较好。配制方法为将硫酸铜 2 kg、碳酸铵 11 kg、消石灰 4 kg，混匀后密闭 24 h。使用时取 1 kg，兑水 400 kg，喷洒病苗及土壤。防治蚜虫，可选用 10%吡虫啉 3 000～5 000 倍液、20%甲氰菊酯 3 000 倍液、40.7%乐斯本 2 000 倍液等。

项目三　嫁接苗培育

将植株的枝或芽接到另一植株的枝干或根上，使其形成一个新植株的过程称为嫁接。用作嫁接的枝与芽称为接穗与接芽，承受接穗或接芽的部分称为砧木，嫁接繁殖的苗木称嫁接苗。

一、嫁接繁殖的原理

（一）嫁接愈合过程

嫁接后砧木和接穗的削面由于激素的作用，伤口周围细胞生长分裂，形成层细胞活动加强，形成愈伤组织。进而砧、穗愈伤组织的薄壁细胞相互连接，愈伤组织进一步分化，将砧木和接穗的形成层连接起来，并逐渐分化，向内形成新的木质部，向外形成新的韧皮部，并使木质部中的导管、韧皮部中的筛管重新沟通，使输导组织联通起来愈合成为新的植株。

（二）影响嫁接成活的因素

1.砧木与接穗的亲合力

亲合力是指砧木和接穗在组织结构、生理及遗传特性等方面差异程度的大小。差异愈大、亲合力愈弱、成活愈难，反之，亲和力越强、越容易成活。亲合力与植物亲缘关系远近有关。一般亲缘关系愈近，亲合力愈强，愈易成活，所以同种或同品种间的亲和力最强，嫁接容易成活。

2.嫁接时期

嫁接时期与土壤和大气的温度有关。温度偏低，砧木和接穗的形成层细胞活动微弱，愈合组织增生慢，嫁接不易成活；温度过高，形成层细胞分裂减慢或停止，也不易成活。因此，春季嫁接不能过早，秋季嫁接不能过晚，夏季温度过高时也不宜嫁接。

3.砧木与接穗质量

由于形成愈伤组织需要一定的养分，所以凡是砧、穗木质化程度愈高、贮藏养分愈多、嫁接愈容易成活。因此，嫁接时要选择生长充实的枝条作为接穗，在一个接穗上也选用充实部位的芽或枝段进行嫁接。

4.嫁接环境条件

嫁接成活与温度、湿度、光照、空气等环境条件有关。一般温度在20～25 ℃、湿度在90%以上时，有利嫁接伤口的愈合。嫁接期最低温度不得低于18 ℃。嫁接伤口要注意保温、保湿，通常以采用塑料薄膜包扎较好；强光直射抑制愈伤组织的产生，黑暗能促进愈合，因此接穗从离开母株到嫁接这段时间里，要保持接穗的无光保管。嫁接后套塑料袋不但能防止强光直射，也有利于增温保湿；同时嫁接避开阴雨天、雾天和大风天，可提高嫁接的成活率。

5.伤流、流胶和单宁物质

根压大的果树，如葡萄、核桃、猕猴桃等，春季根系开始活动后，地上部有伤口的地方会出现伤流，而伤流会影响成活率，故宜在夏秋季芽接或绿枝接；桃、杏等果树，一般8月下旬以后嫁接容易引起流胶，接口流胶会妨碍愈伤组织形成，降低成活率，因此，嫁接要适当提早，以减轻流胶，促进成活；柿子、核桃、板栗等含单宁较多，伤口易形成单宁氧化膜，阻碍细胞分裂，是造成嫁接成活率低的主要原因之一，因此，应选择适宜的嫁接时期和相应的嫁接方法，提高嫁接速度，促进成活。

6.嫁接技术

嫁接技术的优劣直接影响接口切削的平滑程度和嫁接速度。如果削面不平滑，隔膜形成较厚，突破不易，影响愈合；即使愈合，发芽也晚，生长也衰弱。嫁接速度快而熟练，可避免削面风干或氧化变色，嫁接成活率高。

为提高嫁接成活率，要掌握好“快、平、齐、紧”四点。所谓“快”，即操作要快；“平”，即接穗、砧木削面要平滑；“齐”，即砧木和接穗的形成层要对齐；“紧”，即接口绑扎要紧。

二、接穗采集和贮运

接穗应根据品种区域化的要求，从品种纯正、品质优良、生长健壮、无病虫害、已达结果年龄及丰产的壮年树上采集。春季嫁接用的接穗，可结合冬季修剪，选树冠外围生长充实的一年生枝，收集好后，50～100根一捆，标明品种、数量，埋在湿沙或湿土内贮存备用。贮存期间要定期检查，防止干枯及霉坏。生长期嫁接用的接穗，选用当年生枝，最好随采随用，采后及时除去叶片，仅留叶柄，然后在阴凉处铺湿沙，将接穗下端埋入沙中或插在水盆内，上用湿布覆盖。

接穗远距离运输时，应附上品种标签，剪口涂蜡，用有孔的箱、筐或塑料薄膜及浸湿、通气良好的保湿材料包装。运输中要快速运转，避免风吹日晒，高温季节宜冷藏运输。冬季注意防冻。

三、砧木的选择

砧木是果树嫁接的基础，果树所需水分和无机养分依靠砧木的根系吸收供给，它对果树的生长发育、结果早晚、产量高低、品质优劣都有很大影响。在砧木的选用上，应就地取材，也可适当引种。引种时应对引种砧木的特性有充分了解或先进行试验，表现良好的方能大量引进、推广。

果树砧木种类很多，根据繁殖方法可分为实生繁殖的砧木和无性繁殖的自根砧木，或者称无性系砧木；根据利用方式分为基砧和中间砧，连同根系用作砧木的称为基砧，只用一段枝条嵌在基砧与接穗之间的称中间砧；根据砧木对接穗的影响分为乔化砧、半矮化砧、矮化砧。能够使接穗长成 5 m 左右高大树冠的砧木称乔化砧；使树冠长得比乔化砧树冠小 1/3 的砧木称半矮化砧；使树冠长得仅为乔化砧树冠 1/2 的称矮化砧。对不良环境条件或某些病虫害具有良好适应能力或抵抗能力的砧木，称抗性砧木。

在实际生产中，要根据具体情况，结合砧木自身的优缺点进行综合考虑。第一，砧木与接穗要具有良好的亲和力，通常同种之间亲和力最高，同属之间有的亲和力好，有的差。一般综合考虑，大多砧木在同属之间选择。第二，砧木应对栽培地区的气候、土壤等环境条件适应性强，根系发达，生长健壮，抗寒、抗旱、抗病虫能力强。第三，砧木种源丰富、繁殖系数高、繁殖工艺简单、成本低，最好就近取材。第四，砧木对接穗的生长和开花结果有良好影响，并能保持接穗原有的优良品性。表 2-2 为北方落叶果树常用砧木，表 2-3 为常见北方果树砧木类型。

表 2-2　北方落叶果树常用砧木

树种	砧木名称	树种	砧木名称
苹果	苹果山定子、西府海棠、楸子(海棠果)、新疆野苹果、M9、M26、M7、MM106、MM111、GM256、77－34	樱桃	山樱桃、青肤樱、莱阳矮樱桃、马哈利樱桃
		梨	杜梨、麻梨、秋子梨、褐梨、PDR54、S5、S2
葡萄	山葡萄、贝达	板栗	普通板栗、茅栗
桃	山桃、毛桃、毛樱桃	柿	君迁子
杏	山杏、山桃、毛桃	枣	枣、酸枣
李	山桃、毛桃、山杏、李、毛樱桃	核桃	核桃、核桃楸

注：引自蒋锦标《果树栽培技术(北方本)》，2014

表 2-3　常见北方果树砧木类型

树种	砧木名称		砧木特征
苹果		楸子	适应性强，抗旱、抗寒、耐涝、耐盐碱，抗病力较强。根系发达，幼苗生长迅速，与苹果嫁接亲和力强，生长结果好
		西府海棠	适应性强，具有抗旱、耐涝、耐盐碱的能力，较耐寒，抗黄叶病。幼苗生长迅速，当年播种当年就能嫁接，苗木须根发达，嫁接亲和力强，生长健壮，结果良好
		山定子	抗寒力极强，抗旱，较耐瘠薄，抗病毒能力强。不耐盐碱，土壤 pH7.8 以上时就易发生黄叶病，抗涝力也差，易出现小脚现象。适于较寒冷的地区
		新疆野苹果	适应性较强，耐旱、较抗盐碱，耐寒力中等。苗木直根发达，须根少。幼苗生长快，嫁接亲和力强，树体健壮，树冠高大，结果稍晚
苹果	矮化砧木	M_7	半矮化砧、适应性强、抗旱、抗寒，耐瘠薄、但不耐涝，在肥沃地上根量少，易生根头癌肿病，嫁接亲和力强，结果早，丰产，品质好，可做自根砧或中间砧，适合在比较寒冷和干旱地区栽培
		MM_{106}	半矮化砧。适应性强，根系发达，固地性好，耐干旱，耐瘠薄，抗寒力较强，抗苹果棉蚜及病毒病，易感白粉病。嫁接亲和力强，结果早，丰产。可作自根砧或中间砧，适合在较寒冷和干旱地区栽培
		M_{26}	矮化砧。适应性较强，根系浅，抗寒力强，抗旱性差，抗白粉病，但不抗棉蚜和茎腐病。嫁接亲和力强。早果丰产，品质佳。可作为自根砧或中间砧，适合在有灌溉条件的地区栽培
		M_9	矮化砧。适应性差，根系浅，固地性差，不耐寒。嫁接亲和力强，树体矮小，结果极早，连续结果能力强。压条生根困难，繁殖系数低。可作为中间砧用，适合在无冻害的湿润气候区及冷凉有灌溉条件地区栽培

续表 2-3

树种	砧木名称	砧木特征
梨	杜梨	根系发达，分布较深，须根多，实生苗发育旺盛，嫁接品种生长健壮，结果早、丰产、寿命长，抗旱、耐涝、抗盐碱。与中国和西洋梨品种亲和力强，是华北地区常用的砧木类型
	豆梨	树体高大，适于暖湿气候，也能适应黏土及酸性土壤，抗腐烂病能力强，抗旱、抗涝、较耐盐碱，耐瘠薄能力仅次于杜梨。嫁接砂梨、西洋梨系列品种亲和力强
葡萄	山葡萄	极抗寒，扦插难发根，嫁接亲合力良好
	贝达	抗寒，结果早，扦插易发根，嫁接亲合力好
桃	毛桃	根系发达，生长旺盛，抗旱耐寒，嫁接亲合力强，生长快，结果早，但树体寿命较短。在华北、东北、西北各地使用广泛
	山桃	抗寒、抗旱，抗盐碱，较耐瘠薄，嫁接亲合力强。为华北、东北、西北等地桃的主要砧木
	寿星桃	植株矮小，树冠紧凑，枝粗而节间短，果实可食用，作矮化砧用
杏	山杏	适应性强，树体矮小，耐干旱，耐瘠薄，抗寒，寿命长，不长根蘖。不适合地下水位高和低洼地栽植。也可作为李的砧木
李	榆叶梅	主要分布在我国北方，抗寒、抗旱、耐盐碱，与李嫁接亲和力强，嫁接的李树矮化，适于密植，耐涝性差
	毛樱桃	树体寿命长。我国北方各地均有分布，种子出苗率高，与李嫁接亲和力强，矮化，结果早，嫁接后李品种果实变小。抗寒、耐旱，适应性强。抗涝性差
樱桃	山樱桃	根系发达，固地性强，抗风害，因此在沿海地区采用较多
	中国樱桃	须根发达，但根系分布较浅，固地性较差，不抗风，易倒伏。无性砧繁殖，水平根系发达，根系分布比实生砧木深，固地性较强，也较抗风。因此生产上多采用无性砧木
核桃	核桃	目前北方的主要砧木。用核桃本砧做砧木，嫁接亲和力强，成活率高，接口愈合牢固，生长结果良好
	麻核桃	核桃与核桃楸的自然杂交种，主要分布在河北、北京、山西等地，亲和力强，嫁接成活率高，抗逆性强
	核桃楸	抗寒、抗旱，耐瘠薄，嫁接成活率不如共砧，有“小脚”现象，适合北方各省区应用
柿	君迁子	适应性强，树体高大，树冠开张，抗寒能力强，生长健壮，寿命很长。种子没有休眠期，出苗快，整齐。愈合牢固，生长好，适合作涩柿的砧木。与甜柿树嫁接亲和力较差
	柿	共砧，树体高大，树冠开张。嫁接亲和性好，宜作甜柿砧木
枣	酸枣	生命力极强，抗干旱，耐瘠薄，是枣树的良好砧木
板栗	普通板栗	共砧
	毛栗	抗湿，耐瘠薄，适应性强，结果早

注：引自陈登文《果树生产技术（北方本）》，2013

四、嫁接时间

1.春季

在 3—4 月进行，多数果树在这时都能用枝条和带有木质的芽片嫁接，当年可培养成合格的嫁接苗。只要接穗保存良好，处于尚未萌发状态，嫁接时间可以延续到砧木展叶以后。一般在砧木大量萌芽前结束为宜。

2 初夏

5 月中旬至 6 月上旬砧木和接穗皮层都能剥离时进行芽接，亦可用嫩枝进行枝接，当年可培养成苗。

3.夏、秋季

在7—8月,日均温度不低于15 ℃时进行芽接,我国中部和华北地区可持续到9月中、下旬。接芽当年不萌发,翌年春季剪砧后培养成嫁接苗。

五、嫁接方法

果树嫁接方法很多,根据对接穗取用部分的不同分为芽接和枝接两大类;按嫁接部位可分为根接、根颈接、腹接、高接、桥接,其中根接是以根段为砧木的嫁接方法,根颈接是在植株根颈部位嫁接的方法,腹接是在枝条侧面斜切和插入接穗嫁接的方法,高接是利用原植株的树体骨架,在树冠部位换接其他品种的嫁接方法,桥接是指利用一段枝或根,两端同时接在树体上,或者将萌蘖接在树体上的方法。

按嫁接的场所分圃接和掘接,圃接是指在圃地进行的嫁接方法,掘接是指将砧木掘起,在室内或其他场所进行嫁接的方法。

(一)芽接

芽接是把接穗上的芽削下,取接穗上的芽片接到砧木上,并使其成活,这是繁育果苗常用的方法之一。优点是嫁接时间长,节省接穗,操作简便,工作效率高,接合牢固,易成活。芽接时如果处于皮层可以剥离的时期,可用不带木质部的芽片嫁接,也可用带有少许木质部的芽片嫁接;皮层不易剥离时,只能进行带木质的嵌芽接。

芽接的时期,一般在接芽充分成熟,砧木达到一定粗度时进行,具体时期随嫁接方法不同而异。芽接方法较多,有"T"形芽接、嵌芽接、套芽接、方块芽接等,以嵌芽接和"T"形芽接最为常用。

1."T"形芽接

"T"形芽接又称盾状芽接,是芽接中应用最广的一种方法。多用于1年生砧木苗上,在砧木及接穗皮层易剥离时进行(图2-2)。

(1)削芽片　先在被取芽上方0.5～1.0 cm处横切一刀,深达木质部,宽度为接穗粗度的1/3～1/2,再在芽的下方1.0～1.5 cm处斜削入木质部,由浅入深向上推刀,至纵刀口与横刀口相遇为止。用拿刀的手捏住接芽两侧,轻轻一掰,取下一个盾状芽片。

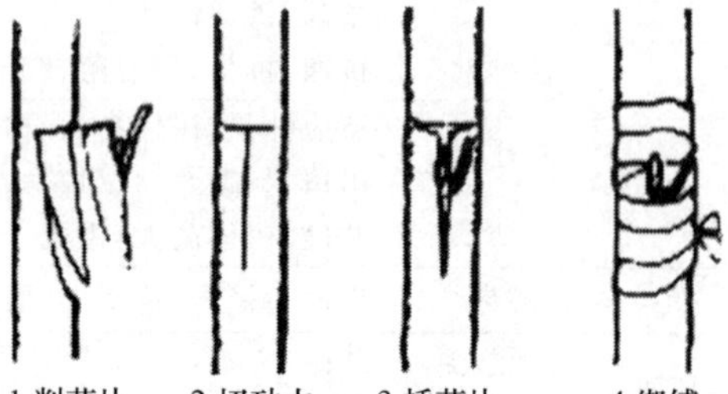

图2-2 "T"形芽接

(2)切砧木　在砧木苗基部离地面5～6 cm处,选择光滑无疤部位,用芽接刀切一个"T"形切口,即先横切一刀,宽1 cm左右,再从横切口中央往下竖切一刀,长1.5 cm左右,深度以切断皮层而不伤木质部为宜。

(3)插芽片　用嫁接刀或骨柄将砧木切口皮层轻轻撬开,用左手捏住削好的芽片左右两侧,将芽片迅速插入砧木皮层,紧贴木质部向下推进,直至芽片上方与"T"形横切口对齐。

(4)绑缚　用塑料条从接芽的下部逐渐往上压茬缠绑到横切口上方,芽和叶柄外露(要求当年萌发)或不外露(来年萌发)均可,但伤口一定要包扎严密,捆绑紧固。

2.嵌芽接

嵌芽接是芽接中应用较多的一种方法,不管皮层是否容易剥离,一年中都能进行(图2-3)。

(1)切芽片　先在芽上方1.0～1.2 cm处向下斜削入木质部,长约2 cm,略带木质但不宜过厚，然后在芽下方 1 cm 处呈 30°角斜切到第一刀口底部，取下带木质盾状芽片。

（2）切砧木　切砧木与削芽片基本一样，在砧木光滑部位，先斜切一刀，再在其上方 2 cm 处由上向下斜削入木质部，至下切口处。不同的是砧木削面可比接芽稍长，但宽度应保持一致。

（3）插芽片　取掉砧木盾片，将接芽嵌入砧木切口处，如果砧木粗，削面宽时，可将一边形成层对齐。

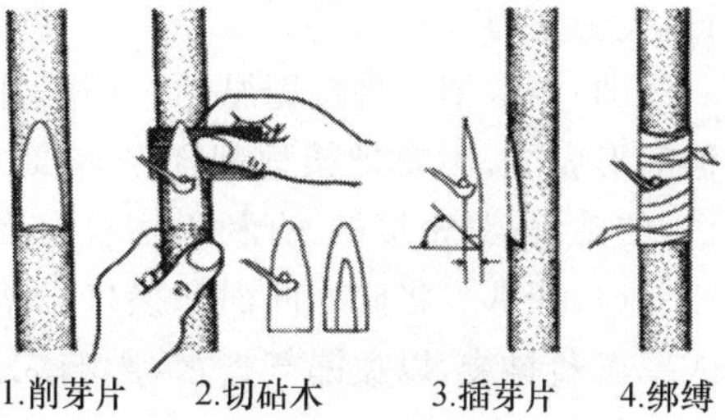

图 2-3　嵌芽接

（4）绑缚　然后用塑料薄膜条由下往上压茬缠绑到接口上方，绑紧包严。

3.套芽接

套芽接分 3 步，操作如下。

（1）切芽片　选取接穗上饱满芽眼做接芽，在芽上、下各 1～1.5 cm 处环切一周，深达木质部，用拇指和食指捏紧芽褥部分，左右扭动，待皮层滑动后切砧木。

（2）切砧木　将砧木在离地面 10 cm 左右处切断，双手撕开约 15 cm 长的皮层后切砧木。

（3）接芽片　从接穗枝上取下管状芽套，套合于砧木上，使两者紧密接合。再将撕开的皮层向上扶起，围绕住芽套下部即可，可不绑缚。

4.方形贴皮芽接

方形贴皮芽接分 3 步，操作如下。

（1）切砧木　先在砧木上切一方块，将树皮挑起，再按回原处，以防切口干燥。

（2）切芽片　在接穗上取下与砧木方块大小相同的方形芽片，要求芽片长度不小于 4 cm，宽度 2～3 cm，芽内维管束（芽眼肉）保持完好。

（3）插芽片绑缚　将方形芽片迅速镶入砧木切口，使芽片切口与砧木切口密接，然后绑紧即可。

（二）枝接

用一段带有几个或一个芽的硬枝或绿枝作接穗，接到砧木上的方法称为枝接。枝接成活率高，生长快，结果早，但接穗用量大，嫁接时间短，方法也不如芽接简便。

硬枝嫁接于早春树液开始流动后进行，只要接穗保存不发芽，可以延续到砧木展叶以后。硬枝嫁接的方法有劈接、皮下接、切接、腹接、舌接等形式，常用的有劈接、皮下接、切接。

1.劈接

劈接是应用广泛的一种枝接方法，在砧木离皮、不离皮的情况下都可进行（图 2-4）。

（1）削接穗　剪截一段带有 2～4 个饱满芽的接穗，在接穗的下端削 1 个 3 m 左右的斜面，再在这个削面背后削一个相等的斜面，使接穗下端呈长楔形，插入砧木的内侧稍薄，外侧稍厚些，削面光滑、平整。

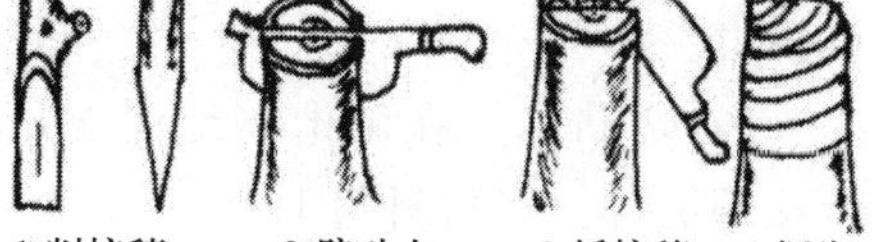

图 2-4　劈接

（2）劈砧木　先将砧木从嫁接处剪（锯）断，修平茬口，然后在砧木断面中央劈一垂直切口，长 3 cm 以上。砧木如果较粗，劈口可偏向一侧，位于断面 1/3 处。劈砧时，不要用力过猛，以免劈口过长，失去夹力。

(3)插接穗　将接穗厚的一面朝外，薄的一面朝内插入砧木垂直切口，必须对准砧木与接穗的形成层，不要把接穗削面全部插入砧木切口内，削面上端露出切面 0.3～0.5 cm，俗称露白，使砧、穗紧密接触，有利于伤口愈合。较粗砧木可插入两个接穗，劈口两端各 1 个。

(4)捆绑　将砧木断面和接口用塑料薄膜条缠绑严密。较粗砧木要用方块薄膜覆盖伤口，或罩套塑料袋，以免漏气失水，影响成活。

2.插皮接

(1)削接穗　剪一段带有 2～4 个芽的接穗，在接穗下端斜削 1 个长约 3 cm 的长削面，再在这个长削面背后尖端削 1 个长 0.3～0.5 cm 的短削面，并将长削面背后两侧皮层削去少量，但不伤木质部(图 2-5)。

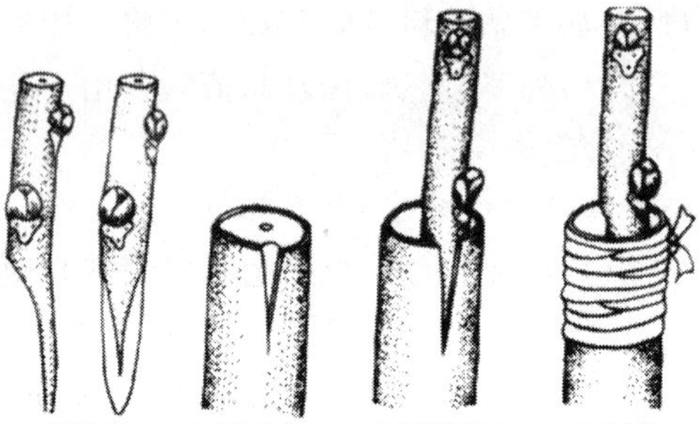

图 2-5　插皮接

(2)劈砧木　先在砧木近地面处选光滑无疤部位剪断，削平剪口，然后在砧木皮层光滑的一侧纵切 1 刀，长约 2 cm，不伤木质部。

(3)插接穗　用刀尖将砧木纵切口皮层向两边拨开。将接穗长削面向内，紧贴木质部插入，长削面上端应在砧木平断面之上外露 0.3～0.5 cm，使接穗保持垂直，接触紧密。

(4)捆绑　用塑料条包严、绑紧。

3.劈接

砧木较粗时可采用劈接法，步骤如下。

(1)切砧木　将砧木从圆整平滑处锯断或剪断，削平锯口，修平断面。用劈接刀从断面中间劈开，深度大于 3 cm。

(2)削接穗　把接穗削成长楔形，两个削面的长度为 3 cm 左右，削面以上有 2～4 个芽。

(3)插接穗　用木楔把劈开的砧木切口撑开，把削好的接穗对准砧木皮部的形成层插入，使接穗削面上部露白 1 cm，抽出木楔，砧木把接穗夹紧。如果砧木较粗，可同时插入 2～4 个接穗。

(4)捆绑　绑缚包扎，如果近地嫁接，接后可埋土保湿；如果高枝劈接，应包严所有切口。

4.腹接

腹接步骤如下(图 2-6)。

(1)削接穗　在接穗下端先削 1 个长 3～4 cm 的斜面，再在其背后削 1 个 2 cm 左右的短斜面，呈斜楔形。

(2)切砧木　在砧木离地面 5 cm 左右处，或待接部位，呈 30°角斜切 1 刀。

(3)插接穗　轻轻掰开砧木斜切口，将接穗长面向里、短面向外斜插入砧木切口，对准形成层。

(4)捆绑　用塑料条包严、绑紧。

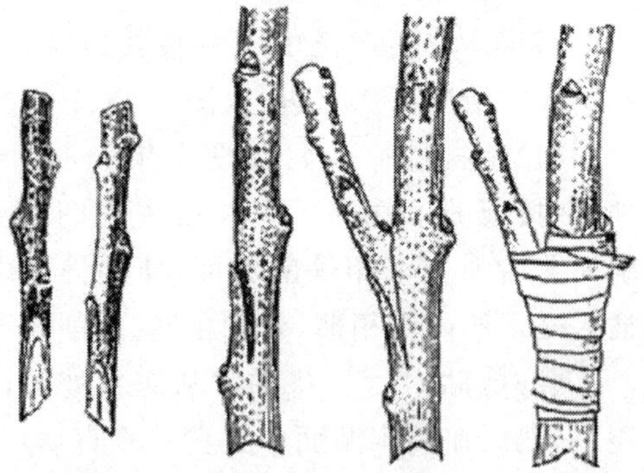

图 2-6　腹接

六、嫁接后管理

1.检查成活

大多数果树芽接后 10～15 d 即可检查是否成活，春季温度低时间长些。凡接芽新鲜，叶柄一触即落，表明已经成活。如果芽片萎缩，颜色发黑，叶柄干枯不易脱落，说明没有接活；如果接穗新鲜，伤口愈合良好，芽已萌动，表明已成活。枝接一般需 1 月左右才能判断是否成活。

2.补接

嫁接未成活的，要及时补接。补接一般结合检查成活、剪砧、解绑同时进行。

3.解绑

生长季芽接检查成活的同时进行松绑或解绑，秋季芽接的也可来年春季解绑；枝接在新梢萌发并进入旺盛生长以后解绑；较粗砧木枝接，先解除接穗上的绑扎物，接口愈合后再解除砧木上的绑扎物，特别粗的砧木可到第二年解绑。嵌芽接的待新梢旺长后再解绑。枝接套袋保湿的，萌芽后先把袋上部撕破，进行放风，待新梢旺长后再去袋解绑。

4.剪砧

芽接成活之后，剪除接芽以上的砧木部分称为剪砧。秋季芽接，在第二年春季萌芽前剪砧为宜。7 月以前嫁接，需要接芽及时萌发的，要 2 次剪砧，即第一次为接后立即剪砧，要求接芽必须保持 10 个左右营养叶片；也可在接后折砧，15～20 d 后剪砧。第二次剪砧是在接芽萌发长至 10 cm 左右时，剪除接芽上部砧木，促进接芽生长，当年成苗。剪砧时，剪刀刃应迎向接芽一面，在芽片上方 0.3～0.5 cm 处下剪，剪口向接芽背面稍微下斜。

5.除萌和抹芽

剪砧后，砧木上长出萌蘖，应及时去掉，并且要多次进行。需要注意的是，桃嫁接后要保留部分萌蘖，尤其砧木苗夏季嫁接剪砧后，更需保留基部 3～5 个砧木苗副梢，以利于嫁接枝芽的生长，但要控制其长势。

6.土、肥、水管理

为促进接芽早发快发，春季剪砧后要及时追肥、灌水。一般每 667 m^2 追施尿素 10 kg 左右，结合施肥进行春灌，并锄地松土提高地温，促进根系发育。5 月中下旬苗木旺长期，再施 1 次速效性肥料，每 667 m^2 追施尿素 10 kg 或复合肥 10～15 kg，施肥后灌水。结合喷药每次加 0.3％的尿素，进行根外追肥，促其旺盛生长。7 月以后应控制肥、水供应，可叶面喷施 0.5％的磷酸二氢钾 3～4 次，以促进苗木充实健壮。

项目四　自根苗培育

利用果树营养器官（干、枝、根和芽等）的再生能力，用扦插、压条、分株等方法获得的果树苗木称为自根苗。

一、扦插育苗

(一)硬枝扦插

1.插条采集与贮藏

硬枝扦插使用的插条在休眠期采集，一般结合冬季修剪进行，最迟应在春季伤流前半月进行。在生长健壮、结果良好的幼年母树上，选择生长健壮、充分成熟、芽眼饱满、无病虫害的一年生枝。采集的插条每根按长 50～60 cm，带 5～6 个芽剪截，按品种、粗度分别以 50～100 根捆成一捆，然后挂上标签，标明品种、数量、采集日期等，温度以 1～5 ℃为宜。

插条采集后，为了减少水分的散失，保证插条质量，应尽快进行贮藏。贮藏方法有沟藏和窖藏两种，我国北方一般多采用沟藏。沟藏即选择地势高燥、排水良好、向阳背风的地方开沟，沟宽 80～120 cm，深 80～100 cm，长度视插条数量而定。贮藏时，先在沟底铺 5～10 cm 厚的湿河沙，把成捆的插条竖立或平放在沙上，在插条之间填满湿沙，再在插条上面盖 30～40 cm 的湿沙或细土(图 2-7)，沙的湿度以手握成团，一触即散为宜。最上面盖 20～40 cm 的土防寒，寒冷地区可适当增厚。贮藏大量枝条时，可在沟中每隔 3～5 m 插入一个草把或秫秸，以便于适当通气。

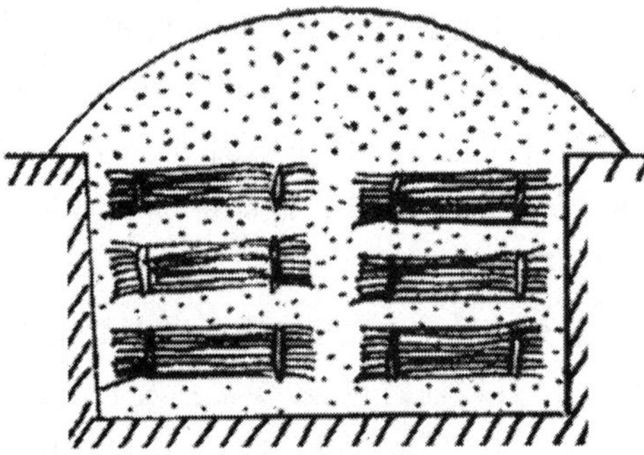

图 2-7 插条沟藏

2.插条剪截

春季从贮藏沟中取出插条，在清水中浸泡一昼夜后，选择皮色新鲜、芽眼完好的枝条，剪成 20 cm 左右、带有 2～3 芽的插条，上端剪口距芽眼 1 cm 处平剪，下端在芽下方 0.5～1 cm 处剪成马耳形斜面。剪口要平整光滑，以利愈合。剪好的插条顶端向上，每 50～100 根扎成一捆，准备催根或扦插。

3.催根

为了促使插条早生根，提高扦插成活率，生产上常进行催根处理，催根处理的时间在扦插前 20～25 d。具体的方法有电热温床催根、火炕催根、冷床催根和药剂催根等，其中以药剂催根与电热温床催根相结合使用效果最好。

常用的药剂有萘乙酸(NAA)、吲哚乙酸(IAA)、吲哚丁酸(IBA)、ABT 生根粉等。其使用方法有两种：一种是高浓度速蘸，另一种是低浓度长时间浸泡，但注意浸蘸的部位是插条基部，不要使最上端的芽眼蘸到药剂，否则会影响萌芽。

首先在平整好的苗床上铺上热源，在热源上铺一层湿沙或锯末，厚度 3～5 cm，将浸蘸过药剂的插条下端向下，成捆直立埋入铺垫的基质之中，捆与捆之间用湿沙或锯末填充，顶芽外露。插条基部温度保持在 25～28 ℃，气温控制在 8～10 ℃。为保持湿度要经常喷水，可使根原体迅速分生。而芽则受气温的限制延缓萌发。经过 15～20 d 插条便可产生愈伤组织并开始生根。

4.扦插

北方地区扦插时间多在春季萌芽前进行。扦插时可直接插入苗床，也可插入营养钵。露地扦插时最好在 20 cm 处土温稳定在 10 ℃以上时，深翻整地施肥，做畦或垄，并覆好薄膜。垄插表土层较深，根系附近土壤疏松透气，且土壤吸收阳光的面积大，地温升高快，有利于插穗生根。垄插灌水在高垄之间，不会因灌水而影响土壤透气性，因此效果一般好于畦插。但注意在沙性土壤，特别是在气候非常干旱的地区由于保水困难不宜采用垄插。

扦插的方式有直插和斜插两种。扦插时可开沟放插条或直接将插条插入土中。一般生根容易、插穗较短、土壤疏松、通气保水性好的应直插；而生根困难、插穗较长、土壤黏重通气不良、土温较低的宜斜插。扦插深度与环境条件有关，在干旱、风大、寒冷地区扦插时插条宜全部插入土中，上端与地面持平，插后培土 2 cm 左右，覆盖顶芽，芽萌动时扒开覆土；在气候温和且较湿润的地区，插穗上端可以露出 1～2 个芽，扦插时不要碰伤芽眼(图 2-8)。

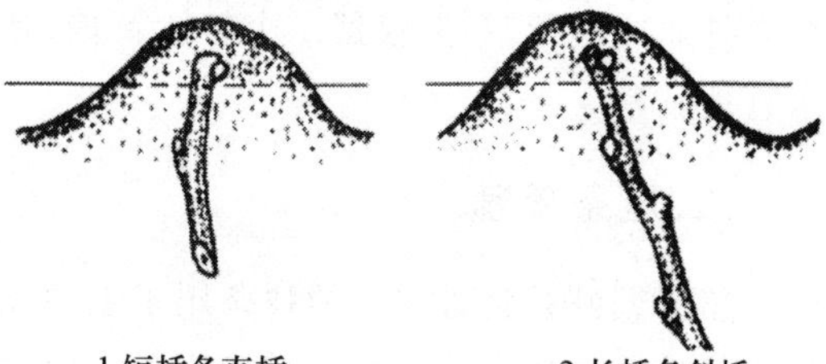

1.短插条直插　　2.长插条斜插

图 2-8　硬枝扦插

5.扦插后管理

(1)浇水抹芽　发芽前要保持一定的温度和湿度。土壤缺水时应适当浇水，但不宜频繁灌溉，以免降低地温，导致土壤通气不良，影响生根。成活后一般只保留 1 个新梢，其余及时抹去。

(2)追肥　当新梢长度达 10 cm 以上时，要加强苗木生长前期的肥水管理，追施速效性氮肥 1～2 次。第 1 次在 5 月下旬至 6 月上旬，每 667 m^2 施尿素 10～15 kg；第 2 次在 7 月下旬，每 667 m^2 施复合肥 15 kg。立秋以后加强叶面喷肥，促进苗木健壮生长。

(3)绑梢、摘心　葡萄扦插育苗时为了培育壮苗和繁殖接穗，每株应插 1 根细竹竿，或设立支柱，适时绑梢，牵引苗木直立生长。如果不生产接穗，新梢长到 80～100 cm 进行摘心，使其充实，提高苗木质量。

(4)病虫害防治　注意防治病虫，促进幼苗旺盛生长。

(二)绿枝扦插育苗

绿枝扦插是指利用当年生尚未木质化或半木质化的新梢在生长期进行扦插的方法。为提高成活率，保证当年形成一段发育充实的苗干，一般在 6 月底以前进行扦插。扦插过早，枝条幼嫩不易成活；扦插过迟，生根不好，遇高温季节成活率低，且新梢生长期短成熟度差。

1.插条处理

选生长健壮的幼年母树，在早晨或阴天采集当年生尚未木质化或半木质化的粗壮枝条，随采随用，不宜久置。将采下的嫩枝剪成长 5～20 cm 的枝段。上剪口于芽上 1 cm 左右处剪截，剪口平滑；下剪口稍斜或剪平。为减少蒸腾耗水，应除去插条的部分叶片，仅留上端 1～2 片叶，如果叶片是大叶型可将叶片剪去 1/2。插条下端可用吲哚丁酸(IBA)、吲哚乙酸(IAA)、ABT 生根粉等激素处理，使用浓度一般为 5～25 mg/kg，浸 12～24 h 以利生根。

2.扦插

绿枝扦插宜用河沙、蛭石等通透性能好的材料作基质。一般先在温室或塑料大棚内集中培养生根，然后移至大田继续培育。将插条按一定的株、行距插入整好的苗床内，可适当密插，有利于保持苗床的小气候。采用直插宜浅不宜深，插入部分约为穗长的 1/3。插后要灌足水，使插条和基质充分接触。

3.扦插后管理

绿枝扦插必须搭建遮阳设施，避免强光直射。扦插后注意对光照和湿度的控制，勤喷水或浇水，保持空气湿度达到饱和，勿使叶片萎蔫，以便叶片进行光合作用，制造养分和生长素，保证生根、发芽和生长使用。生根后逐渐撤去遮阳网，增加光照。温度过高时喷水降温，及时排除多余水分。有条件者利用全光照自动间歇喷雾设备，效果更佳。

扦插成活后，一般仅留 1 个健壮新梢，其余抹除。为保证苗木健壮充实，生长期要加强肥水管理。

二、压条繁殖

压条繁殖是将母株上的枝条压于土中或生根材料中，使其产生不定根，然后与母株分离而长成新的植株的繁殖方法。采用压条繁殖的苗木称为压条苗。扦插不易生根的果树常用此方法，如苹果和梨的矮化砧木苗、石榴等。

压条包括地面压条和空中压条。地面压条又可分为直立压条、水平压条和曲枝压条 3 种方法。采用压条繁殖成活率高，并且可保持母株优良的性状，技术操作易于掌握，但其缺点是易造成母株衰弱。

1.直立压条

直立压条又称垂直压条、堆土压条（图 2-9），主要用于分枝能力强、枝条硬度大的树种。具体方法是在春季萌芽前，将母株枝条距地面 15 cm 左右（矮化砧 2 cm）处短截，促发多数分枝，当新梢长到 15 cm 时摘除新梢基部的叶片进行第 1 次培土，培土厚度为新梢的 1/2。待新梢长到 20 cm 时，进行第 2 次培土，培土至 25～30 cm 高、40 cm 宽，踏实。培土前先灌好水，培土后保持湿润，一般 20 d 后开始生根。入冬前或翌春扒开土堆分离新生植株。苹果和李的矮化砧木，李、石榴、无花果、樱桃等果树均可采用直立压条法进行繁殖。

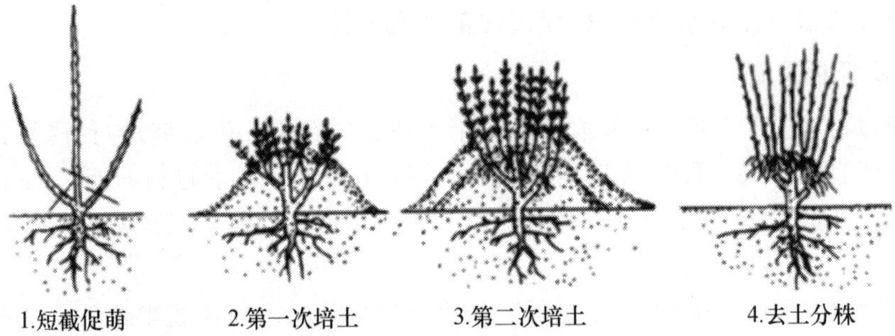

图 2-9　直立压条

2.水平压条

水平压条，又称开沟压条，主要应用于枝条柔软、扦插生根较难的树种。具体方法是在萌芽前进行，选取母株靠近地面的枝条，顺着生长的方向压入深 5 cm 的沟中，用枝杈固定好，覆盖少量松土，埋没枝梢，芽萌发后可再覆盖薄土，促进枝条黄化。新梢长到 15～20 cm、基部半木质化时再培土 10 cm 左右。年末将基部生根的小苗自水平枝上剪下即成压条苗。

3.曲枝压条

曲枝压条多在春季萌芽前进行，也可在生长季节新梢半木质化时进行。具体的方法是选择靠近地面的一年生枝条，在其附近挖坑。坑与植株的远近，以枝条的中下部能弯曲在坑内适宜。坑的深度为 15～20 cm。将枝条弯曲向下，靠在坑底，用枝杈固定，并且在弯曲处进行环剥。在枝条弯曲部分压土填平，将枝条上部露在外面。在压土部位夏季即可生根，秋季与母株分离，即形成新的植株。

4.空中压条

空中压条又称高压法(图 2-10)，适用于树体较高、枝条不易弯曲至地面的树种。空中压条在整个生长季节都可进行，以春季和雨季较好。具体的方法是将选好的 1～3 年生枝条，在枝条基部 5～6 cm 处环剥，宽 3～4 cm，在伤口处用毛笔涂 5 000 mg/kg 的吲哚丁酸等促进生根，在刻伤部位以下用塑料布围成圆筒，并且紧扎于枝上，筒内放入湿润肥沃的土壤，作为生根基质，浇水后将塑料筒上部也扎紧。注意经常保持生根基质湿润，待生根后即可与母株分离，并继续培养成苗。空中压条成活率高，技术易掌握，但繁殖系数低，对母株损伤大。

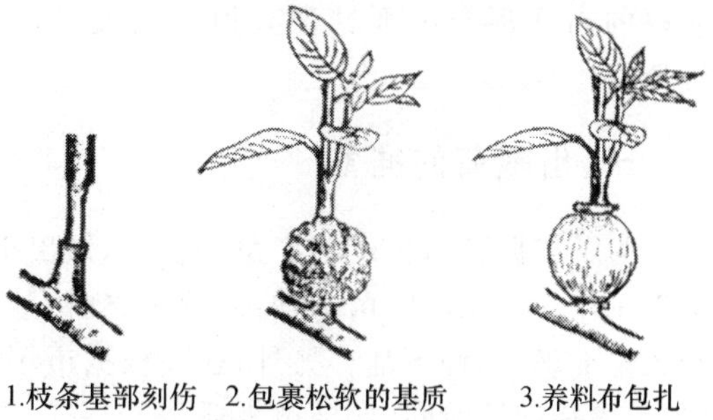

图 2-10　空中压条

三、分株繁殖

分株繁殖是指利用母株的根蘖、匍匐茎、吸芽等营养器官，在自然状况下生根后从母体分离，培育成新植株的无性繁殖方法。分株繁殖的苗木叫分株苗。

1.根蘖分株

根蘖分株用于根部易发生根蘖的果树，如枣树等。具体的方法是利用自然根蘖在休眠期分离栽植。根蘖分株注意一定要将根蘖苗的根系培育旺盛、粗壮，待生长后再从母株分离，否则因根蘖苗依赖母株体内养分在自身根系少而不完整的情况下，一旦脱离母株会引起地上部枝叶萎蔫枯死。为此，可以进行人工处理，如休眠期或萌芽前将母株树冠外围的部分骨干根切断，生长期注重肥水管理。

2.匍匐茎分株

草莓的匍匐茎，在偶数节上发生叶簇和芽，下部生根接地扎入土中，长成幼苗，夏末秋初将幼苗与母株切断挖出，即可栽植。

3.新茎、根状茎分株

草莓浆果采收后，当地上部有新叶抽出、地下部有新根生长时，整株挖出，将一、二年生的根状茎、新茎及新茎分枝逐个分离成为单株，即可定植。

4.吸芽分株

某些果树根际或近地面茎叶腋间自然发生的短缩、肥厚，呈莲座状的短枝称为吸芽。吸芽下部可自然生根，将其与母体分离即可得到一新植株。如菠萝可用吸芽分株繁殖(图 2-11)。

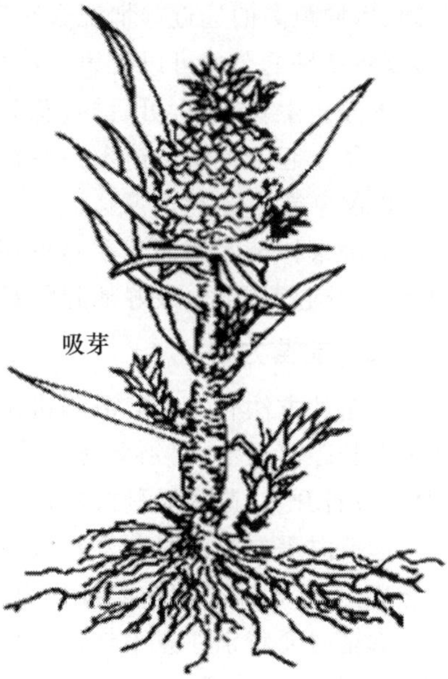

图 2-11　菠萝的吸芽分株繁殖

项目五　苗木出圃

苗木出圃是果树育苗工作的最后环节，也是建园工作的开始。苗木质量的好坏、定植后成活率的高低都与出圃过程有很大的关系，因此，一定要做好充分的准备以保证出圃苗木的质量。

一、出圃前的准备

为了掌握苗木生产的产量和质量，做出苗木的生产计划和出圃计划，出圃前必须进行苗木调查工作。对出圃的苗木种类、数量、规格等进行调查，以便安排出圃计划，制定操作规程，做到数量准确，品种不乱。另外，还要根据市场需求及时合理地安排好运输工作，保证及时装运、转运，缩短运输时间，保证苗木质量。

二、起苗

（一）起苗时期

苗木起挖的时期要依据树种及地区不同而异。落叶果树的起苗，原则上在苗木休眠期进行，即秋季落叶后或春季萌芽前起苗。

1.秋季起苗

利用苗圃秋耕作业结合起苗，一般在苗木停止生长后至土壤解冻前进行，有利于土壤改良、消灭病虫害以及减轻春季作业的繁忙。同一苗圃可以根据不同苗木停止生长的早晚、栽植时间、运输距离的远近等情况合理安排。生长季节短的地区，苗木的成熟较差，应适当提早挖苗，成熟良好的苗木可以在第一次霜降后挖苗；桃、梨等苗木停止生长较早，可先挖，苹果、葡萄等苗木停止生长较晚，可后挖；急需栽种或远运的苗木也可以先挖，就地栽种或翌春栽植的可后挖。秋季起苗可避免苗木冬季在田间受冻及鼠害为害。

2.春季起苗

各类果树苗木均适于在春季芽萌动前起苗移栽，芽萌动后起苗则影响苗木的栽植成活率。因此，春季起苗要早，最好随起随栽。

（二）起苗方法

起苗的方法有人工起苗和机械起苗两种。人工起苗多适用于小型苗圃，裸根挖出的苗木，若需要长距离运输，必须蘸泥浆护根。机械起苗多用于大、中型苗圃，具有工作效率高，劳动强度低，节省开支，苗木质量好的优点。

起苗时需要注意对苗木挂牌，标明品种、砧木类型、来源、苗龄等。在起苗前 2～3 d 灌水，使土壤湿润，以减少起苗时损伤根系。不要在大风天起苗，否则苗木会因失水过多，降低成活率。起苗时要特别注意不伤苗木根系，保证苗木有一定长度和较多的根系。挖出的苗木要集中放在阴凉处，用浸水的草帘或麻袋等覆盖，以免苗木失水。

三、苗木分级

苗木质量的好坏，直接影响栽植成活率以及生长结果的整齐性，所以在外运或贮藏前需根据国家或当地的苗木出圃规定对苗木进行分级。出圃的苗木规格因树种、地区和用途不同而有差异，一般优质苗木的基本要求是品种纯正、砧木类型一致；根系发达，主根不弯曲，侧根须根多，断根少；地上部枝条壮且充实，并有一定的高度和粗度；芽体饱满，无病虫害及机械损伤；嫁接苗的接合部位愈合良好。乔化砧和矮化中间砧苹果苗分级标准见表 2-4 和表 2-5。

表 2-4　乔化砧苹果苗分级标准

项目		等级		
		一级	二级	三级
基本要求		品种和砧木类型纯正，无检疫对象及严重的病虫害，无冻害和明显的机械损伤，侧根分布均匀舒展，须根多，接合部和砧桩剪口结合良好，根和茎无干缩和皱皮。		
根系	侧根数/条	≥5	≥4	≥3
	侧根长度/cm	≥20 cm		
	侧根粗度/cm	≥0.3		
	侧根分布	均匀，舒展而不卷曲		
茎	根砧长度/cm	≤5		
	苗木高度/cm	≥120	120～100	100～80
	苗木粗度/cm	≥1.2	≥1.0	≥0.8
整形带内饱满芽数/个		≥10	≥8	≥6
倾斜度/(°)		≤15		

注：引自 GB9847—2003《苹果苗木》

表 2-5　矮化中间砧苹果苗分级标准

项目		等级		
		一级	二级	三级
基本要求		品种和砧木类型纯正，无检疫对象及严重的病虫害，无冻害和明显的机械损伤，侧根分布均匀舒展，须根多，接合部和砧桩剪口结合良好，根和茎无干缩和皱皮。		
根系	侧根数/条	≥5	≥4	≥3
	侧根长度/cm	≥20 cm		
	侧根粗度/cm	≥0.3		
茎	根砧长度/cm	≤5		
	中间砧长度/cm	20～30，但同一批苹果苗木变幅不超过 5		
	苗木高度/cm	≥120	120～100	100～80
	苗木粗度/cm	≥1.2	≥1.0	≥0.8
整形带内饱满芽数/个		≥10	≥8	≥6
倾斜度/(°)		≤15		

注：引自 GB9847—2003《苹果苗木》

四、苗木的检疫与消毒

1.苗木检疫

出圃的苗木，特别是调往不同地区的苗木，根据国家规定应进行检疫，凡带有国家规定检疫对象的苗木均不得出圃，以防止病虫害及恶性有害植物的传播。苗圃经营者要主动到国家植物检疫部门进行检疫，取得合格证明并经批准，方可调运苗木。发现检疫对象应立即停止调运，听从检疫部门处理。育苗单位和苗木调运人员，必须严格遵守植物检疫条例，做到从疫区不输出，新区不引入。

我国对内检疫的病虫害有苹果棉蚜、苹果蠹蛾、葡萄根瘤蚜、美国白蛾。列入全国对外检疫的病虫害有地中海实蝇、苹果蠹蛾、苹果实蝇、葡萄根瘤蚜、美国白蛾、栗疫病、梨火疫病等。

2.苗木消毒

除严格控制检疫性病虫害传播外，也应防止一般的病虫害传播。因此，苗木出圃时最好对苗木进行消毒。可用3～5波美度的石硫合剂、1∶1∶100倍波尔多液、甲基托布津等对地上部分喷洒消毒，对根系浸根处理10～20 min后，再用清水冲洗根部。李属植物应慎用波尔多液，以免造成药害。也可在密闭的条件下，利用熏蒸剂汽化后的有毒气体杀灭种子、苗木等繁殖材料以及土壤、包装等非繁殖材料中的害虫。熏蒸剂的种类很多，通常用于苗木消毒的有溴甲烷(MB)和氢氰酸(HCN)。

五、苗木包装运输和贮藏

1.包装运输

苗木经检疫和消毒后才能包装外运。包装的材料可就地取材，一般用草帘、草袋、蒲包和麻袋等。包装时大苗根部可向一侧，小苗则可根对根摆放，并在根部填充湿锯末或浸湿的碎稻草以保持根部湿润状态，也可以采用根部浸蘸泥浆，包裹之后用绳捆紧，把根部包严。每包株数根据苗木大小而定，一般50～100株。包好后挂上标签，注明树种、品种、数量、等级，包装好的苗木即可发运，运输途中要注意检查湿度和温度，以防苗木抽干或温度过高。

2.假植

苗木不能及时外运和定植时必须进行假植，假植分为临时假值和越冬假植。因苗木不能及时外运或栽植而进行的短期埋植称为临时假植。如果需要第二年冬季处理的，则要进行越冬假植。短期假植可挖浅沟，将根部埋在沟内即可；越冬假植则应选择地势平坦，避风不积水处挖沟假植。一般沟深40～50 cm，沟宽80～100 cm。南北延长开沟，苗向南45°角倾斜放入，一层苗木一层土，培土厚度为露出苗高的1/3～1/2。在严寒地区，为了防寒，最好用草类、秸秆等将苗木的地上部分加以覆盖。在风沙危害较重的地区，可在迎风面设置防风障。假植时详加标记，严防混杂。苗木数量少时，可利用菜窖或地窖贮藏。同时还应注意防鼠、兔为害。本区与果园应相隔安全距离。

模块巩固

1.简要说明苗圃地选择的依据。

2.简要说明实生苗种子层积处理的方法。

3.简要说明果树实生苗育苗过程中播种的方法及其优缺点。

4.什么是嫁接？影响嫁接成活的因素有哪些？

5.简要说明“T”芽接的具体操作过程。

6.简要说明嵌芽接的具体操作过程。

7.简要说明劈接的具体操作过程。

8.简要说明在硬枝扦插过程中的催根方法。

9.简要说明压条繁殖方法。

10.简要说明苗木出圃需要注意的事项。

模块三
果树建园

【知识目标】

通过本模块学习，学生能够了解果园的类型、果园环境标准、园地调查的内容、防护林的作用、园地树种品种选择、果树栽植前的准备工作等；熟悉常见果园的特点并进行合理的评价；熟悉防护林的类型、园地水土保持的方法、树种和品种的搭配、常见果树的栽植密度等；掌握园地的选择原则、园地规划的内容、防护林效应、授粉树的配置方式与管理、果树定植的具体方法以及定植后的管理方法。

【能力目标】

具备园地选择、规划设计能力以及常见果树树种、品种选择搭配的分析能力，能够根据当地的条件选择适宜的品种并配置授粉树，并能独立完成果树定植与管理，为果树建园奠定理论基础，从而更好地指导果树建园与定植管理实践。

项目一　园地选择

一、果园的类型

了解果园类型是果园选址的前提，依据果园地质条件、基础防护措施、产品品质标准以及生产目的等的不同，果园的类型也不同。

1.按照地形地质条件

可分为平地果园（地势较平坦、稍有倾斜、略微起伏）、山地果园（地势起伏很大、起伏高差200 m以上）、丘陵地果园（地势起伏较大、起伏高差200 m以下）、沙荒地果园（土质疏松、养分易流失）、盐碱地果园（土壤盐碱含量较重）等。

2.按照基础防护措施

可分为大田栽培果园（露天栽培，没有防护措施）、设施栽培果园（塑料大棚或温室栽培，有较好的防护措施）、工厂化栽培果园（高标准温室，采用整齐统一的大规模栽培措施）、数字化栽培果园（高标准温室，采用个性化、针对性的栽培措施，可以根据需要精准控制每株果树所需的水、肥、气、热）等。

3.按照产品品质标准

可分为普通果园（按照普通果品的标准组织生产）、绿色果园（按照绿色果品的标准组织生产）。

4.按照生产目的

可分为产果型果园（以生产优质果品为目的）、原料型果园（以生产原料果品为目的）、观光型果园（以生产造型新、奇、特的果树或果品为目的）、采摘休闲型果园（以生产适合参与、体验、采摘、休闲娱乐果园产品为目的）。

二、果园评价

在果树的生态适宜区选择适宜的园地类型，可充分利用自然资源，实现最大经济效益。生产上一般从气候、土壤、地势、水源、社会经济条件等方面对各类果园进行分析评价。

1.平地果园

平地果园的特点是地势开阔、地面平整、土层深厚、土壤肥沃，富含丰富的腐殖质和矿质营养，灌水条件好，树势发育健壮，树体高大，果园经济寿命长，产量高，果实色泽、风味、耐贮性均可，且便于人工管理和机械化作业，果园规划和建园容易，运输方便，建园投资少，适合于选作大型的果树园地。但平地建园必须选择高燥的地方，地下水位一般在1.5m以下，否则会因地下水位高，土壤湿度大，地温低，不利于果树生长；同时，夏秋多雨季节排水困难易形成内涝，使果树贪青徒长，树体养分积累不良，枝条成熟度差，易遭受冻害。平地栽培也易使果树树势偏旺，结果稍迟，应注意控制。

2.山地果园

山地果园的特点是地势、地形、坡度和坡向等十分复杂，存在着山间局部小气候。选地最好选择在山腰地带，一般要在海拔500 m以下的低山地带，坡度不超过15°。如果超过15°，则需要修建水平梯田；坡向最好是朝南或西南，光照充足、温度较高，昼夜温差较大，有利于糖分的积累和花青素的形成，果树表现物候期早、产量高、品质好。缺点是土层薄、土壤肥力差、水土流失严重、灌水困难，交通不便利，易受晚霜和日灼的危害。

在树种选择方面，原则上应将要求温度较高的果树安排在海拔较低处建园，喜冷凉的果树可在海拔较高处建园。北方落叶果树中需温较高的树种有桃、砂梨、葡萄、枣、核桃、柿、板栗、石榴、无花果等，而需温较低的果树为苹果、梨、山楂、杏、李、樱桃、猕猴桃、树莓、醋栗、榛子以及草莓等。同时需要注意的是，山脊土层薄，风也较大，宜造林来保持水土和防风；山麓虽然土层较深，灌水方便、管理也方便，但往往其土壤水分和空气湿度过大，光照不良，又是冷空气沉积的地方，果树生长不良，容易遭受早霜和晚霜的危害，春季易冻坏花，秋季易冻坏果实；山间谷地或山间平地下沉冷空气难以排出的地带也不宜做园地。

3.丘陵地果园

丘陵地的特点介于平地和山地之间，无山地垂直分布的特征，但有起伏高低的地势，既有平地果园高产稳产的优势，又具山地果园具有的果实品质。丘陵地的土质、水利和管理等条件介于平地和山地之间，土壤冲刷，流失较重，沟谷较多，土壤差异较大，丘陵顶部土层薄，风蚀水蚀严重，肥力差，丘陵下部土层较厚，土质较肥沃。在丘陵地区选择园地时要根据土壤肥力、成土母岩的风化情况、水源条件、交通条件等综合考虑，择优选择。

山地和丘陵地果园因地势高，光照充足，排水良好，空气流通，果树生长良好，果实成熟早，色泽艳，风味好。因此，山地和丘陵地也是建园的好地方，具备生产优质果品的条件。

4.沙荒地果园

沙荒地含沙量大，通透性强，土壤昼夜温差大，肥力低，保肥保水能力差，建园时必须提前营造防护林来防风固沙，栽培时要施用有机肥，还可多种绿肥作物来增加土壤有机质的含量和改良土壤。

5.盐碱地果园

盐碱地往往土壤黏重，通气性差，含有大量的盐类，土壤溶液浓度加大，且易出现缺素症，从而影响果树对水分和养分的吸收。盐碱化严重或是 pH 低于 5 或高于 8 的土壤不经改良不宜建园。而在含盐量小于 0.1%，透气性较好，不易受淹的轻盐碱地可以栽植梨、枣、葡萄、杏、桃等。盐碱地建园时一定要注意选用耐盐碱的树种和砧木，同时建园前采用洗盐、营造防风林、勤耕勤锄、挖排水沟降低水位等方法防止盐分上升。此外，还可以种植耐盐的绿肥改良土壤，起台田，覆草以减轻盐害。

三、果园的选址

果树是多年生植物，又是高产作物，一生中对立地条件要求较高，常常经不起恶劣气候条件的侵袭。因此，果园选址要依据气候、土壤肥力、地下水位、交通状况、劳动力资源、居民点分布、市场、加工条件等因素综合考虑，其中气候是最主要的，同时也要与树种、品种的选择配合进行。

1.果园的选址原则

选择果园园址应遵循“因地制宜，适地适树，合理布局，设施配套，适当超前，集中连片，规模生产，方便管理”的原则。园地的具体要求是土层深厚、土质良好、土壤肥沃、水土流失少，管理方便，环境符合无公害果园以及绿色果品生产要求，能实现优质、丰产、高效和永续利用的目标。

2.果园选址注意事项

园地选址要考虑几个方面：一是气候条件，关系到果树所需的水、空气、热、光照、温度等因素；二是交通、地理条件，关系到果园产品的生产组织、销售市场等环节；三是土壤理化性状和自然肥力状况，它是地上、地下物质交换的基础，是果树能否正常生长的关键；四是树种、品种的生物学特性，决定了整个果园产品的定位；五是忌重茬，在重茬地建园栽植前必须进行土壤消毒、换土，最好连续 4～5 年种植其他作物，尤其豆科作物或绿肥，以恢复土壤肥力。

只要园地选择得好，能满足果树对环境条件的要求，发挥果树的生产潜力，提高生产效率，才能获得最大的经济效益。

四、果园环境标准

无公害果品是目前我国果树生产的基本要求，其核心内容是在果品生产、储运过程中，通过严密监测、控制，防止农药残留、放射性物质、重金属、有害细菌等对果品生产及运销各个环节的污染，从而保证消费者的健康，也保证果园及其周围良好的生态环境。无污染的产地环境条件是生产无公害果品的基础保证，果园环境标准主要包括空气环境质量、果园灌溉水质量和土地环境质量三个方面的标准。

1.空气环境质量标准

空气中的污染物主要有二氧化硫、氟化氢、臭氧、氮化物、氯气、碳氢化合物等。国家标准要求总悬浮颗粒物、二氧化硫、二氧化氮、氟化物四种污染物在产地空气中的浓度不得超过《环境空气质量标准》(GB 3095—2012)的限定值。

空气中污染物含量过高会影响果树正常生长发育,造成急性或慢性危害。污染严重时叶片产生伤斑,果面龟裂,叶片脱落,枝干干枯,甚至死亡。空气污染主要来源于化工、冶金、制造等工业区,果园选址时,对上述地区应尽可能地采取回避措施,尽量在远离污染源的地段建园。

2.灌溉水质量标准

果园灌溉用水包括江河、湖泊、水库、井水、工业废水、城市生活污水等。用被污染水灌溉果园,会对果树造成严重危害。一般井水污染较轻,但使用的时候需要注意重金属元素是否超标。工业废水和生活污水必须经过无害化处理才能浇灌果树。所以,选择园地必须对灌溉水源进行检测,国家标准要求灌溉用水中 pH、氯化物、氰化物、氟化物、石油类、总汞、总砷、总铅、总镉、铬(六价)10 种污染物的浓度不得超过《农田灌溉水质标准》(GB 5084—2021)的限定值。

3.土壤环境质量标准

土壤污染主要包括人为污染和天然污染。在建园前要严格检测土壤中类金属元素砷和重金属元素镉、汞、铅、铬、铜等污染物的浓度,同时检测土壤中六六六、滴滴涕的浓度,不得超过《土壤环境质量农用地土壤污染风险管控标准(试行)》(GB 15618—2018)限值。建园后在果树生产过程中必须注意安全使用农药,推广配方施肥,防止对土壤造成新的污染。

项目二 园地规划设计

果园规划设计要遵循以果为主、适地适栽、保护生态、降低投资的原则,主要包括园地调查与测绘、小区划分、道路设置、排灌系统的设置、防护林的营造、水土保持、树种和品种的选择和配置等内容。

一、园地调查与测绘

1.建园调查

果园规划设计前首先应进行社会调查与园地踏查。社会调查主要是了解当地的经济发展状况、土地资源、劳动力资源、产业结构、生产水平、区域规划与果树区划等情况,在气象或农业主管部门查阅当地气象资料,采集地方信息。园地踏查主要是调查掌握规划区的地理位置、范围大小、地形状况、水源特点、土地的利用情况、土壤特征、植被分布及园地小气候条件等。将调查了解的内容分类详细记载,并绘制规划区草图作为初步规划的重要依据。

掌握基本情况之后,要聘请相关专家进行可行性分析论证。在具备发展条件的基础上确定生产目标、发展规模、技术水平、主要工程建设、树种与品种结构、经营规划及经济效益等,形成规划的基本框架。

2.园地测绘

利用经纬仪、罗盘仪或全站仪对规划区进行导线及碎部测量。若条件允许，也可采用近期大比例航空照片或高分辨率卫星照片进行调查测绘。达到规定精度要求后，将待规划区域绘制成1∶(5000～25000)的平面图。图中须标明各种地类界限、各级行政界限、河流、村庄、道路、建筑物、池塘、耕地、荒地及植被等，并分类统计、计算各种土地类别的面积。山地果园规划要进行等高测量，要求绘制出地形图，为具体规划设计提供依据。

二、小区及道路规划

1.小区规划

小区也称作业区，是果园土地耕作和栽培管理的基本单位。在规划时，应使同一小区内的地势、土壤、气候条件等尽可能地保持一致，其面积、形状、大小和方位应根据当地的地形、气候、土壤等条件，结合道路、排灌系统和防护林的设置等科学规划设计，以便于实行统一生产管理和机械作业。生态条件一致的地区，小区面积可大些；生态条件差异较大的地区，小区面积应小些。平地果园小区面积以3～8 hm^2 为宜，其形状通常采用长方形，长宽比为(2～3)∶1，小区的长边最好与当地主风向垂直，以增强抗风能力。

山坡地与丘陵地果园地形复杂，土壤、坡度、光照等差异较大，耕作管理不便，小区划分可因地形、地势、坡向等因素进行灵活设置，生产上常以自然分布的沟、坡、渠道或道路等划分小区，面积为1～3 hm^2，其形状以带状为宜或随地形而定，其长边与等高线平行，并以等高线曲度相适应，以便于整修梯田、减少水土流失和管理。

2.道路规划

为了便于运输和管理，果园应规划必要的道路系统，以满足生产需要，减轻劳动强度，提高工作效率。规划道路时应与栽植小区、排灌系统、防护林、储运及生活设施等相协调。在合理、便捷的前提下尽量缩短运输距离，减少道路用地，降低投资。一般面积在8 hm^2 以上的果园，应设置干路、支路和小路；面积在8 hm^2 以下的果园，可设置支路和小路。

干路应与附近公路相接，并与园内的办公区、生活区、储藏转运场所等相连，应设置在果园中部，并尽可能贯通全园，同时有配套的排水沟渠、绿化带等。路面要求平坦且无较大的起伏，有条件的地方可以建设水泥路面或沥青路面，干路路面宽6～10 m，能保证汽车或大型拖拉机对开；支路连接干路和小路，贯穿于各小区之间，路面宽4～5 m，便于耕作机械或机动车通行；小路是小区内为了便于管理而设置的作业道路，路面宽1～3 m，也可根据需要临时设置。

山地或丘陵地果园应顺山坡修盘山路或“之”字形干路，其上升坡度不能超过7°，转弯半径不能小于10 m。支路应连通各等高台田，并选在小区边缘和山坡两侧沟旁。山地果园的道路不能设在集水沟附近。在路的内侧修排水沟，并使路面稍向内侧倾斜，以减少冲刷，保护路面。

三、排灌系统规划

(一)灌溉系统

果园灌溉方式主要包括沟灌、管灌、喷灌、滴灌和渗灌等，其中喷灌、滴灌和渗灌统称为微灌。不同的灌溉方式在设计要求、工程造价、占用土地、节水功能及灌溉效应等方面差异很大，规划时应根据具体情况而定。

1.沟灌系统

沟灌主要是规划干渠、支渠。渠道的深浅与宽窄应根据水的流量而定，渠道的分布应与道路、防护林等规划结合，使路、渠、林相配套。在有利灌溉的前提下，尽可能缩短渠道长度，减少渠道用地。渠道应保持0.1%～0.3%的比降，并设立在稍高处，以便引水灌溉。山地果园的干渠应沿等高线设在上坡，落差大的地方要设跌水槽，以免冲坏渠体。当前，生产上推广的节水灌溉方式之一，是在树的外围延长枝垂直向下顺行向挖深、宽分别为30～40 cm的灌水沟。

2.管灌系统

管灌采用管道输水，利用管道将水直接送到田间灌溉，以减少水在明渠输送过程中的渗漏和蒸发损失。发达国家的灌溉输水已大量采用管道。目前，我国北方井灌区的管道输水推广应用也较快。常用的管材有混凝土管、塑料硬(软)管及金属管等。管道输水与渠道输水相比，具有输水迅速、节水、省地、增产等优点。

3.喷灌系统

喷灌是将水输入管道，从管道喷嘴喷洒后输送给果树，与沟灌相比可以节水50%以上，在不破坏土壤结构的情况下还可调节果园的小气候。喷管系统包括首部枢纽(取水、加压、控制系统、过滤和混肥装置)、输水管道和喷嘴三个主要部分。喷灌的输水管道有固定式与移动式两种，固定管道按干管、支管和毛管三级设置，毛管分布于果树行间土壤内，每隔一定距离接出地面安装喷嘴。为保证出水均匀，还要安装减压阀与排气阀，喷灌强度应小于土壤入渗速度。

4.滴灌系统

滴灌是利用低压管道将水送到树下，由分布在果园地面或地下的滴头降水浸润到土壤中的方式。滴灌较沟灌节水75%以上，比喷灌节水约50%，可维持稳定的土壤水分，但造价较高。整个滴灌系统包括首部枢纽(水泵、过滤器、混肥装置等)、输水管网(干管、支管、分支管、毛管)和滴头，干管直径80 mm，支管直径40 mm，分支管细于支管，毛管直径10 mm左右。在毛管上每隔70 cm左右安装一滴头。分支管按树行排列，毛管环绕树冠外缘1周。滴灌可分为固定式滴灌系统和移动式滴灌系统。固定式滴灌系统是最常见的。

5.渗灌系统

渗灌是利用埋在地下的多孔管道，将水引入田间，借助毛细管的作用由下向上润湿果树根层土壤的灌溉方法。该系统由首部枢纽、管网组成。渗水管一般用直径17～20 mm的塑料管道，在两侧或上部钻1～1.2 mm孔眼，眼距0.5～1 m。渗水管埋设在树冠下根系密集处，深度为30～40 cm，埋设坡度为1/1000～5/1000。渗水管中间各节的结合处用白泥灰密封，两头留出地上孔和地下口，用封口套头套住，分别作为灌水口和雨季排水口。渗灌系统也可利用移动式软管，在土壤表面临时铺设，并通过树盘的管道钻孔渗水。目前，渗灌一般限于小面积果园使用。

(二)排水系统

1.平地果园排水系统

平地果园的排水方式主要有明沟排水和暗沟排水。

(1)明沟排水　挖沟时既要注意水的自然流向,又要考虑到果园的整体规划和机械作业。较深的排水沟,不仅可排除地面径流,而且可控制土壤中过多的水分。排水系统主要由贯穿果园内外的排水干沟、区间的排水支沟和小区内的排水沟组成,各级排水沟相通。排水干沟深120～150 cm,排水支沟深100 cm左右,排水小沟深50～80 cm。盐碱地为防止土壤反盐,各级排水沟应适当加深。

(2)暗沟排水　在地下埋设瓦管管道或石砾、竹筒、秸秆等其他材料,构成排水系统,包括排水管、支管和干管。此排水法不占地面,不影响耕作,唯造价较高。

2.山地果园排水系统

山地果园主要考虑排出山洪。其排水系统包括拦洪沟、排水沟和背沟等。拦洪沟是在果园上方沿等高线设置的一条较深的沟,作用是将上部山坡的洪水拦截并导入排水沟或蓄水池中,保护果园免遭冲毁。拦洪沟的规格应根据果园上部集水面积与最大降水强度时的流量而定,一般宽度和深度为100～150 cm,比降0.3%～0.5%;并在适当位置修建蓄水池,使排水与蓄水结合进行。山地果园的排水沟应设置在集水线上,方向与等高线相交,汇集梯田背沟排出的水而排出园外。排水沟的宽度50～80 cm,深度80～100 cm。在梯田内修筑背沟(也称集水沟),沟宽30～40 cm,深20～30 cm,保持0.3%～0.5%的比降,使梯田表面的水流入背沟,再通过背沟导入排水沟。

(三)集水

为满足果树生长发育和其他方面的用水,可采用综合措施,将降水集中到小面积上使用,将汛期降水移到旱季使用,利用道路、庭院,人工集流荒坡、荒沟等自然径流面,对降水进行聚集与蓄存。聚集与蓄存场所包括水窖、涝地、塘坝、引洪漫地、淤地坝等,也可采用梯田、鱼鳞坑、平整农田垄面集流等。

四、果园防护林规划

(一)果园防护林的作用

1.降低风速,减少风害

在我国北方广大地区,每年冬、春季都会有4～5级以上的大风,大风加上扬起的沙尘会使树冠偏斜、果枝折断,降低坐果率,严重失水可使树叶凋萎甚至干枯,果实成熟前会大量落花、落果,防护林带可降低风速30%～50%,保护果树不受大风袭击。

2.改良土壤,调节小气候

林带中树木的生物排水、抑制蒸发、提高湿度、改良土壤结构及加强淋溶等作用可用来改良盐渍化土壤。同时,春季可以提高气温,夏季可以降低气温,冬季可以减轻冻害。果园防护林还可减少水分蒸发20%～30%,提高果园相对湿度5%～19%。

3.保持水土,减缓地表径流

防护林带可以防止雨水的冲刷,减缓地表径流,加固土壤机械力,保持坡地水土,防止园土塌方。

4.营造局部生态系统,绿化环境

防护林带可保证蜜蜂等有益动物的活动,提高果树授粉率;防护林纵横交错、棋盘式布局本身也具备良好的空间分割与视觉效果，具有绿化环境的作用。

（二）防护林树种的选择

1.树种要求

用作防护林的树种必须能适应当地环境条件，抗逆性要强，要尽可能选用乡土树种；同时要求生长迅速、枝叶繁茂，且寿命较长、防风效果好；防护林对果树的负面作用要尽可能小，与果树无共同的病虫害，根蘖少又不串根，并且不是果树病虫害的中间寄主。此外，防护林最好有较高的经济价值，可增加经济效益。

2.常用树种

乔木树种可选杨、柳、榆、刺槐、侧柏、椿、泡桐、板栗、黑枣、核桃、银杏、山楂、枣、杏、柿、山定子、杜梨和桑等；灌木树种可选紫穗槐、酸枣、枸杞、柽柳、毛樱桃等。建园前2～3年可根据果树种类、地形、土壤等条件选择适宜的林带树种进行栽植。林带与果树间距为10～15 m，中间挖断根沟以保护果树。

（三）防护林的类型及效应

1.紧密型林带

又称不透风型林带，由乔木、亚乔木和灌木组成，林带上紧下密，风速3～4 m/s的气流很少透过，透风力差，透风系数小于0.3。防护距离短但防护效果显著，在大雪及大风过后，林缘附近易形成高大的雪堆、沙堆或土堆。平地果园规划紧密型防护林时要注意，在地势较低的地方不栽树，留出5～6 m宽的豁口以排出冷空气。

2.稀疏型林带

又称半透风型林带，由乔木和灌木组成，林带结构稀疏，风速3～4 m/s的气流可以部分通过林带，方向不改变，透风系数为0.3～0.5，背风面最小风速区出现在林高的3～5倍处。

3.透风型林带

一般由乔木组成，林带下部有较大空隙，可透风，透风系数为0.5～0.7，背风面最小风速区出现在林高的5～10倍处。

果园的防护林以营造稀疏型或透风型林带为好。在平地，设防护林带，可使树高20～25倍距内的风速降低一半；在山坡、沟谷坡上部设紧密型林带，坡下部设透风型或稀疏型林带，可及时排除冷空气，防止霜冻的发生和危害。

（四）防护林设置

为了增强林带的防风效果，防护林带一般包括主林带和副林带两部分。主林带应与风向相垂直，副林带布置在主林带的两侧，与主林带相垂直。主林带的宽度和间隔距离应视风力大小而定。

1.山地果园的防护林

一般宽度为12～20 m，由5～8行树组成，最好乔木与灌木混交，风大可以增至10行。林带的有效防护距离一般约为树高的20倍，每隔200～300 m设置一条主林带，带内株距1～1.5 m，行距2～2.5 m；副林带一般由2～4行树组成，间隔距离为300～600 m。为了避免坡地冷空气聚集，林带应留缺口，使冷空气能够往下流动。林带应与道路结合，并尽量利用分水岭和沟边营造。果园背风时，防护林设于分水岭；迎风时，设于果园下部；如果风向主要来自果园两侧，可在果园的两侧或四周营造。

2.平地、沙滩地果园防护林

一般在果园四周栽2～4行高大乔木，迎风面设置一条较宽的主林带，方向与主风向垂直。主林带间距300～400 m。为了增强林带的防风效果，可与主林带垂直营造副林带，由3～5行树组成，宽度6～8 m，带距300～600 m。

五、配套设施

果园内的各项生产生活用的配套设施主要有管理用房、库房（农药、肥料、工具、机械库等）、果品储藏库、包装场、晒场、机井、蓄水池、药池等。配套设施应根据果园规模、生产生活需要、交通运输和水电供应条件等进行合理规划设计。一般管理用房建在果园中心位置，其库房、工具室等均应设在交通方便的地方，包装场与堆储场设在交通方便且相对适中的地方，储藏库与农药库应设在安全的地方，配药池应设在水源使用方便处，包装场、果品储藏库等均应设在较低的位置且应设在阴凉背风、连接干路处。

在果园规划中，果园各组成部分的占地比例各地并非完全一致，要根据具体情况确定，但应坚持“安全、便捷、附属设施占地面积尽量较小”的原则。一般果园用地可参考如下面积比例：果园生产用地占总用地面积的85%，果园防护林占4%～5%，果园道路占6%～8%，果园建筑物占0.5%～1%，果园其他用地占1%～1.5%。

六、果园水土保持

山地和坡地果园常常会因地表径流导致肥沃的表土被冲走，使土层变薄，养分减少，土壤肥力下降，重者根系外露、树体倒伏，既影响果树的正常生长发育，也影响耕作和管理。为了减少土壤冲刷，避免土壤流失就必须建设园地的水土保持工程，主要有梯田、撩壕、鱼鳞坑、复式梯田等。

（一）水平梯田

水平梯田是山地、丘陵地水土保持、防止土地流失、加厚土层、提高土壤肥力的根本措施，也是山地、丘陵地果园实现水利化、机械化的基础工程。

1.等高测量

在修筑水平梯田之前，先要进行等高测量。具体的方法是选一坡度适当的地方，由上而下拉一直线为基线，然后根据梯田要求的宽度，将基线分成若干段，并在各段的正中间打点作为基点。以基点为起点，按0.1%～0.3%的比降向左右延伸，测出一系列等高点，同一高度的等高点连成的线就是等高线，即为梯田面的中轴线。

2.梯田面宽度设计

梯田面又称阶面，其宽度要根据坡度和栽植行距来设计。坡度小或栽植行距大，田面应宽些，反之则可窄些。一般坡度在10°～30°时，阶面宽度变动在3～10 m。田面设计较窄时，修筑起来比较容易，用工量少，对土壤肥力破坏性小，但不耐旱，边埂和背沟占地比例大，田面利用率低，且不便于耕作管理。一般情况下若只栽一行树，其梯田面宽度不应小于3 m，栽两行树，梯田面的宽度不应小于 5 m。仁果类果树阶面一般为 4～5 m，核果类 3～4 m，葡萄 3 m 左右。

在条件许可的情况下，应尽量将田面拓宽，力争每一台面能栽两行以上的树，以充分利用土地，也能更好地发挥果树群体效应。表 3-1 为不同坡度、阶面宽度下的阶壁高度。

表 3-1　不同坡度、阶面宽度下的阶壁高度

坡度	阶面宽度				
	3	4	5	6	8
10°	0.5	0.7	0.9	1.0	1.4
12°	0.6	0.9	1.1	1.3	1.7
14°	0.7	1.0	1.2	1.5	1.9
16°	0.9	1.1	1.4	1.7	
18°	1.0	1.3	1.6	1.9	
20°	1.1	1.3	1.8	2.1	
22°	1.2	1.6	2.0		
24°	1.3	1.8			
26°	1.5	2.0			

注：引自蒋锦标《果树生产技术（北方本）》2014

3.梯田结构与修筑

梯田主要由梯壁、梯田面（阶面）、边埂、背沟组成（图 3-1）。修筑梯田时，应先修梯壁。修筑梯壁依据所用材料不同，分为石壁和土壁两种。为了牢固，梯壁要稍向内倾斜，石壁一般与地面呈 75°角，土壁保持 50°～60°为宜，随后种植小灌木或杂草来加固梯壁。在修梯田壁的同时，要随梯田壁的逐渐增高，从梯田中轴线上侧取土填到上层梯田的下侧，最后整平田面，并在其内侧挖背沟，以排出多余的水，挖出的土堆在梯田外沿修筑边埂。

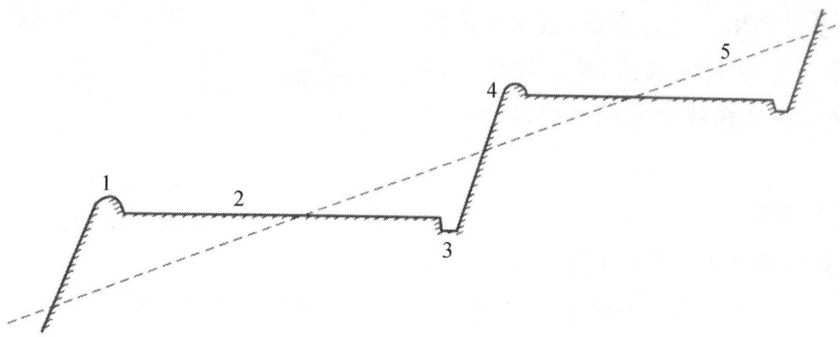

1.边埂；2.梯田面（阶面）；3.背沟；4.梯壁；5.原坡面

图 3-1　梯田结构示意图

(二)撩壕

在坡面上按等高线挖横向浅沟，将挖出的土堆在沟的外侧筑成土埂，称为撩壕（图 3-2）。撩壕是一种简易的保持水土措施，适用于降雨量不大，坡度在 5°～15°的地区，坡度超过 15°不宜做撩壕而应做梯田。果树栽在土埂外侧。撩壕能有效地控制地面径流，拦蓄雨水，同时对坡面土壤的层次和肥力状况破坏不大，能增加活土层厚度，有利于幼树生长发育。但做撩壕后的果园地面不平，会给管理工作带来不便。

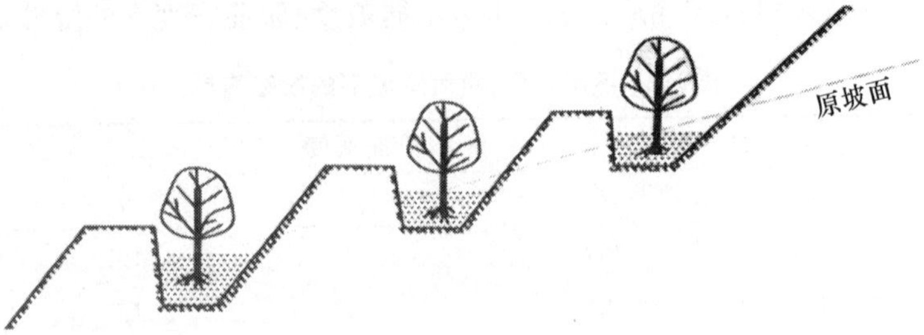

图 3-2　撩壕样式

做撩壕前，选坡度适中的坡面，由上而下拉一直线为基线，然后按果树栽植的行距，将基线分成若干段，并在各段的正中间打出基点，然后以基点为起点，按 0.3%的比降向左右延伸，测出等高线，再取 50～70 cm 的距离，划出平行于等高线的两条线。做撩壕时将两条平行线间的土挖出，堆在下坡方向，培成弧形宽埂。壕沟宽一般为 50～70 cm，深 40 cm 左右，沟内每隔 5～10 m 筑缓水埂，其高度比壕顶略低，用以拦水，水多时可溢过小坝，顺沟缓流，而不至于冲毁壕体。壕外坡稍长于壕内坡，壕宽略大于沟宽。壕间筑多道小的等高垄，采用生草或间作覆盖，进一步拦截径流，防止冲刷。

(三)鱼鳞坑

鱼鳞坑是一种面积极小的单株台田，适用于山地陡坡、地形复杂、地块破碎、修水平梯田和等高撩壕都比较难的地区，一般沿等高线按株距找出定植点，以定植点为中心挖成半圆形的土台，如同鱼鳞一样，故称“鱼鳞坑”。在年前刨好鱼鳞坑，坑直径 50～100 cm，施入底肥并以表土填满坑，坑下方用石块或土堆砌，拦蓄雨、雪水供果树吸收利用。经过雨季，吸水下沉熟化土壤后，第二年春天再栽树，易于发根成活(图 3-3)。鱼鳞坑是在坡地果园简单易行的水土保持措施。

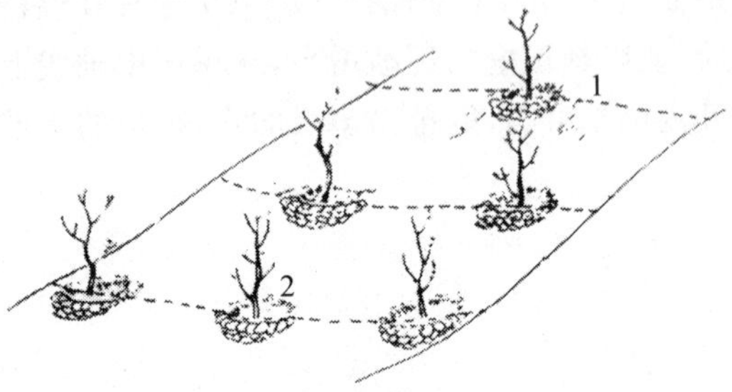

1.等高线；2.鱼鳞坑

图 3-3　鱼鳞坑

(四)复式梯田

在地形复杂的坡地上，无法修筑较长的梯田，只能是二株、三株或数株果树为一块，形成一块块单独的小梯田，即复式梯田。这种梯田的连片性差，不便管理。

项目三 果树栽植

一、树种、品种选择与搭配

(一)树种、品种的选择

正确选择果园种类和品种是实现优质、丰产、高效的重要前提。因此,在选择果园种类和品种时必须遵循以下几点。

(1)适应当地的气候条件 在遵循国家发展果树的方针政策的前提下,根据区域化、良种化的要求,充分考虑不同树种、品种的生物学特性,结合当地的地形、气候、土壤等生态环境条件,因地制宜地确定果树的种类、品种,做到适地适栽。

(2)符合市场需求选择优良品种 以市场为导向,以优质、高产为生产目标,以名种、特种、优质、新品种为主,早熟、中熟、晚熟品种合理搭配;引进国内外优良品种,集中开发,通过区域试验、生产试栽等严格规范的推广程序,经鉴定通过后,才能大面积发展。

(3)适销对路 根据果品销售主渠道的需要,结合果园所处的地理位置、交通状况等,选择适销对路、市场前景看好的内销与外销品种。距离城市、工矿区较近的果园,可进行集约化栽培和反季节生产的地区,选择于当地水果供应淡季成熟的树种和品种为好;距离城镇较远、交通不便的地区,选择耐储运的果品或可以就地加工的树种和品种。

(4)符合果树发展趋势 在市场调研的基础上科学确定鲜食与储藏、加工品种的比例,注重产业升级;也可结合当地绿色果品生产和观光果园的发展要求,选择一些适合于温室栽培和观赏需要的果园树种和品种。

(二)品种的搭配

要根据不同的地形、土壤、气候配置相适应的树种和品种。李、杏花期易受风害霜害,平地果园应栽在风力小的背风面,山地果园宜栽在山腰上;杏树耐旱不耐涝,李树耐涝不耐旱,因此,杏树应栽在地势比李树高的地方;葡萄耐旱喜光应栽在地势较高的地方;喜欢湿润的果树宜栽在地势较低,水源充足的地方;苹果和梨产量高,喜肥,要选择土壤肥沃的地块;桃、杏、板栗、枣等可栽在砾质土和较干燥的地段上;苹果花期和果实成熟期的冻害和风害皆轻,可安排在果园风力较强的一面;梨的花期比苹果早,花芽和花期冻害比苹果重,可安排在果园风力较弱的一面;盐碱地可种植枣、葡萄、无花果、石榴等耐盐树种。

城镇周围交通便利地区建园,以周年供应城镇鲜果为目的,注意解决淡季供应问题,树种、品种可多样化,同一树种可配以早、中、晚熟品种,以延长供应期。交通不便地区可配置耐储运的树种品种,如枣、板栗、核桃、山楂等,以及苹果中的晚熟优良品种。

果园中,晚结果树种与早结果树种搭配,能“以短补长”,但不宜有共同性的病虫害。如一般不提倡苹果与桃混栽,而葡萄和草莓则是一对和谐伴侣。

作为生产型果园,其树种和品种都不宜过多过杂,以发挥规模优势,突出重点,形成特色,提升效益。一般主栽树种 1 个,主栽品种 2~3 个即可。

(三)授粉树的选择与搭配

果树的绝大多数品种属异花授粉植物,绝大部分种类和品种自花不实或自花结实率很低,需要配置一定数量的授粉树进行异花授粉才能获得较高的坐果率。

1.授粉树的条件

授粉树与主栽品种花期要一致或相近，并且花粉量大、发芽率高，与主栽品种可相互授粉且亲和力要高；果形相近，色调一致；与主栽品种的始果年龄和寿命须相近；丰产，并且具有较好的品质与较高的商品价值；授粉树必须能适应当地气候、土壤等环境条件；生长健壮，栽培管理容易；授粉距离在 30 m 以内。

2.授粉树的配置比例

授粉树与主栽品种的配置比例应根据授粉树品种、花粉质量及授粉效果等因素来确定。授粉品种丰产性强，果实品质优良，可以加大授粉品种比例，实行等量栽植，反之若产量或品质稍差，应尽量减少授粉品种，但不能少于 15%。授粉品种花粉质量好，授粉结实率高，为了保持主栽品种有较高的比例，可适当减少授粉品种比例，但若授粉效果稍差，应保持在 20%以上。当主栽品种不能为授粉品种提供花粉时，还应增加其他品种，以解决授粉品种的自身授粉问题。

3.授粉树的配置方式

授粉树的配置方式应根据授粉品种所占比例、果园栽培品种的数量和地形条件等确定。根据配置授粉树的多少分为等量式配置和差量式配置；根据排列的方式分为行列式配置和中心式配置；根据配置的方式分为中心式、行列式、复合行列式、等高线式(图 3-4)。

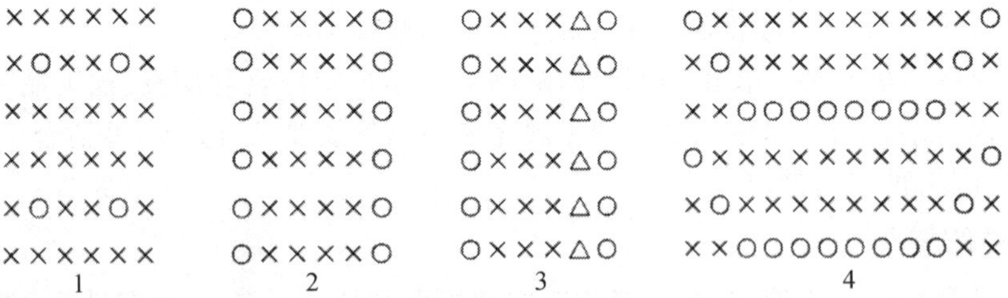

1.中心式；2.行列式；3.复合行列式；4.等高线式

(×主栽品种；○、△授粉品种)

图 3-4　授粉树的配置方式

(1)中心式　即授粉树较少时，为了均匀授粉，提高受精结实率，每 9 株主栽品种配置 1 株授粉品种于中心位置。

(2)行列式　大面积果园为了管理方便，将主栽品种与授粉品种分别成行栽植。授粉树较少时，每隔 3～4 行主栽品种配置 1～2 行授粉品种。如果授粉品种也是主栽品种之一，可每 2～4 行等量相间栽植。

(3)复合行列式　两个品种不能相互授粉，必须配置第二个授粉品种。

(4)等高线式　在山地果园使用。

4.授粉树的管理

主栽品种和授粉品种在管理上基本相同，但往往存在配置雄株做授粉品种、生长势弱的主栽品种配置生长势强的品种做授粉品种、短枝型品种配置普通型品种做授粉品种等情况，这种情况下就要对授粉品种采取特别的管理措施，使主栽品种与授粉品种的树体大小达到基本一致。一般采取的措施多为控制授粉品种营养生长，以此来达到主栽品种与授粉品种的树体大小基本一致的目的。

二、果树栽植

(一)栽前准备

1.土壤准备

果树在定植之前,应根据果园土壤类型、土质结构等对定植土壤加以改良。改良措施包括对定植园地土壤结合施入有机肥进行全园深翻或带状深翻、平整土地等。对土质结构差的黏重土壤要采用掺沙、增施有机肥、种植绿肥等措施来改善土壤结构、增加透气性;沙地建园应先营造防护林、种植绿肥等;山地、丘陵地建园要做好水土保持工程,即修梯田、撩壕、做鱼鳞坑等;盐碱地由于土壤有机质少,地下水位高,含盐量多、pH 高,建园前要在园地四周或行间挖深沟,使土壤经雨水或灌水洗盐后盐分降低,同时增施有机肥或种植耐盐碱的绿肥以降低盐分,增加土壤肥力。

2.苗木准备

在适地适树原则的指导下,选择适合当地生态条件和市场前景好的果树树种和品种。要求苗木品种纯正、生长健壮、无检疫性病虫害。做好起苗、运输、装卸中的保湿保鲜工作,尽量缩短起苗到栽植的时间。栽前要对苗木进行分级,对受伤的根、枝进行修剪,不能及时栽植的苗木要进行假植。

3.肥料准备

为促进定植后幼树的前期生长,改善土壤质地,有条件的可提前准备一些肥料。肥料的种类和用量每棵树应按优质有机肥 15～20 kg、尿素 50～100 g、过磷酸钙 150～300 g、硫酸钾 250 g 左右的用量准备。

(二)栽植密度与方式

合理栽植是果树早产、丰产、优质、高效的前提,不仅可以使果树充分利用土地和光照资源,提高叶面积指数和对光能的利用率,增加产量,同时还可增强果树抗寒、抗冻、抗风等的能力,因此必须合理地确定果树的栽植密度和栽植方式。

1.栽植密度

确定果树合理栽植密度的根本依据由树种、品种、砧木特性、地势、土壤和气候条件等因素决定,生产上可根据以下因素综合确定。

(1)树种和品种特性　树种、品种不同,树冠大小和生长势不同,株行距亦有所不同。例如,梨＞苹果＞桃＞葡萄,普通型品种＞短枝型品种。

(2)砧木种类　砧木的种类、使用方式和砧穗组合不同,树冠大小也不同,一般普通品种/乔化砧＞短枝型品种/乔化砧;普通品种/半矮化砧＞普通品种/矮化砧。同种矮化砧,用作中间砧比自根砧树冠大,则其栽植密度应减小。

(3)自然条件　一般山坡地土层薄,肥力低,树冠小,栽植密度应比土质良好的平地大;在高纬度和高海拔地区,树冠较小,栽植密度应加大;气候温暖、雨量充足、水利条件较好,树冠高大,则栽植密度小。

(4)栽培制度　精细合理的栽培技术能有效控制全园树冠,可加大栽植密度。

表 3-2 为北方主要果树适宜的栽植密度。

表 3-2 北方主要果树适宜的栽植密度

果树种类		砧木与品种组合	平地栽植规格		坡地栽植规格	
			行距×株距/m×m	每亩株数/(株/亩)	行距×株距/m×m	每亩株数/(株/亩)
苹果	普通型	乔化砧	4×4	42	4×3	56
		矮化中间砧	4×3	56	4×2	83
		矮化砧	3×3	74	3×2	111
	短枝型	乔化砧	3×2	111	3×2	111
		矮化中间砧	3×2	111	3×2	111
		矮化砧	3×1.5	148	3×1.5	148
梨	短枝型	矮/乔化砧	4×3	56	4×2	83
桃	普通型	乔化砧	5×4	33	5×3	44
葡萄	普通型	棚架	8×2	42	6×2	56
		单篱架	2×1	333	2×1	333
		双篱架	3×1	222	3×1	222
枣	普通型	矮化砧	6×5	22	5×4	33

注:引自张同舍,肖宁月.《果树生产技术》,2017

2.栽植方式

栽植方式要满足经济合理利用土地,充分利用光能,提高单位面积经济效益和便于机械化管理的要求。

(1)长方形栽植　这是当前生产上广泛采用的栽植方式,适于较大的平地果园和缓坡果园。特点是行距大于株距,通风透光良好,便于机械化耕作。果树栽植的行向,一般以南北行向为好,尤其是平地果园,因为南北行向较东西行向树体受光量大而均匀。

(2)正方形栽植　行距和株距相等,植株呈正方形排列,便于纵向、横向和斜向作业管理,可以实现机械化管理。稀植正方形栽植虽然通风透光良好,但土地和光能利用都较差;密植正方形栽植,易造成树冠郁闭,影响通风透光,并且不便于间作和管理。

(3)三角形栽植　将果树栽植在三角形的顶点上,各行交错栽植,此方式不便管理,通风透光差,生产中应用较少。

(4)带状栽植(双行栽植、篱栽、宽窄行栽植)　一般是双行成带,带距为行距的 3～5 倍。带距较大,通风透光好。带内采用长方形或相邻两株错开的三角形栽植,带内较密,群体抗逆性较强。带状栽植适合于密植栽培,但带内光照条件较差,不便于管理。

(5)等高栽植　适于山地丘陵地果园,栽时掌握"大弯就势、小弯取直"的方法调整定植行,使之基本在统一等高线上,并对过宽、过窄处适当增、减树行,在行线上按株距栽植。

(6)计划密植　计划密植即以平常栽植的最适株行距定植永久树,然后在其株、行间增植加密树,树冠扩大封行遮蔽后,按计划将加密树移出或砍伐,这种先密后疏的栽植方式叫计划密植。计划密植能提高早期土地、空间和光能的利用率,能显著提高早期单位面积产量。

增加行的配置有通行式和中心式两种。通行式是指株对株、行成行地增加一行。好处是管理方便,缺点是封行早,影响光照;中心式是指在行间增加的临时行植株与永久行植株呈交错配置。计划密植并非越密越好,各地可根据品种、砧木、光照、土壤等条件来合理选用。

(三)栽植时期

根据当地气候条件,栽植可分为春栽和秋栽。冬季气候严寒、有冻害的地区,以春栽为好;冬季不太严寒的地区,以秋栽为宜,这样有利于根系恢复。具体时间应根据当地气候条件及苗木、肥料、栽植坑等的准备情况确定。

1.春栽

在土壤解冻后至果树萌芽前栽植。春栽宜早不宜晚,早栽有利于缓苗和成活,栽植过晚则发芽迟缓,苗木生长缓慢。栽后如遇春旱,应及时灌水以提高成活率,促进发苗。

2.秋栽

一般在霜降后至土壤结冻前栽植。秋栽有利于根系恢复,翌年春季发根早,萌芽快,成活率高。秋栽需要注意在冬季寒冷风大、气候干燥的地区,必须采取有效的防寒措施,如埋土、包草、套塑料袋等,以防冻害和抽条。

北方落叶果树栽植时期多选择在秋天落叶后至翌年春萌芽前进行。这个时期苗木处于休眠状态,地上部分停止生长,根系活动仍然旺盛,体内储存的营养丰富,水分蒸发量小,根系易于恢复,所以栽植成活率高。

(四)栽植技术

1.栽植点的确定

建园时,应确保树正行直。这样不仅园貌整齐,而且有利于通风透光,适合机械化作业,便于经营管理。因此,挖坑前必须按照设计的株距、行距,测量放线确定出各栽植点的准确位置。

(1)平地穴栽　平地果园一般设置为南北行向,这样更有利于通风透光。在园地小区选择较垂直的一角,画出两条垂直的基线,在行向的基线上按设计的行距测量出每一行的点位,用白石灰、木桩或在地上画“十字”的方法做好标记。另一条基线标记株距位置。在其他三个角用同样的方法画线,定出四边及行、株位置,并按相对应的标记拉绳,其交点即为定植点,用白石灰标记,即为每一株的定植位置。

(2)平地沟栽　用皮尺或测绳在园地小区的四角分别拉相互垂直的四基线。在行向两端的基线上,标记出每一行的位置,另两条对应基线标记株距位置。接着在两条行距的基线上,按每行相对的两点拉绳,画出各行线,再按栽植沟的宽度要求,一般是 80～1 000 cm,以行线为中心,向两边放线,画出栽植沟的开挖线。四周基线上的株行距标记点应保护好,以便栽树时拉线校正树行。

(3)山地定植　山地以等高线方向为行向,在确定栽植点时,应根据梯田面的宽度和设计行距确定。如果每台梯田只能栽一行树,则以梯田面的中线或距梯田外沿 2/5 处为行线,向左、向右延伸,按株距要求用木桩或白石灰标记出各定植点。山坡地形复杂,梯田多为弯曲延伸,行向应随弯就势。遇到田面宽窄不等时,可酌情加行或减行。

2.栽植坑的挖掘与回填

(1)早挖坑　定植坑应提前 3～4 个月挖好。一般若是秋季栽树则当年夏季挖坑,春季栽树则前一年秋季挖坑。早挖坑早填坑,有利于土壤熟化,使填入栽植坑内的有机肥和秸秆提早分解,提高土壤有机质含量,通过雨水或灌溉水,促使土壤充分沉实,有利于提高果树栽植的成活率。

(2)挖大坑　挖大坑有利于改良土壤,促进幼树生长发育。设计株距在 3 m 以上的可以挖栽植穴，以标记的栽植点为中心，挖长、宽、深均为 80～100 cm 的坑；株距在 3 m 以下的，应挖栽植沟，沟宽 70～100 cm，深 80 cm 左右。定植坑的壁要平直，不能挖成漏斗；下层土壤坚实或土质较差的地块，应适当加深，以利于改良下层土壤。挖掘时要把表土、底土分开堆放，一般熟土堆放在坑或沟的南侧或地势较高的一侧，生土堆放在坑或沟的北侧或地势较低的一侧；拣出粗沙或石块等杂物叠放在生土堆的外侧。

(3)回填灌水　坑挖好后，先将秸秆、杂草或树叶等有机物及表土与 1/3 的肥料混合填入坑内。为加速分解，可在每层秸秆上撒少量生物菌肥或氮素化肥，尽量将好土填入下层，每填一层踩踏一遍，然后将优质农家肥按每株 25 kg 左右的用量与表土拌匀后撒入、踩踏，填至离地表 30 cm 左右处即可。土壤回填后，有灌溉条件的应立即灌水，使坑内土壤和有机物充分沉实，以免栽植浇水后土出现下陷，造成悬根、断根、吊根或倒伏等现象，影响植株的成活率和整齐度。在密植园中可开沟，沟深、宽各 80～100 cm，在沟内底部放入秸秆，再施入粪肥，其他操作同坑。

3.栽植方法

(1)苗木处理　栽植前将苗木按大小进行分类，使同类苗木栽在同一地块或同一行内。对于失水严重的苗木，在栽前要用清水或 1%～2%的过磷酸钙液浸泡 12～24 h，然后蘸泥浆栽植，可促进苗根恢复，能有效地提高成活率。将分类后运往园地里的苗木的根，先用湿土封埋，边栽边取，以防根系失水而影响成活率。

(2)修整栽植穴　栽植前，先将栽植穴进行修整，高处铲平，低处填起，深度保持在 35 cm 左右，并将穴中间培成小丘状，栽植沟可培成鱼背形的小长垄。然后，拉线校准栽植点，并打点标记。

(3)栽植　栽植时将苗木放于定植点，目测前后左右对正、前后整齐，做到树正行直。栽植苗木时使根系均匀分布于土丘上，根系周围用熟土填埋，填土时向上轻轻提动苗木使根系舒展，并边填土边踏实。将穴填平后培土整修树盘，然后浇透水，当水下渗后再撒一层干土封穴，以减少水分蒸发。进入 6 月，结合田间松土除草，再给穴内填充 10～15 cm 营养土并适量浇水。

栽植时注意苗木栽植的深度，一般使根颈部位与地面平齐或稍高出地面，不可过深或过浅。若栽植过深，下层温度低且透气性差，幼树往往发芽晚，使得生长缓慢，容易出现活而不发的现象；而栽植过浅则根系易外露，成活率低。一般普通乔化苗的栽植深度以嫁接口稍高出地面为宜，矮化中间砧苗以中间砧入土 1/3～2/3 为宜，生产上多采用深栽浅埋、分批覆土的方法。

4.栽后管理

(1)修剪定干　新栽的幼树栽后要及时定干，定干高度一般要依树种、品种、砧木类型、栽植密度及整形方式等确定。苹果、梨等果树定干高度为 70～90 cm，桃、杏、李等核果类树种定干高度 40～50 cm，核桃、柿、板栗等树种为 60～70 cm。一般剪口下 20～30 cm 的整形带内留 8～10 个饱满芽。定干后，要用封剪油涂抹剪口，以防过度失水。

(2)适时灌水　果树栽后要根据天气适时补充水分，既不能缺墒，也不能灌水太多，灌水太多易导致地温低，土壤的透气性差。秋栽的果树在埋土防寒前要灌足封冻水，春季撤除防寒土至果树萌芽前要适当灌水；春栽的果树栽后要及时灌水并进行地膜覆盖，以保证成活率。

(3)覆膜套袋　春栽的果树栽后最好结合灌水进行树盘或树行内地膜覆盖，可以提高地温 3～5 ℃，保持土壤湿度，减少水分蒸发和抑制杂草生长。覆膜时将薄膜中心打一个直径 3.5～4 cm 的小孔从树干套下去，平铺在树盘上，紧靠树干培土，以防止进风或高温灼伤树皮。薄膜四周也用土压严实。在寒冷、干旱、多风地区，最好进行苗干套袋，袋的规格为直径 3～5 cm、长度依干高而定，上端封口，下端绑扎后培土，发芽时适当打孔，发芽3～5 d后，在下午把袋去掉。

(4)埋土防寒　在冬季严寒地区，为避免冬季、春季发生冻害、日灼、抽条等，秋栽的果树在当年土壤上冻前和春栽的果树在栽后2～3年内要埋土防寒；冬季不太严寒的地区，可采取冬季、春季树干涂白等防寒措施。

(5)检查补栽　新栽的果树在早春萌芽后要及时检查其成活情况，发现死亡要及时采取有效的补救措施，缺株要及时使用备用苗补栽。夏季发现死亡缺株处可在秋季适时进行补栽。最好选用同龄且树体稍大的假植苗，带土移植，以保持园貌的整齐度。如果苗干部分抽干，可剪截到正常的部位，促其发枝。

(6)追施肥料　幼树施肥应“少量多次”，既要及时供给营养，又要防止肥料过多造成危害。一般果树定植时已施肥，所以在开始发芽时暂不需施肥，等新梢长到15 cm左右时每株追50 g尿素，新梢长到30 cm左右时每株再追加50 g尿素。7月下旬每株追施50～70 g复合肥，方法是距离树干35 cm左右处挖4～5个小坑，均匀施入。

除土壤施肥外，还可加强根外追肥，前期喷0.3%～0.5%的尿素，8月上旬以后喷施0.3%～0.5%的磷酸二氢钾，或者交替喷施复合微肥，效果更好。

(7)夏季修剪　萌芽后，对根颈或主干上萌发的萌蘖要及时抹除，对整形带内多余的芽或新梢要抹掉。当新梢长至20～30 cm时，若旺盛的新梢不足4个，可对中心干延长枝进行摘心，以促发侧生分枝，按照预定的果树树形有目的地培养主枝；对生长较旺和开张角度小的新梢于秋季8—9月拉枝，以缓和枝势，促进成熟，提高枝梢的充实程度。

(8)加强病虫害防治　幼树萌芽期易遭受金龟子和象鼻虫等为害，可在为害期内利用细纱网作袋，也可结合覆膜套袋，保护整形带内的嫩芽。同时，随着新梢的生长要注意防治蚜虫、红蜘蛛、卷叶虫、浮尘子等害虫及早期落叶病、白粉病和锈病等侵染性病害，以保护好叶片，增加光合产物积累，增强其各种抗性。

(9)果园间作　幼龄果园，利用果园的行间空地进行合理间作，既可提高土地利用率，增加经济收入，又可加速土壤熟化，减少杂草，培养土壤肥力，促进果树生长，是一举多得的好事。一般果树行间种植豆类、花生、蔬菜等矮秆作物效果较好。

模块巩固

1.举例说明园地的分类方法及类型。

2.简要说明平地、山地、丘陵、沙荒地、盐碱地果园的特点。

3.简要说明建园选址的原则及注意事项。

4.简要说明建园过程中规划的主要内容。

5.简要说明果园小区规划的内容。

6.简要说明防护林的作用及类型。

7.简要说明梯田的建设方法。

8.简要说明果园品种搭配的要求。

9.简要说明授粉树的配置方式。

10.简要说明果树栽植的方式。

11.简要说明果树栽植的具体过程及注意事项。

模块四
果园管理

【知识目标】

通过本模块学习，学生能够了解果树修剪的原则、依据，枝组培养的原则、修剪注意事项、果园土壤改良的方法、果树落花落果的原因、疏花疏果的作用、果实套袋的作用、影响果实色泽的因素、果实成熟的类型以及果实采收期等；熟悉果树修剪的时期、果树主要树形的种类、果树修剪综合运用方法、果园基肥与追肥的种类、果树需肥与需水的特点、提高坐果率的方法、果树合理负载的参考指标、果袋的种类及适应的品种、果实成熟度的确定方法、果实分级标准、果实预冷与包装的要求；掌握果树修剪的方法、果树常见树形整形方法、枝组修剪的方法、果园土壤管理方法、施肥方法、追肥时期、需水时期、人工授粉以及疏花疏果的方法、套袋的时期与方法、果实增色、果实采收、果实分级和打蜡的方法等。

【能力目标】

具备果树修剪与整形的能力，能够根据果树树种、品种进行相应的管理策略的分析，能够根据品种确定适宜的树形以及修剪的方法，并能完成果树生长过程中对果园土壤、肥水、花果的管理以及果实采收后的处理方法，掌握果树生产理论基础，从而更好地指导果树生产管理实践。

项目一　果树整形修剪

一、果树修剪技术

(一)整形修剪的概念

果树整形修剪是果树栽培综合管理中的一个重要环节。整形是指按照果树自然生长特性，通过修剪枝条，使树冠形成合理、牢固且具有一定形状的骨架，以达到早果、优质、丰产的目的；修剪是指在整形的基础上，根据生产的需要，采用多种修剪方法，对果树的枝组进行培养与更新、生长与结果、衰老与复壮的调节。整形是通过修剪来实现的，修剪必须服务于整形，两者是相互依存、相互影响、不可分割的栽培措施。科学、合理的整形修剪，可使果树既有一个良好而牢固的树冠骨架，便于田间管理和树体管理，又能充分利用空间、增加枝量、扩大结果面积，还能调节生长和结果的关系，促使幼树提早结果，使成年树生长健壮，改善树体通风透光条件，减少病虫为害，提高果实品质。

(二)整形修剪的原则和依据

1.整形修剪的原则

(1)整形的原则　基本原则是“因树修剪,随枝做形,有形不死,无形不乱”。要根据各树种的生物学特性来灵活造形,否则,修剪方法不对容易导致生长与结果的矛盾加剧,出现营养生长过旺等情况。在整形中,要做到“长远规划、全面安排、平衡树势、主从分明”,既要重视树体骨架的坚固性、树冠中后期的稳定性和丰产性,又要兼顾到早结果、早丰产、早优质的栽培要求。

(2)修剪的原则　修剪的原则是“以轻为主,轻重结合,有利结果,注重效益”。即在总修剪量少、修剪程度轻的基础上,对各级骨干枝、延长枝的修剪要按其生长量和树形要求进行适度重剪,以确保其生长势和牢固程度;在满足果树“早果、优质、丰产”的前提下,对枝组进行抑强扶弱、正确促控,达到合理的枝干比和开张角度。

2.整形修剪的依据

(1)树种、品种的生物学特性　果树的树种、品种不同,其生物学特性也各不相同,在萌芽力、成枝力、分枝角度、中心干的强弱、结果枝类型、花芽形成难易、对修剪反应的敏感程度等方面都存在明显的差异。因此,必须根据树种和品种的生物学特性,采取有针对性的整形修剪方法,进行科学、合理的修剪。

(2)树龄和树势　果树的不同年龄时期,生长和结果的情况不同,整形修剪的目的和方法也各不相同。在幼树期和初果期,由于树势较旺,适当轻剪并结合开张枝条角度等措施来增加枝量和枝的级次,扩大树冠,提早结果;盛果期的树树体生长趋于稳定,营养生长转为中庸或偏弱,修剪时要适当加大修剪程度,控制和调节开花、结果的数量;衰老期时要注重更新复壮,防止树势衰老过快,延长盛果期年限。

(3)栽植密度和栽植方式　栽植密度和栽植方式不同,其整形修剪的方法也不相同。一般密植园,多采用小树冠的树形。修剪时要注意开张角度,控制营养生长,促进花芽形成和控制树冠扩大等,以达到早结果、早丰产的目的;稀植园,宜采用大冠树形,修剪时要培养永久性的树体骨架,增加枝条级次和数量,以便充分利用空间,迅速扩大树冠,成花结果。

(4)修剪反应　修剪反应是指经过上年或连年修剪后树体所表现出来的生长与结果的具体表现。果树的树种、品种不同,对修剪的反应也不同。即使是同一品种,对不同部位的枝条,采用同一种修剪方法,其修剪反应也不相同。

(三)修剪方法

果树的修剪时期一般分为休眠期修剪和生长期修剪。休眠期修剪又称为冬季修剪,生长期修剪包括春季、夏季、秋季三个季节的修剪。

1.冬季修剪方法

(1)短截　又称短剪,是剪掉一年生枝的一部分,从而缩短其总长度的剪法。可促使下位侧芽萌发,促进分生新枝,并增加枝的粗度、改变枝条延伸方向。短截多用于骨干枝和大、中型结果枝组的培养。幼、旺树短截过多,会引起枝条疯长,不易成花结果。大、老结果树多用短截,可更新复壮衰弱的枝组,强化树势,从而增强结果能力,提高果品质量,延长树体寿命。其中冬剪包括轻截、中截、重截、超重截、戴帽截和破台截(图 4-1、图 4-2)。

①轻截。又称轻短截、轻剪,是指剪去一年生枝条长度的 1/4～1/5,剪口下留半饱满芽。

如果只剪去项芽的一部分称为破顶或破芽，通常剪掉芽的 1/3～1/2 为宜。因保留的枝段较长，侧芽较多，养分比较分散，所以形成的新枝多为中、短枝，有利于缓和长势，使得单枝的生长势变弱，形成花芽，是幼旺树上培养分枝型结果枝组的主要方法。

②中截。又称中短截、中剪，是指在枝条中部饱满芽处的短截，为枝条总长度的 1/2～1/3。中短截对局部的刺激作用大，剪口附近的芽生长势强，容易萌发中、长枝，利于枝条的生长和树冠的扩大。所以中截可提高萌发新梢的成枝力，并使其母枝很快加粗。中截的方法通常用于骨干枝延长头的培养和衰弱结果枝组的更新方面。

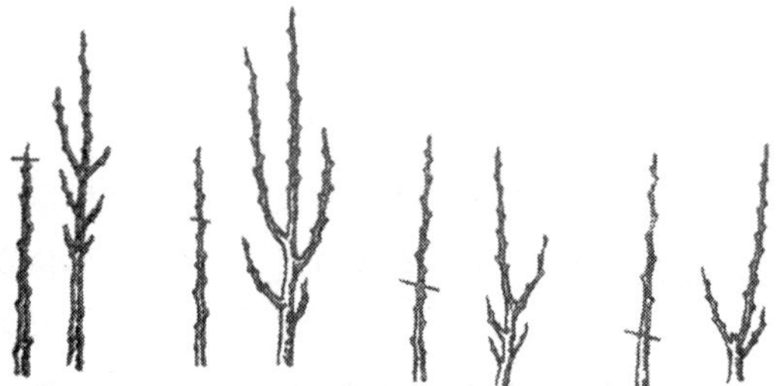

1.轻截；2.中截；3.重截；4.超重截

图 4-1 短截

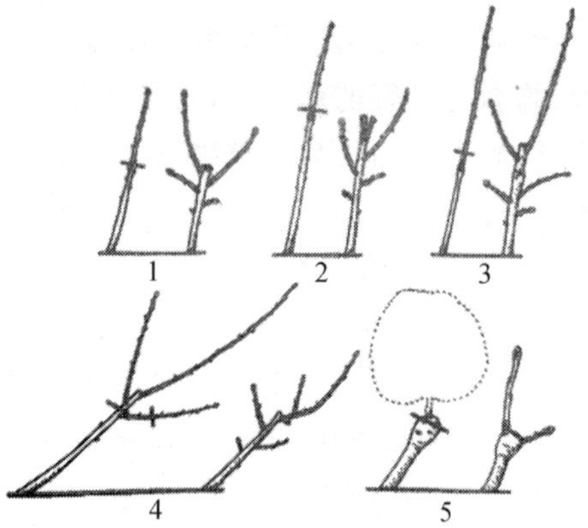

1.戴死帽；2.戴活帽，侧剪口；

3.戴活帽；4.戴歪帽；5.破台截

图 4-2 带帽截与破台截

③重截。又称重短截，是指在枝条中、下部约 1/4 处的剪截。剪截部位多在春梢中下部饱满芽处，对枝条刺激较大，但由于该部位的芽多是芽体较小的半饱满芽，剪截后仍以发中、短枝为主，发枝少但比较强旺。该方法是幼树上培养紧凑大型结果枝组的重要方法，一般多用于萌芽率比较低的品种。在大、老树上，为了合理地控制树体开花结果和促进树体发枝长叶，萌芽率高的品种也可应用。

④超重截。又称超重剪和台剪，是指在枝条基部留 2～3 个瘪芽剪截。这种剪法一般成枝力低，只发 2～3 个细弱枝，利于削弱枝势、降低枝位，培养更紧凑的中、小型结果枝组，一般多用于中庸树上面的徒长枝、直立枝和竞争枝，可以诱发预备枝或改造强旺枝。对有些发枝力强的品种，有时进行超重截可能发出旺枝，甚至跑条。这样需在下年修剪时，进行"挖心"处理，去直留斜，去强留弱；也可以利用生长期连续超重截修剪，培养更紧凑的结果枝组，这叫短枝化修剪。

⑤戴帽截。也称戴帽修剪，是指在单条枝的春、秋梢交界处，盲节附近的剪截技术。戴帽截是一种抑前促后造生中、短枝的剪法，多用于小型结果枝组的培养。根据枝条生长势强弱在其轮痕以上剪留的长度，戴帽截又可分为"戴死帽""戴活帽""戴低帽""戴高帽""戴歪帽"5 种。

⑥破台截。又称破台剪，是指在结果枝上着果处发生膨大的瘤状果台部位进行的剪截。剪截果台的方法一般是剪掉果台的 1/3～1/2，这样可使果台上的潜伏芽萌发形成新枝，这个新枝称为果台副梢或果台枝。营养好的果台副梢当年可形成花芽，下年结果。

(2)疏枝　又称为疏剪，是指将一年生枝或多年生枝从基部剪掉。疏除的枝条均是多余无用、白吃白喝的枝条，因此疏枝具有减少枝、叶、花、果的数量，调节枝条密度和分布、改善通风透光条件，缓前促后，平衡树势，有利于花芽形成的作用。

一般疏枝因树龄而异。幼龄树宜少疏，但一些徒长枝、无用的竞争枝及背上的直立枝要疏除；对成年树来说，因短果枝较多，常用多疏少截的方法；衰弱树要以短截为主，适当疏剪，特别是对外围的过密枝、交叉枝、重叠枝等进行疏除；对于花量过大、短果枝很多的树种或品种，要适当疏剪短果枝，以促进营养生长、防止过早衰弱。另外，要及时疏除枯死枝、病虫枝。

疏枝时小枝用剪枝剪，大枝用锯。从基部去净，不留残桩，伤口越小越好，不歪不斜，平整光滑。较细的可采用“一步法”锯除，比较粗的大枝用“二步法”锯除(图 4-3)。

(3)回缩　又称缩剪，是指对多年生枝的一种短截。回缩具有改善光照、调整骨干枝的角度和方位、矮壮和更新枝组、控制树冠的发展、延长结果年限，以及提高坐果率等作用(图 4-4)。

短枝数量多、花芽多、坐果率偏低的枝，经适当回缩可集中营养，提高坐果率；当枝组过高时适当回缩，可使其结构紧凑、改善树体光照；当一些辅养枝对骨干枝产生干扰时，也要及时回缩；对多年生冗长枝、下垂变弱枝和触地枝及时抬头回缩，可缩短养分运输距离，复壮枝势。苹果树等树种由于近年来多采用小冠树形，若枝条过密过粗，可用疏剪法替代。

枝条回缩的反应是促进还是抑制与回缩部位的高低、新留枝头的生长方向和伤口的大小等有关。一般回缩部位比原枝头高，则为促进作用，反之为抑制。

(4)缓放　又称长放、甩放，是指对着生姿势和生长势符合要求的一年生枝不进行修剪(图 4-5)。枝条缓放由于留芽多，营养分散，有利于形成中、短枝，缓和长势，利于成花结果。缓放也有利于枝条的营养积累，使弱枝转强，细枝增粗。一般幼树可以多缓放，而成年树、壮年树则不宜过多缓放。缓放应以中庸枝为主，一般对背上直立枝、强旺枝、徒长枝、延长头竞争枝、衰弱枝不宜缓放。若背上直立枝、强旺枝、徒长枝、延长头竞争枝确需缓放时，必须结合枝条变向、枝上刻芽、环割等措施，才能收到预期的效果。

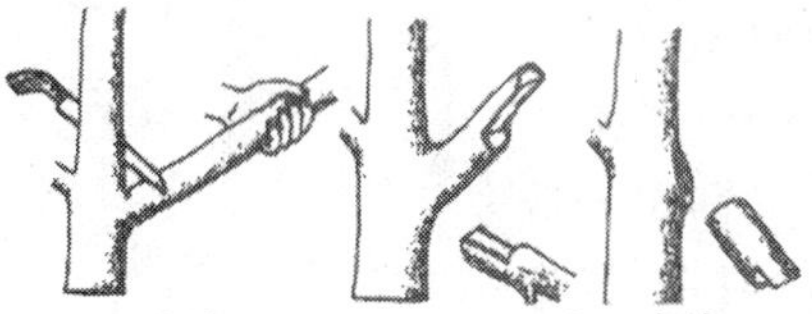

图 4-3　去除大枝的方法

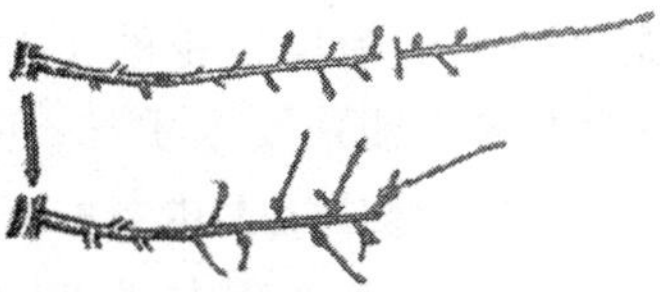

图 4-4　回缩

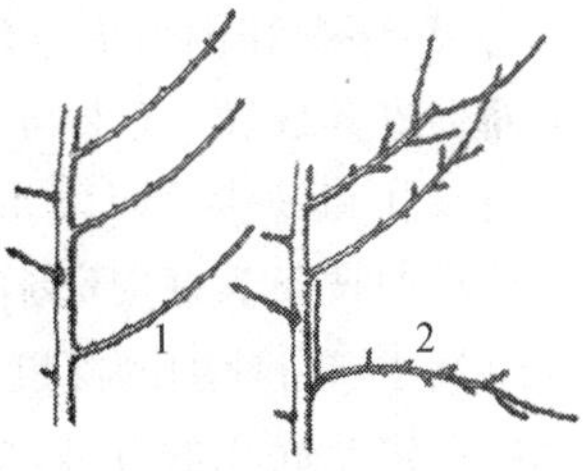

1.缓放前；2.缓放后

图 4-5　缓放

2.春季修剪方法

(1)刻伤　又称目伤。在春季萌芽前到萌芽期用钢锯条或刻芽器在芽的上方或下方 0.5～1 cm 处横切皮层至木质部叫刻伤。芽上刻伤能促进该芽萌发，使其旺盛生长，芽下刻伤则抑制其生长(图 4-6)。

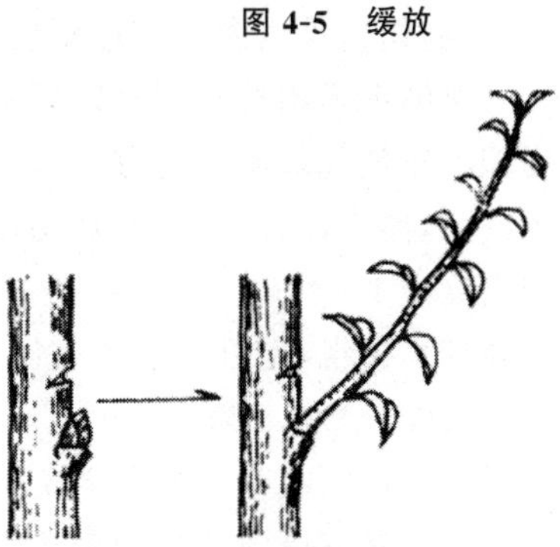

图 4-6　刻伤

(2)抹芽　萌芽后，抹除嫩芽称抹芽或除芽，可减少树体养分的浪费。抹芽的对象主要是幼树主干的中、下部和高接换种树接穗的附近、老树回缩更新伤口的周围、砧木枝段等不需要枝条的部位所萌出的各种无用萌蘖。抹芽的效果是越早越好，衰老病残树枝干下部的优质萌蘖，可酌情适当保留和培养，以作树体更新换枝的后备基础。

3.夏季修剪方法

(1)剪梢和摘心　在生长期夏、秋季对带叶新梢的短截一部分称剪梢，一般剪掉 10～20 cm，剪至半木质化部分。剪梢如果十分轻微，只是用手摘掉新梢顶端幼嫩的生长点部分，在修剪上称为摘心，一般只去掉 3～5 cm。剪梢和摘心均能增加分枝，促进成花，控制生长，增加枝梢的粗度，提高枝梢的发育质量，并促使当年新侧芽萌发形成副梢结果枝组。剪梢和摘心在整个生长季节都可进行。

(2)扭梢　一般在 5 月中旬至 6 月上旬，当新梢长至 30 cm 左右，新梢基部处于半木质化时，从新梢基部 5～6 cm 处扭转 90°～180°，使木质部和韧皮部受伤而不折断，新梢呈扭曲状态。扭梢可缓和生长，提高萌芽率，促进中短果枝和花芽的形成，有利于提高坐果率(图 4-7)。

1.旋转扭转；2.向下扭转

图 4-7　扭梢

(3)拿枝　又称拿梢、捋枝，在 7—8 月新梢木质化时，用手将其从基部 7～10 cm 处向下弯折枝条，伤及木质部，以听到折裂声而枝条不折断为宜，即响而不折，使其成水平或下垂状态。拿枝可以抑制枝条的营养生长，促进生殖生长。春梢停止生长时拿梢，有利于旺梢停长；秋梢开始生长时拿梢，可减弱秋梢的生长，形成少量的副芽和腋芽；秋梢停止生长后拿梢，能显著提高次年的花芽量和萌芽率。拿梢后应注意及时抹除枝条下部的芽，防止抽生直立的旺枝。

(4)环割　在枝条上每隔一定距离，用刀或剪环切一周，深达木质部，能显著提高萌芽率。多道环刻主要用于轻剪、长放的辅养枝。

(5)环剥和倒贴皮　环剥使有机营养在环剥上部枝芽中大量积累，从而促进其成花、坐果与果实发育(图 4-8)。对环剥部位以下，能促进弱枝复壮和潜伏芽萌发形成新枝，从而补充空间。环剥的效果以旺长不结果的枝条为好，环剥的宽度一般认为以枝粗的 1/10 为宜，最宽不要超过 1 cm；环剥的深度，一般要求不能伤及木质部；环剥的部位一般在有一定叶面积的分枝之下和“光腿”部位之上进行；环剥的时期，以春季新梢叶片大量形成以后，其枝、芽以及果实膨大期和花芽分化期等。环剥最好不要在晚秋进行，以防伤口难以愈合。环剥后要注意伤口包扎，以防失水过多和病虫侵入。

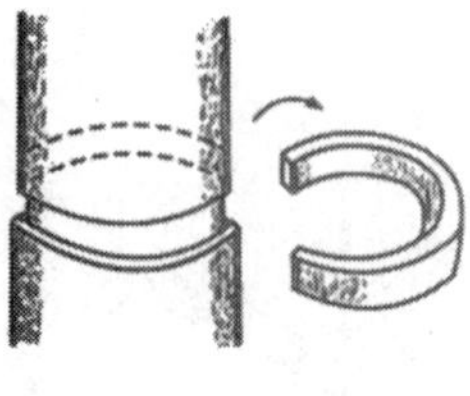

图 4-8　环剥

倒贴皮是指枝条环剥以后不将剥皮扔掉，而是将其上下颠倒后仍按表皮朝外贴在原处，并用塑料布包扎好贴皮的方法。倒贴皮的作用与环剥完全相同，但优点是环剥皮层的宽度可适当灵活，操作比较方便，而且伤口愈合较快，比较安全，不至于过分衰弱枝势和树势。一般剥皮的宽度为 1～4 cm，多数在 5～7 d 即可愈合，所以，倒贴皮的技术既可用于临时性的大型辅养枝和结果枝组，也可用于永久性的骨干枝。

4.秋季修剪方法

(1)疏梢、疏叶　指在生长期，根据树冠对光照的需要，对某些生长过密的枝梢和叶片做适当疏除的修剪措施。疏梢多在生长前期的夏剪中进行，主要是去除那些过分密挤、位置不当而影响树体通风透光和病虫的枝梢。疏叶多在生长后期进行，主要是疏除树冠外围新梢下部的衰老叶和结果枝上的贴果叶，目的是增多光照向树冠内部的透入量，改善果实的着色和叶片的同化功能,促进营养物质的积累,提高树体的质量及越冬性。

(2)拉枝　拉枝指将较为直立的枝条改变生长方向,使其角度开张(图 4-9)。拉枝能够缓和枝条的生长势,使营养物质和激素分配均衡,有利于花芽形成;拉枝也可以增大分枝角度,改善光合条件,提高叶片的光合效能。

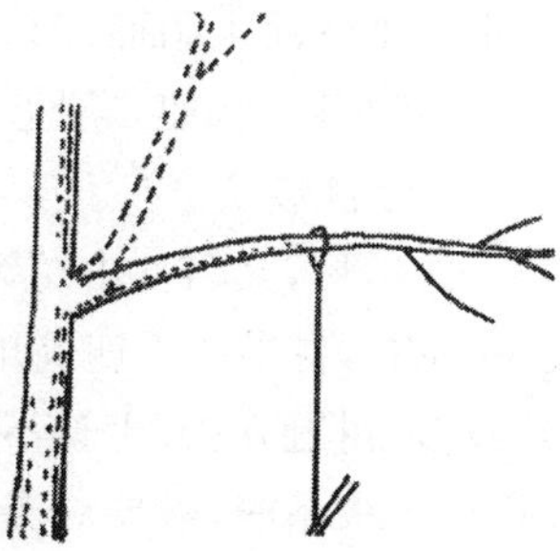
图 4-9　拉枝

拉枝时间一般为每年的 3—4 月和 8—9 月。拉枝主要应用于长度大于 80 cm 的长枝。拉枝不能只开张角度,同时应调整其生长方位,使枝条上下不重叠,左右不拥挤,均匀分布,合理占用空间。

(3)曲枝　曲枝是改变枝条生长角度与方向的修剪措施。一般是加大与地面的垂直线的夹角,下垂或向下弯曲,直至水平,也包括左右改变方向或弯曲。曲枝有利于削弱顶端优势,增大枝条的开张角度,促生花芽,合理利用空间。常用的弯枝方法有拉枝、别枝、撑枝和坠枝等,操作时注意避免使枝条劈折(图 4-10)。

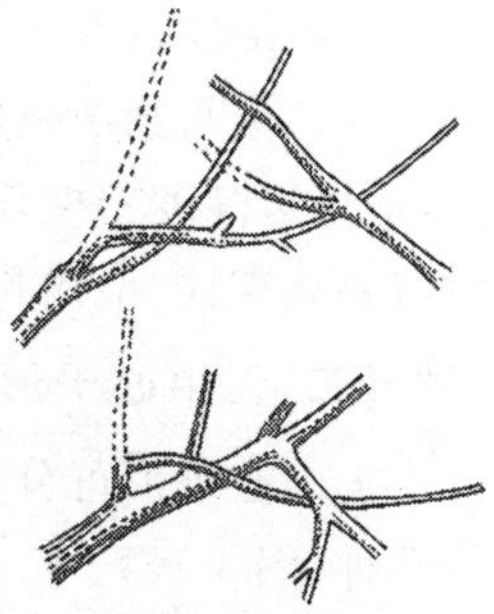
图 4-10　曲枝

二、果树主要树形

我国果树生产中,仁果类多采用疏散分层形及类似的树形,核果类常采用各种形式的开心形,蔓性果树则以棚架或篱架形为主,常绿果树主要是各种形式的圆头形。随着果园矮化密植的发展,树形变化很大,各种适于密植的树形层出不穷,应用较多的树形主要是纺锤形、树篱形、篱架形,在超密植栽培中又有圆柱形和无骨干形。目前,随着栽培密度的增加,树形变化的趋势是树冠由大变小、由单株变为群体、由自然形变为扁形,树体结构由复杂变简单,骨干枝由多变少、由分层变为不分层,甚至单株变成只有 1～2 个枝组的无骨干形。

(一)有中心干形

有中心干形分为主干形、疏散分层形、纺锤形、圆柱形等(图 4-11)。

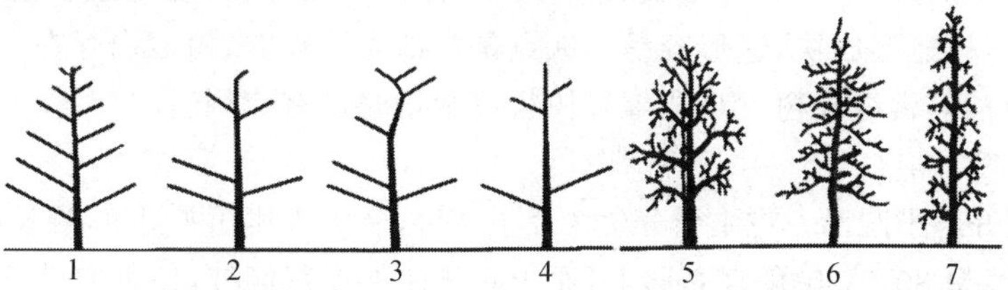

1.主干形;2.疏散分层形;3.基部三主枝小弯曲半圆形;4.十字形;5.纺锤形;6.细纺锤形;7.圆柱形

图 4-11　有中心干树形

1.主干形

由自然形适当修剪而成,中心干上主枝不分层或分层不明显,树形较高,一般枣、银杏、核桃、橄榄等树种栽培时应用该种树形。

2.疏散分层形

主枝 5～7 个,在中心干上分 2～3 层排列,第一层 3 个主枝,第二层 2～3 个主枝,第三层 1～2 个主枝,各层主枝间有较大的层间距。苹果、梨等树种上应用较多。类似树形还有基部三主枝小弯曲半圆形、四大主枝十字形等。为了改善光照条件和限制树高，成年后顶部多落头开心，减少层次，如二层五主枝延迟开心形。

3.纺锤形

纺锤形，又名自由纺锤形，是由主干形发展而来，在欧洲广泛应用。树高 2.5～3 m，冠径 3 m 左右，在中心干四周培养多数短于 1.5 m 的近水平主枝，不分层，下长上短。纺锤形适于发枝多、树冠开张、生长不旺的果树，修剪轻，结果早。纺锤形应用于矮化或半矮化砧的苹果时，由于根系浅，需要立支柱、架线和缚枝。若控制树高 2～2.5 m，冠径 1.5～2 m 的叫矮纺锤形。在更高密度情况下，中心干上分生的侧枝生长势相近、上下伸展幅度相差不大，分枝角度呈水平状，树形瘦长，则称为细纺锤形。

4.圆柱形

圆柱形与细纺锤形树体结构相似，其特点是在中心干上直接着生枝组，上下冠径差别不大，适用于高度密植栽培。欧洲目前应用于矮化和易结果的苹果砧穗组合，如 M9 砧的金冠，但需要立支柱、架线和缚枝。

(二)无中心干形

无中心干形可分为自然圆头形、主枝开心圆头形、多主枝自然形、自然杯状形、自然开心形等几种(图 4-12)。

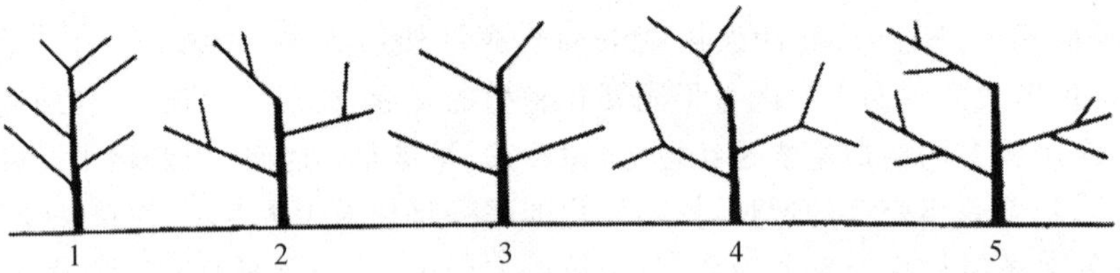

1.自然圆头形；2.主枝开心圆头形；3.多主枝自然形；4.自然杯型；5.自然开心形

图 4-12　无中心干树形

1.自然圆头形

又称为自然半圆形，主干在一定高度剪截后，任其自然分枝，疏除过多主枝，自然形成圆头。此形修剪轻，树冠形成快，造形容易。缺点是内部光照较差，树冠内存在一定的无效体积。该树形适用于柑橘等常绿果树，梨、栗等果树粗放栽培时也有应用。

2.主枝开心圆头形

又称为主枝开心半圆形。自主干分生 3 个主枝后，最初使其开展斜生，当长度达到 1～1.4 m 时，使其与水平线呈 80°～90°角直立向上，而于其弯曲处保留侧枝，使其向外开展斜生，利用周围空间。就主枝的配置来说，树冠是开心的，但中心长满小枝组，树冠仍为圆头形，常用于温州蜜柑。

3.多主枝自然形

自主干分生主枝 4～6 个，主枝直线延长，根据树冠大小，培养若干个侧枝。该树形优点是构成容易，树冠形成快，早期产量高。缺点是树冠上部生长壮，下部易光秃，树冠较高而密，管理较不方便，常用于核果类果树。

4.自然杯状形

主枝在主干上一分为三，再三分为六，以后则直线延伸，在其外配置侧枝，形成开心形。此形幼树主枝多，整形容易，枝量增加快，早期产量高。多用于核果类果树。

5.自然开心形

三个主枝在主干上错落着生，直线延伸，主枝两侧培养较壮侧枝，可充分利用空间。该树形符合桃等干性弱、喜光性强的树种，其优点是树冠开心，光照好，容易获得优质果品。缺点是初期基本主枝少，早期产量低。

（三）树篱形

树篱形树形的特点是株间树冠相接，果树群体成为树篱。该树形的优点是自然直立，无须篱架支撑，在密植条件下，解决了光照与操作的矛盾，有利于丰产优质和机械化操作。缺点是横向操作不便，冷空气流通不畅。该树形是矮化密植的主要树形。

1.自然树篱形

果树树体任其自然生长，根据树篱横断面的形状有长方形、三角形、梯形和半圆形之分，其中以三角形或近似三角形的表现较好，多用于柑橘栽培，现逐步采用机械化篱剪或顶剪。

2.扁纺锤形

扁纺锤形是纺锤形的一个变形，下层只留两个骨干枝，沿行向生长，其余枝尽可能沿行向压至水平，树篱宽 1.5～2 m。常用于苹果、梨等的矮化密植园。

3.自然扇形

与棕榈叶的叶形相似，但不设篱架。干高 20～30 cm，主枝 3～4 层，每层两个，与行向保持 15°夹角，第二层主枝与行向保持和第一层相反的 15°夹角，与上下相邻两层主枝左右错开，主枝斜生，在行向分布不完全成平面，主枝上留背后或背斜枝组，冬季留长 1 m 左右，生长季达 2 m。该树形常用于苹果、梨等矮化密植园（图 4-13）。

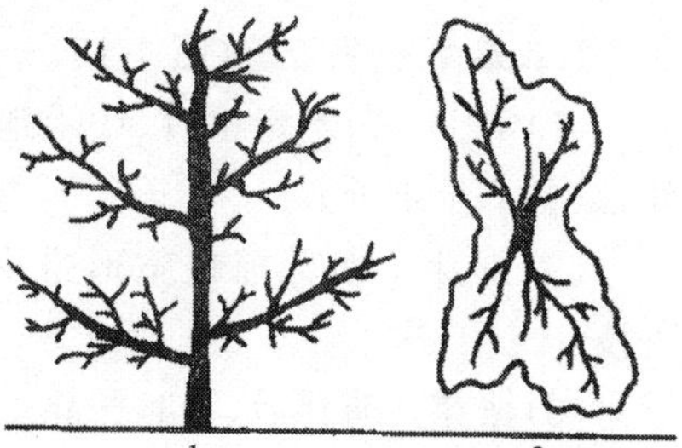

1.侧视图；2.俯视图

图 4-13　自然扇形

（四）篱架形

其特点是需设置篱架，以固定植株和枝梢，整形较方便，常用于蔓性果树。随着果树生产的发展，欧洲、澳洲和美国在苹果、梨等树种上广泛应用，包括棕榈叶形、双层栅篱形、Y 形等（图 4-14）。

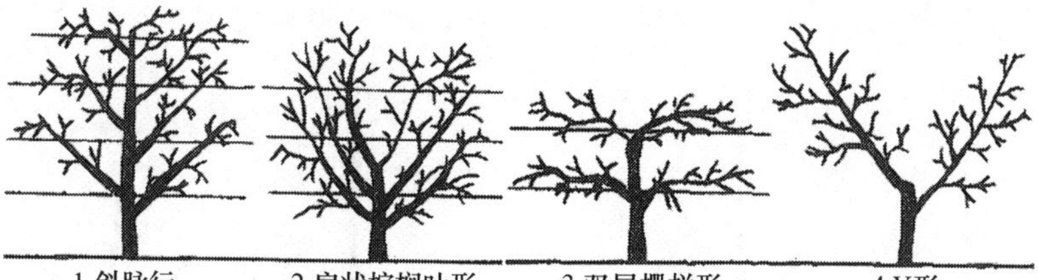

图 4-14　篱架形

1.棕榈叶形树形

种类较多，但其基本结构是中心干上沿行向直立平面分布 6～8 个主枝。按中心干上主枝分布规则程度分为规则式和不规则式；按骨干枝分布角度分为水平式、倾斜式、烛台式等。目前应用较多的是斜脉式、扇状棕榈叶形。前者在中心干上配置斜生主枝 6～8 个，树篱横断面呈三角形；后者无中心干，骨干枝顺行向自由分布在一个垂直面上。有的可以分杈呈扇形分布。

2.双层栅篱形

主枝两层近水平缚在篱架上，树高约 2 m，结果早，品质好，适于在光照少、温度不足处应用。

3.Y 形

又名塔图拉形，篱架行向南北，每株仅两个骨干枝，分向东西呈 Y 形，与地面成 60°夹角。一般株距 0.75～1 m，行距 4.5～6 m，每亩 111～200 株。多用于桃、梨和苹果上。

(五)其他树形

棚架形，主要用于蔓性果树如葡萄、猕猴桃。但在日本梨栽培中，为防御台风和提高品质，也多采用；丛状形，其特点是无主干，着地分枝成丛状，主要适用于灌木果树；匍匐形，将果树倾斜匍匐于地表，在冬季严寒地区以便埋土防寒；无骨干形，全树只有 1～2 个枝组，不设骨干枝，枝组不断回缩更新，多用于桃、苹果等果树的草地果园。

三、果树常见树形整形

(一)疏散分层形整形过程

1.栽后第一年修剪(图 4-15)

(1)定干　苗木定植后，在距地面 70～80 cm 处定干。不够定干高度的苗应剪到饱满芽处，以备下年定干。

(2)刻芽　萌芽前在整形带内选择方位合适的芽进行芽上刻伤，促使其抽梢以培养为主枝。

(3)抹芽　萌芽后，及时抹除主干上近地面 40 cm 以下的萌芽，以保证整形带内枝梢生长。

(4)扭梢　萌芽后选出中心干延长枝和方位适合的 3 个主枝。生长健壮的直立新梢作中心干的延长梢，对竞争梢扭梢。同时培养方向、角度、长势合适的新梢，留作基部主枝用。

(5)拉枝　秋季对主枝新梢拉枝，使开张角达到 60°以上，并同时调整方位角。

(6)冬剪　冬季中心干剪留 80～90 cm，各主枝剪留 40～50 cm。注意剪口第一芽要留外侧芽。如未选足主枝或中心干生长过弱时，可将中心干延长枝留 30 cm 短截，以便第二年选出。

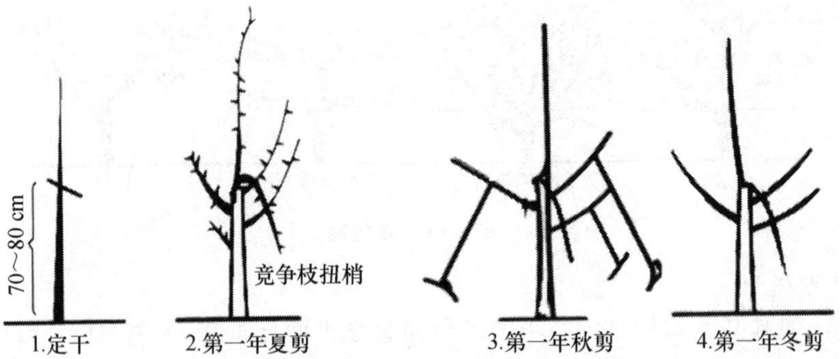

图 4-15　栽后第一年修剪

2.栽后第二年修剪(图 4-16)

(1)刻芽　为抽生良好的侧枝,春季萌芽前,主枝上选位置合适的芽进行刻伤,以促生背斜侧枝。

(2)抹芽　萌芽后及生长期内继续抹除主干上近地面 40 cm 内的萌芽、嫩梢,并抹除主枝基部 20 cm 以内和背上的萌芽。

(3)扭梢　6 月上中旬采用扭梢、重摘心和疏枝的方法,处理各骨干枝上的竞争梢。

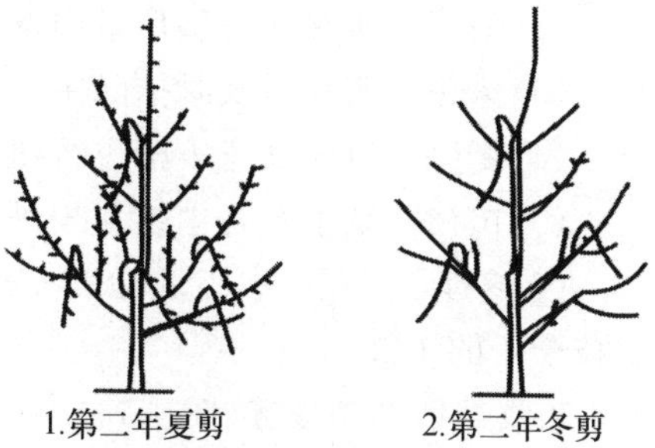

图 4-16　栽后第二年修剪

(4)拉枝　秋季按要求拉开主枝角度,拉平 70～100 cm 长的辅养枝。年生长量不足 1 m 的主枝长放不拉。

(5)冬剪　选留第二层主枝。第一层主枝层内距 20～30 cm,用拉枝、撑枝法,将基部 3 个主枝方位角调整到 120°左右,每个主枝上各配备 1～2 个下侧枝,侧枝一定选背斜方向,第一侧枝距中心干 20～40 cm,第二侧枝距第一侧枝 50 cm 左右。第一层至第二层主枝层间距保持 70～80 cm,其间可配备几个辅养枝或大枝组。中心干延长头剪留 50～60 cm,主枝头剪留 40～50 cm 或主枝全长的 2/3 左右。对强主枝要在秋季和春季开张角度。

3.栽后第三至第四年修剪(图 4-17)

四年生树,冬季修剪,中心干和主、侧枝的延长头分别剪留 50～60 cm、40～50 cm、40 cm。各辅养枝仍采取轻剪长放多留拉平的方法,多留花芽,开始结果。5 年生树,如树高达 3 m 以上,树冠大小已符合要求,第一层主枝头不短截,以延缓树冠交接的年限。继续培养第二、三层主枝,采用先放后缩法培养枝组。对主枝背上的强梢要扭梢或拉平,或用连放法,形成单轴细长枝组。为控制过旺的树势和适龄结果,仍需采用各种变向和刻剥技术,以培养枝组和改造辅养枝。

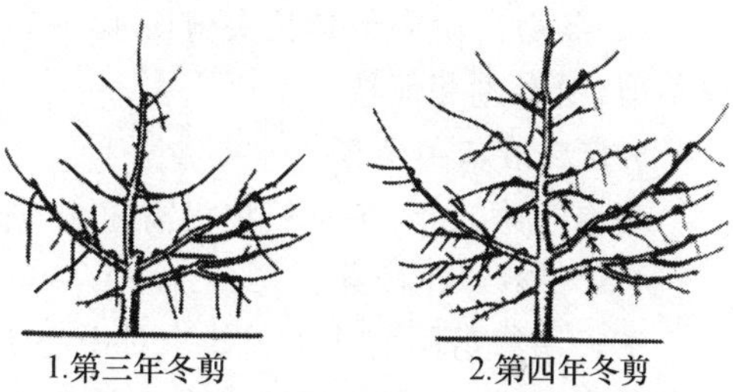

图 4-17　栽后第三至第四年修剪

(二)自由纺锤形整形过程

1.栽后第一年修剪(图 4-18)

(1)定干　定植后在距地面 60～70 cm 处定干。

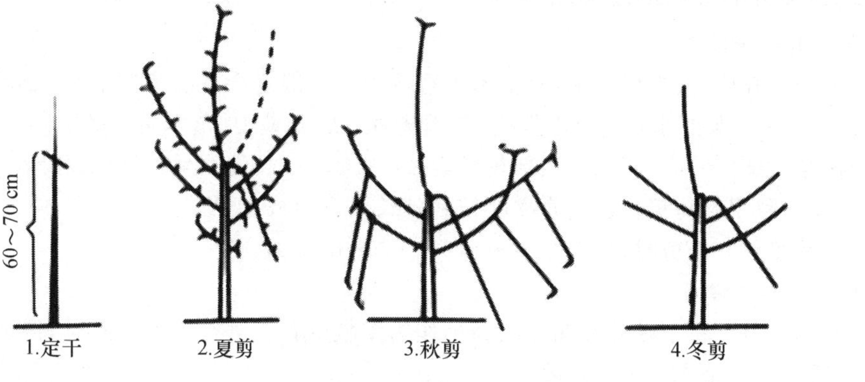

图 4-18　自由纺锤形栽后第一年修剪

(2)刻芽　萌芽前在整形带内选择方位合适的芽进行刻伤,促发新梢培养主枝。

(3)抹芽　萌芽后及时抹除主干上近地面 40 cm 以内的萌芽和嫩梢。

(4)夏剪　对旺壮竞争梢进行扭梢或重摘心控制。

(5)拉枝　秋季对各主枝新梢进行拉枝呈 70°～80°。

(6)冬剪　冬季,中心干延长头剪留 50～60 cm,选 2～4 个主枝,剪留 40～50 cm,或剪去主枝全长的 1/3。

2.栽后第二年修剪(图 4-19)

(1)春剪　对小主枝及辅养枝刻芽或按 15～20 cm 间距进行多道环割,并及时抹除背上萌芽。

(2)夏剪　新梢旺长期疏除基部 20 cm 以内背上旺枝及过密新梢,并对其背上直立梢扭梢或摘心,控制骨干枝上的竞争梢。

(3)秋剪　秋季对中心干上发出的新梢进行拉枝。

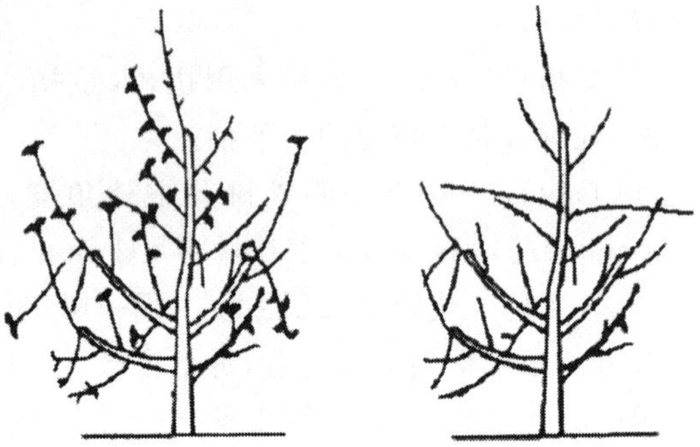

1.第二年夏剪　　2.第二年冬剪

图 4-19　自由纺锤形栽后第二年修剪

(4)冬剪　中心干延长头剪留 40～50 cm。各主枝延长头剪留 30～40 cm。强旺小主枝长放不剪,翌春刻芽促枝。

3.栽后第三年修剪

基本同第二年,各延长枝仍需短截,剪留 40 cm 左右。

4.栽后第四年修剪

生长期修剪同前几年。秋季对中心干上部小主枝拉枝。冬剪时疏除内膛徒长枝。当株间空间只剩 1 m 时,停止短截骨干枝延长头,减缓扩冠速度。继续培养上层小主枝和下层主枝的结果枝组。角度小时要拉到 80°～90°。

5.栽后第五年修剪

夏剪同前几年。冬剪时长放延长头,疏除直立枝、徒长枝、密生枝及近地面分枝。待树势稍稳定以后,可逐渐落头到 2.5 m 左右良好分枝处,以弱主枝或大枝组代头。各小主枝头不再短截,对下层主枝和辅养枝环剥促花,疏除背上枝。中、下层的小主枝过大、过长和过密时,可酌情控制,回缩或疏除,以保持稳定的纺锤形轮廓。

(三)自然开心形整形过程(图 4-20)

1.栽后第一年修剪

(1)定干　栽后,按整形要求,对苗木进行定干。一般定干高度为 40～60 cm,整形带内留 5 个以上饱满芽。保护地栽培可以低些,要因树种、品种、地力、苗木质量而定。

(2)抹芽　选 4～5 个新梢。当新梢长至 30～40 cm 时,选 3 生长健壮、相距 15 cm 以上梢作为主培养。秋季修剪疏除背上直立旺枝和延长头竞争枝。

(3)冬季修剪　修剪时,将 3 个主枝留 60～70 cm 短截。

2.栽后第二年修剪

(1)春季修剪　将顶端外芽萌发的新梢作为主枝延长头进行培养。同时,将延长头下部方位和角度适合的新梢作为侧枝培养。

(2)秋季修剪　对主枝角度达不到 60°的进行拉枝,疏除背上直立旺长枝、延长头竞争枝和过密枝。

(3)冬季修剪 对主枝延长头剪留 50～70 cm、侧枝延长头剪留 40～50 cm。

3.栽后第三年修剪

(1)春季修剪 继续选留主枝延长头,同时在延长头的下部、第一侧枝的对侧选择新梢作为第二侧枝培养。

(2)秋季修剪 疏除背上直立旺长枝、延长头竞争枝和冠内密生枝。

(3)冬季修剪 主枝延长头剪留 50～60 cm,侧枝延长头剪留 40 cm 左右。

4.栽后第四年修剪

树形已基本建成,主枝、侧枝延长头冬剪时剪留 30 cm 左右。注意主从分明,主枝头要高长过侧枝头。株间交接注意换头。培养的枝组在主侧枝上的分布要均衡。中下部要培养大结果枝组,上部培养中型结果枝组,小型结果枝组分布其间。枝组斜生或背侧生。

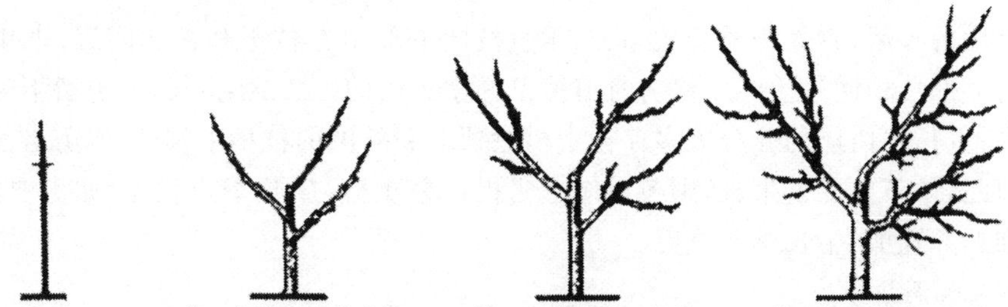

图 4-20 自由开心形整形过程示意图

(四)高纺锤形整形过程

1.栽后第一年修剪

(1)定干 对生长势不强的苗木,定干高度为 90～100 cm。对生长势旺盛的苗木可不定干。

(2)刻芽 对距地面 40 cm 以上至顶部 3～4 个芽以下的芽,用刻芽器刻芽处理,以利抽生大量中、长梢。

(3)夏剪 当侧生新梢长到 15 cm 以上时,摘心的同时摘除顶部 2～4 片嫩叶,仅留叶柄,可抑制该枝的加长生长,并对长枝进行拿枝。

(4)冬剪 分枝少或没有分枝的幼树,中心干延长枝于 1.5 m 处短截;去除直径超过中心干 1/2 的分枝;如果保留的分枝不足 3 个,则全部留马耳斜或全部疏除。具有 8～15 个分枝的幼树,去除距地面不足 60 cm 的分枝和直径超过中心干 1/2 的分枝,保留其他分枝缓放不截。

2.栽后第二年修剪

(1)刻芽 将中心干上延长头酌情刻芽。

(2)摘心 对中心干顶部 1/4 区段的侧梢长至 10～12 cm 时摘心;再长至 10～12 cm 时再次摘心。

(3)固定 将中心干牢牢地固定在支架上。

(4)开角 将 20～25 cm 长新梢用牙签开角。

(5)拉枝 在 8 月上中旬,将所有侧分枝拉至水平以下以诱导成花。此时拉枝不易冒条。

(6)冬剪　选择一个好的中心干延长头带头，不短截，侧分枝也不短截；疏除竞争枝和角度很小的侧分枝；去除直径超过中心干 1/2 的侧分枝；去除长度超过 60 cm 的侧分枝。

3.栽后第三年至第五年修剪

修剪方法同前，树体达到 3 m 以上时，春季萌芽后，在光秃带刻芽，促其多发中、短枝，成花结果。当树体达到一定高度不再进行转主换头，自然缓放生长，枝条结果，使其弯曲；顶端弯曲后回缩至较弱的结果侧枝，以控制树高。第五年时，中心干延长头压弯后进行及时更新，保证顶端优势。同时也保持各主枝头的生长优势，做到及时更新复壮。

四、果树修剪综合运用

(一)调节树体长势

1.修剪时期的调控

落叶果树落叶后，营养物质会从一、二年生枝向下部粗大枝干和根部回流，来年接近萌芽时养分再向上部枝梢调运。冬季修剪时剪掉了许多无用的一、二年生枝，使剪留下的枝条养分供应更集中；生长季树体的养分大多存在于树冠顶端和外围的枝梢中，此时修剪必然会造成养分损失。因此，如需要促进生长，则冬剪应适当提前并重剪，生长季应轻剪；如需要抑制生长，则冬剪应推迟并轻剪，生长季要重剪。

2.树势生长调控

由于根系供应养分的量一定，如抑制树体某一部位的生长，则可促进其他部位的生长，反之亦然。对于弱树应适当重剪，尽量少留果枝，将枝条扶直或剪口留背上枝芽，减少花芽的形成量和结果量，以恢复树势；对于旺树应轻剪缓放，多留枝，将枝条压平或剪口留背后枝芽，促进花芽分化，多留花果，以果控长，缓和长势。

3.枝条生长势调控

为增强枝条长势，应在充分利用有效空间的前提下，尽量减少骨干枝数量并缩短骨干枝和主干的长度，修剪时去弱枝留中庸枝和强枝，去平生枝、下垂枝和斜下生枝，留直立枝和斜上生枝，剪口下留壮枝芽。

为抑制生长则应增加枝干长度，去强枝留中庸枝和弱枝，去斜上生枝和背上枝，留斜下生枝、平生枝和背后枝，剪口下留弱枝芽。对枝条进行拉枝、曲枝等，枝条前部多留果枝等。另外，使枝轴保持直线延伸可促进生长，而枝轴弯曲延伸则可抑制生长。

(二)枝组的培养

枝组又称为结果枝组、单位枝或枝群，是果树着生叶片和结果的独立单位，是保证果树经济效益的基础。为了达到连年丰产稳产的目的，就要尽早合理配置及不断更新结果枝组。

1.枝组培养原则

(1)有大有小，结构各异　在骨干枝上配置枝组时，应根据栽植方式、树冠大小和树龄，培养成大小和分枝结构不同的样式。生产上普遍认为，多样化的枝组组成有利于结果和修剪调整。

(2)大小相间，均衡有序　不同大小的枝组在骨干枝上应错位排列，均衡有序，以保证各部位通风透光良好，并且结果时骨干枝不会发生大裂伤和扭曲。

(3)外稀内密，上小下大　为了保证通风透光，枝组在树冠外围要留稀一些，在内膛要密一些，在树冠上部小一些，而在树冠下部大一些。针对一些较大的树冠，其基部三主枝上的枝组数往往占到全树的60%以上；在同一骨干枝上，要注意背上以小枝组为主，两侧和背下留大型枝组和中型枝组。

(4)生长健壮，结果可靠　每种果树的枝组应在其最佳年龄时期结果，因为此期在营养的积累与消耗、合成与分配方面比较协调。所以，修剪时要根据具体情况不断调整和更新复壮枝组。

2.培养枝组的方法

(1)先放后缩法　对中庸健壮的平斜枝和下垂枝连年缓放不剪，当其缓出中短枝形成花芽结果后再在其下部分枝处回缩。有经验的果农们将其总结为“一甩一串花，一堵一穗果”。此外，生产上也有对角度较直立的枝条先弯曲或扭伤改变其着生角度，再采用上述方法培养枝组。

(2)先截后放再缩法　对于平斜、缓和且有发展空间的枝条，先根据品种特性进行适当的短截，注意萌芽率高且成枝力强的品种可轻截，萌芽率低且成枝力弱的品种可重短截，当得到所需的分枝时接着缓放，结果后再回缩。

(3)连续短截法　对于萌芽率低、成枝力弱的品种和空间大、枝条少的部位，先利用冬剪、夏剪对枝条连年进行短截或极重短截，当得到较多分枝后再放缩结合。此法可有效控制结果部位外移，防止后部光秃。

(4)辅养枝改造法　对幼树整形期间选留的部分辅养枝在树体空间较大的情形下，进行分枝数量和体积的调控，改造为大、中型结果枝组。

(5)连续缓放法　对枝组中轴延长枝连续多年缓放不剪并使其呈下垂状，对其上的侧生长枝疏除、中短枝缓放不剪，培养成单轴鞭节式结果枝组。

(三)结果枝组的修剪

1.结果枝组修剪的原则

(1)通风透光原则　要求各枝组间相互错位分布，以使整个树冠始终通风透光良好。

(2)枝势中庸原则　要求各枝组在结果期应保持中庸健壮状态，全树应有15%～20%的长枝。

(3)三配套原则　果树要想保持长期优质、高产和稳产，就必须培养好由结果枝、成花枝、发育枝组成的三配套枝组，这样就可做到每年轮替结果和更新。

(4)从属分明原则　同一个骨干枝上的任何结果枝组，应通过向下回缩的方法保证其在生长势上不得超过该骨干枝延长头的生长势。

(5)互不交叉原则　在培养结果枝组时，互相之间不得交叉。

(6)酌情灵活原则　修剪枝组的方法不像培养骨干枝那样严格，可根据情况灵活掌握。

2.结果枝组修剪的方法

(1)对不同大小枝组的修剪　大、中型枝组由于分枝多，易在组内轮替结果，修剪时应根据各个枝条的状态截放结合，每个枝轴上选留一个中庸偏弱的带头枝。小型枝组由于分枝少，修剪时应做到相邻枝组间的轮替结果，不必在每个枝组内都留带头枝。

(2)对不同强弱枝组的修剪　生长势强的枝组应去强留弱，多留花果，并配合其他造伤措施使其生长势得到缓和；生长势衰弱的枝组则相反；生长势中庸的枝组可按上一年情况修剪。

(3)对不同姿势枝组的修剪　对过于直立的枝组，修剪时应加大开张角度，然后去直留平，去强留弱,配合造伤措施和多留花果削弱其势力;对下垂衰弱的枝组则需要增强其生长势。

(4)对不同年龄枝组的修剪 一般苹果、梨的适龄结果枝组是3～5年的,枣的是3～7年的。在修剪方法及程度掌握上,幼龄的宜缓放轻剪,适龄的要疏密适度修剪,老龄的应更新重剪。

项目二 果树土肥水管理

一、果园土壤管理

土壤是果树生存的基础,是果树养分和水分的源泉。因此,果树根系生长发育的好坏,根类、根量、根系的吸收和合成能力的高低都与土壤有密切关系。而土壤温度、透气性、土壤水分和微生物活动对根系的生长影响最大。一般土壤疏松、透气良好,则微生物活跃,土壤供肥能力强,有利于果树根系生长。所以,加强土壤管理、改善根系生长环境是土壤管理的重要内容。

(一)土壤改良

土壤条件包括土壤质地、土壤结构、土壤孔隙度及土壤耕性等物理性质以及土壤pH、有机质含量、土壤养分状况等化学性质及土壤微生物的多少。一般果树要求土壤有机质含量在1.0%以上,土壤以质地较轻、透气保水性好为宜。果树种类不同,对土壤的理化性质要求也有所不同。表4-1为几种果树适宜的土壤指标。

表4-1 几种果树适宜的土壤指标

果树种类	土壤pH	活土层厚度/cm	总盐量/%
苹果	6.0～7.5	≥60	<0.3
葡萄	6.0～8.0	≥50	<0.2
梨	6.0～7.5	80～100	<0.1
桃	5.5～6.5	≥50	<0.14

1.土壤质地改良

土壤质地直接影响土壤的透气性、保水保肥性及主要养分的有效性。

(1)增施有机肥料 增施有机肥可提高土壤有机质含量,是改良土壤质地比较简单有效的方法,既可以改良沙土又可改良黏土,同时有机质可以改变沙土的黏结力和黏着力,形成良好的土壤结构体,提高沙土的保肥性,使黏土疏松。增施有机质的方法主要有秸秆还田、翻压绿肥等。一般稻草、麦秆等禾本科植物含有难分解的纤维素较多,在土壤中残留的有机质也较多。

(2)掺沙掺黏,客土调剂 沙土地保水保肥能力差,附近有黏土、河沟淤泥,可用来掺混,而黏土保水保肥能力强,但透气性差,附近有沙土可掺混,以改良本土质地。掺沙掺黏的方法有遍掺、条掺和点掺3种。遍掺是指将沙土或黏土普遍均匀地在地表铺一层后翻耕,这样效果好,见效快,但一次用量大,费工多;条掺和点掺是将沙土或黏土撒在果树行间或穴中,用量少,费工少,但需连续几年方可使土壤质地得到全面改良。

(3)翻淤压沙，翻沙压淤　有的地区沙土下面有黏土，或者黏土下面有沙土，这样可以采用表土“大揭盖”翻到一边，然后使底土和表土混合的方法来改良土壤质地。在面积大、有条件放淤或漫沙的地区，可利用其来改良沙土和黏土。

2.土壤结构体改良

最好的土壤结构体是外形近似球体、内部疏松多孔，大小在 0.25～10 mm 的团粒结构。团粒结构主要通过合理耕作和应用土壤结构改良剂的方法来实现。

(1)合理耕作　正确的土壤耕作可以创造和恢复土壤结构，耕、耙、镇压等措施进行得当，都会收到良好的效果。但进行不当也会产生不良效果，如频繁镇压和耙地，会破坏土壤结构。一般来说，较黏重的土壤通过果园施肥、锄草，以及多翻、多耙，会对改善土壤结构起到良好的作用。

深耕与施肥对创造团粒结构的作用很大，特别是对富含有机质的土壤，耕作借助机械外力作用使土壤破裂松散，最后形成小土团。但对缺乏有机质的土壤来说，深耕还不能创造较稳固的团粒结构，因此必须结合分层施用有机肥。为了增加土与有机肥的接触面，应尽量使有机肥料与土壤混合均匀，促进团聚作用，同时必须注意要连年施用，充分地供应形成团粒的物质，这样才能有效地创造团粒结构。部分果农通过果园生草也可增加土壤有机质，达到改良土壤结构体的效果。

(2)土壤结构改良剂的应用　由于土壤结构在协调土壤肥力方面的作用很大，近几十年来一些国家曾研究用人工制成的胶结物质改良土壤结构，这种物质叫土壤结构改良剂或土壤团粒促进剂。但人工合成的土壤结构改良剂价格昂贵，目前还不能普遍施用和推广，仍处于研究试验阶段。

3.酸碱土的改良

(1)酸性土的改良　酸性土壤通常用石灰和草木灰来改良。草木灰等碱性肥料既是良好的钾肥，同时又起中和酸性的作用。施用石灰还增加了钙，有利于改善土壤结构。酸性土施用石灰后，pH 的改变在第一年往往是不明显的。

一般认为土壤 pH 为 6 左右时不必施用石灰，pH 为 4.5～5.5 时需要适量施用，pH 小于 4.5 时需大量施用。石灰施用量必须能中和潜性酸，才能使土壤真正达到中和。具体用量主要是根据田间试验的实际效果来确定。

(2)碱性土的改良　碱性土壤可用石膏、硫黄或明矾来改良，也可增施土壤有机肥等来提高土壤的缓冲能力，降低土壤 pH。具体施用量往往根据实际经验来确定，一般逐年施用效果较好。

4.盐碱土的改良

盐碱土是盐土、碱土及各种盐化土和碱化土的统称。不同果树树种的耐盐能力不同，葡萄耐盐能力较强，梨中等，苹果较差。盐碱土可采用水利措施、耕作措施、化学措施等进行改良。

(1)水利措施　水利措施主要是通过排水，把地下水位降到临界深度以下，使地下水不能沿毛细管升至地表，从而切断土壤盐分来源。在地下水位较高，而地下水矿化度较低的地区，可以多打机井，用机井进行灌溉，一方面可以逐步洗掉上部土层中的盐分，另一方面又可以使地下水位大大降低，起到较好的土壤改良效果；在地下水矿化度较高，但排水系统完善的地区，可以用地表积累的淡水进行灌溉，从而达到灌溉洗盐的目的。

(2)耕作措施　耕作措施主要包括种植绿肥牧草、增施有机肥、采用化学措施等。

绿肥的种类很多，要因地制宜地选择。在较重的盐碱地上，可种植耐盐碱强的田菁、紫穗槐等，中度至轻度盐碱地可以种植草木樨、紫花苜蓿、黑麦草等；盐碱威胁不大的土地，可种植豌豆、蚕豆、金花菜、紫云英等经济植物；增施有机肥，可以增加土壤有机质、改良和培肥盐碱地；也可适当施用化学物质，如石膏、亚硫酸钙、硫酸亚铁、硫酸、硫黄、腐殖酸类改良剂、土壤保墒增温抑盐剂等化学物质。

(二)土壤管理制度

果树生产水平的不断提高，要求果园土壤具有良好的理化性质，而提高土壤肥力不仅是进行土壤施肥，更重要的是要有合理的果园土壤管理制度。通过各种方式，对果树株行间空余土地进行耕作和利用，以有效保持水土，提高土壤肥力，改善果园环境，促进果树生长发育。目前，我国果园土壤管理的主要方法有深翻改土、清耕、间作、生草、覆盖等。

1.深翻改土

深翻是果园土壤改良的最基本措施，对于清耕果园及立地条件不好，土壤贫瘠，肥力较低的山地果园，经常进行深翻，可以改善土壤的透气性，使土壤孔隙度增加，使土、肥、水相容，促进微生物活动，加速土壤熟化，有利于根系生长。

果园深翻一年四季都可进行，但以秋季深翻效果最好，一般在果实采收后至落叶休眠前结合施秋基肥进行。秋季果树根系生长旺盛，伤根容易愈合，并易发出新根，同时可配合秋施基肥进行，还可培育良好的土壤结构体。深翻的方法主要有扩穴深翻、隔行深翻和全园深翻。

(1)扩穴深翻　又称为放树窝子，常在幼龄果园中应用。即在幼树定植后，自定植穴外缘开始，每年或隔年向外挖宽 60～80 cm、深 40～60 cm 的环状沟，直至全园翻遍为止。扩穴一般结合施用有机肥每年进行一次，最好在定植 2～3 年内完成。注意根颈附近要浅翻(图 4-21)。

(2)隔行深翻　常在成龄果园中应用。平地果园，完全实行隔行深翻，每次只伤果树植株一侧根系，对果树生长发育影响较小，全园分两次完成。深翻深度以 40～80 cm 为宜，宽 50 cm 左右。而等高撩壕的坡地果园和里高外低的梯田果园，第一次先在梯田外侧进行较浅的深翻施肥，第二次在梯田内侧深翻把土压在下坡，同时施有机肥料，这种方法应与修整梯田等相结合进行。

1.第 1 年扩穴；2.第 2 年扩穴；3.第 3 年扩穴

图 4-21　扩穴深翻示意图

(3)全园深翻　密植园多采用此方法。即将栽植穴以外的土壤全部深翻，深度为 30～40 cm，靠近树干的地方，因粗根较多，耕翻可浅些。一次深翻需要较多的劳力和肥料。

无论采用何种深翻方法，深翻时均需将挖出的表土和心土分别堆放，并及时剔除翻出的石块、粗沙及其他杂物，剪平较粗根的断面。回填时，先把心土和秸秆、杂草、落叶混合填入沟底部，再结合果园施肥将有机肥、速效性肥和表土混匀填入。深翻后及时灌水沉实，使根与土壤密接。深翻时尽量保护根系完整，不伤直径 1 cm 以上的粗根。当分次深翻时，沟与沟之间不留“隔墙”，防止形成死沟积水。对地下水位高的地段，翻土深度不宜超过雨季地下水位上限，防止接上地下水；低洼、排水不良的地段，深翻后底层最好铺埋碎石块，使形成暗道排水。

2.清耕

清耕是我国传统的果园土壤管理技术。清耕全年均可进行，一般秋季深耕，生长季节进行多次中耕。具体做法是每年果实采收后结合施肥深耕 20～30 cm，其他时间多次中耕除草，深度为 6～10 cm。清耕能使土壤疏松通气，促进微生物繁殖和有机物分解，短期内可显著地增加土壤有机态氮素。中耕松土，能起到除草、保肥、保水作用。但长期采用清耕法，土壤有机质减少，土壤结构受到严重破坏，土壤的保肥保水能力变差。对于山地果园来说，清耕不利于水土保持。清耕管理的果园干、湿、冷、热变化频繁，使最肥沃的表层土成为非生态稳定层，以致 15 cm 以上的土层中根系很少。因此，随着可持续发展概念的提出和对生态环境保护的重视，清耕在果园土壤管理中的应用会越来越少，取而代之的是生草、覆盖等其他管理方式。

3.果园间作

果园间作是幼龄果园利用行间空地种植其他作物的土壤管理技术。幼龄果园空地较多，为保持水土，提高土壤肥力，促进幼树生长，提高土地利用率，增加前期经济效益，可合理间作，同时也可抑制杂草生长，减少水土流失，改善微域气候，既有利于幼树生长，又可增加果园早期收入。

果园间作总的原则是以果为主，主次分明，以短养长，以不影响果树生长发育为前提。1～3 年生幼树应留出 1.0～1.5 m 树盘，以后随着树冠和根系逐年扩大，间作面积逐年缩小。进入盛果期果园一般不宜间作。为保证果树的正常生长，应加强肥水管理。对新建果园在留足树盘后间作，以后随树冠扩大，逐渐扩大树盘，缩小间作面积，避免间作作物与果树之间互相争夺肥、水。密植园最多间作 3 年。

果园间作必须坚持以果为主、不影响果树生长且经济效益高的原则，正确选择间作物，坚持轮作倒茬，加强栽培管理。优良的间作作物应植株矮小、生长期短、有利于土壤改良，消耗的养分和水分比较少，且不与果树争夺肥水；收获期早，适应性强；与果树没有共同性的病虫害；产量较高，并有一定的经济价值，能增加收益，最好能提高土壤肥力，本身经济价值较高。适于果园间种的作物主要有一年生豆科作物，如黄豆、绿豆、饭豆、豌豆、蚕豆等；蔬菜及其他作物，如番茄、辣椒、白菜、大蒜、西瓜、甜瓜等；块根与块茎作物，如萝卜、马铃薯、生姜等；药用植物，如白术、芍药、麦冬、百合等。果园不宜间种高秆作物，如高粱、玉米、甘蔗、小麦、棉花、芝麻、烤烟、向日葵等。花生、甘薯、南瓜等作物对果树也有不良影响，最好不要间种。为避免间作作物连作带来的不良影响，生产上多实行不同间作作物轮作倒茬。

4.果园覆盖

果园覆盖是在树冠下或稍远处覆盖有机物、地膜或沙石等。生产上根据覆盖材料可分为有机覆盖、地膜覆盖和果园生草。

(1)有机覆盖　有机覆盖也称为生物覆盖或果园覆草，一般是指在树盘或行内覆盖稻草、秸秆、杂草、锯末、树叶等有机物，以保蓄水分，减少杂草，使土壤疏松，通透性好，调节土温，增加土壤有机质，提高土壤肥力，有利于果树生长并提高产量和品质。果园覆草一年四季均可，以夏季为好；干旱瘠薄地多在 20 cm 土层温度达 20 ℃时覆盖。具体的做法是覆盖前先深翻改土、施足土杂肥，并加入适量氮肥后灌水，然后进行树盘覆盖。一般覆盖厚度 10～15 cm，每 667 m^2 用干物料量 1 000～1 500 kg，以后年年补充，保持厚度不变。覆盖有机物后压少量土，以防风吹和火灾。但注意行间要留出 50 cm 宽的作业道，以便灌水和进行其他管理。覆盖物经 3～4 年风吹雨淋和日晒，大部分分解腐烂后可一次深翻入土，然后再重新覆盖，继续下一个周期。

果园覆盖后，不少害虫栖息在草中，应加强病虫害防治，草被应与果树同时进行喷洒；多雨年份注意排水，防止积水烂根；对于易积涝的果园，缩小覆盖面积并做好排水；深施有机肥时，应扒开草被挖沟施入，然后再将草被覆盖原处。覆草时注意新鲜的覆盖物最好经过雨季初步腐烂后再用；多年覆草应减少氮肥的施用量。

（2）地膜覆盖　地膜覆盖指用塑料薄膜将园地覆盖。在土壤瘠薄、干旱，又无草源的地区，应用较广泛。特别是常有春旱发生的地区，提倡覆盖地膜。地膜覆盖具有增温保水、抑制杂草、促进养分释放和果实着色的作用，尤其适于旱作果园和幼龄果园。

具体方法是早春土壤解冻后，先在覆盖的树行内进行化学除草，然后打碎土块，将地整平。若土壤干旱，应先浇水。然后用两条地膜沿树两边通行覆盖，将地膜紧贴地面，并用湿土将地膜中间的接缝和四周压实。同时，间隔一定距离在膜上压土，以防风刮。树冠较小时，可单独覆盖树盘。覆盖地膜前最好先深翻熟化土壤，增施有机肥，有条件的地方或果园可以春季覆膜增温，夏季覆草保墒调温，进行综合运用。

根据不同目的选用不同的地膜材料。在幼树定植后，为提高早春地温、防止水分蒸发，宜选用白色地膜；为了保湿和防草可以选用黑色地膜；为了增加果实着色均匀，可以铺银色反光膜。覆膜具有良好的增温、保墒效果，但也要注意防止引起白色污染。

（3）果园生草　果园生草是在全园或行间种植禾本科、豆科等草种或实行自然生草的土壤管理方法，并采用覆盖、沤制、翻压等方法将其转变为有机肥。

果园生草一般适用于年降水量 500 mm 以上，最好是 800 mm 以上的地区或具有灌溉条件、且土壤缺乏有机质、土层较厚、水土易流失的果园中实施。果园生草后除土壤管理省工外，还会形成良好的果园生态系统，改良土壤结构，有效保持水土，提高土壤肥力，增加综合效益。果园生草可分为全园生草、行间生草、株间生草 3 种方式，具体应用何种方式主要取决于果园立地条件、种植管理条件等。一般土层深厚肥沃、根系分布较深的果园宜采用全园生草法；土壤贫瘠、土层浅薄的果园，宜采用行间生草法和株间生草法。

目前，先进的果园多采用行间生草、行内清耕，即在果树行间种植 1 或多年生豆科或禾本科草本植物，待草长到 40～50 cm 高度，留茬 15～20 cm 刈割后在树盘下做绿肥使用，每个生长季节可以刈割 3～4 次，或在每年秋季将绿肥翻压到土壤中。

我国北方选用的草种主要以豆科为主，如三叶草、紫花苜蓿、豌豆、紫云英、草木樨、苕子等，其次为禾本科绿肥，如黑麦草、早熟禾、果园牧草等。这些品种适应性强、植株矮小容易繁殖管理，再生能力强，可有效地抑制杂草发生。

果园生草又包括人工生草和自然留草。人工生草是采用播种的方法。人工生草需要注意以下几点：①播种时间以春秋两季为宜，最好在雨后或灌溉后趁墒进行。播前细致整地，清除园内杂草，每亩地撒施磷肥 150 kg，翻耕 20 cm，翻后整平地面，为草种出苗和管理创造条件。播种通常采用条播或撒播，其中条播行距为 30 cm，覆土厚度小粒种子或黏土为 2 cm，大粒种子或沙壤土、壤土为 5 cm，遇土壤板结时及时划锄破土，以利出苗。②幼苗期管理。出苗后应及时清除杂草，查苗补苗，及时灌水补墒，并可结合灌水补施少量氮肥。③生草最初的几个月不要刈割，当草根扎深、营养体显著增加后，才开始刈割。一般 1 年刈割 2～4 次。无灌溉条件的多年生草，宜雨后刈割，刈割后撒施少量氮肥，促进草的再生；有灌溉条件的多年生草，每次刈割后撒施少量氮肥和灌水。生长期内，叶面喷肥 3～4 次，并在干旱时适量灌水。割下的草一般覆盖在株间树盘内，也可撒于原处，或者集中沤肥。④生草 5～7 年后，草层老化，土壤表层板结，应及时更新，即将草翻压，1～2 年后再重新播种。

自然留草可选用当地果园常见的杂草资源，最好选用植株矮小、生草量大、有利天敌及微生物活动的杂草，如稗草、狗尾草等。待草长到 40 cm 左右，留茬 10 cm 左右刈割，然后覆盖在树盘下做绿肥使用，每个生长季节可以刈割 4～6 次，每年秋季将杂草用旋耕机翻压到土壤中。

5.免耕法

免耕法也叫保护性耕作，是指基本上不对土壤耕翻，主要是利用除草剂除去土壤杂草。免耕法的优点是改善表土结构，减少土壤团粒结构的破坏，减少犁底层厚度，促进水分下渗，减少水土流失，降低了由于表土蒸发导致的水分消耗量，稳定土温，提高表土的有机质含量。但免耕法也会使得杂草不易控制，特别是禾谷类杂草，同时果树病虫害也较严重。

二、果园施肥管理

(一)果树秋施基肥

1.基肥种类

基肥通常以腐熟的有机肥为主，包括农家肥、饼肥、绿肥和生物有机肥。

(1)农家肥　农家肥主要包括厩肥与禽类的粪。厩肥是指家畜粪尿，以猪、牛、马、羊等家畜粪尿为主，掺以各种垫料、饲料残渣积制而成的有机肥料。根据其特点可分为冷性肥料、温性肥料和热性肥料。其中猪粪质地较细，C/N 小，腐熟后形成大量腐殖质，积制过程中发热量低，温度低，为温性或冷性肥料；牛粪质地细密，含水量高，有机质分解慢，发酵温度低，是冷性肥料；马粪质地粗，分解快，发热量大，为热性肥料；羊粪质地细密而干燥，养分含量丰富，积制过程中发热量低于马粪而高于牛粪，也为热性肥料。羊粪氨、磷、钾含量最高，猪粪、马粪次之，牛粪最低。家畜粪尿施用时一般多作基肥，腐熟程度好也可以作追肥。另外，腐熟的禽类如鸡、鸭、鸽等的粪，也是容易腐熟的有机肥料。

(2)饼肥　饼肥种类很多，主要有大豆饼、菜籽饼、棉籽饼、花生饼、蓖麻饼等。饼肥中含有大量的有机质、蛋白质、脂和维生素等。饼肥养分浓度高，可作基肥和追肥，施用前必须把饼肥打碎，并经过发酵腐熟，否则施入土中会发酵产生高热，易烧根。饼肥为迟效性肥料，应注意配合施用适量速效性氨、磷、钾化肥。

(3)绿肥　凡利用植物绿色体作肥料的均称绿肥，专作绿肥栽培的作物称为绿肥作物。生产上应用较多的绿肥品种有三叶草、苜蓿、草木樨、紫穗槐等。绿肥作物大多具有较强的抗逆性，可以改良土壤。绿肥的利用方式主要有直接翻压还田、收割后作堆沤肥、作为饲料过腹还田。

(4)生物有机肥　生物有机肥集农家肥的有机养分、化肥的化学营养物质及有益生物菌群为一身，不仅可供给作物各种营养物质，起到增加产量的目的，还可以增加土壤有机质，改良土壤，协调土壤水、肥、气、热之间的关系，尤其是其含有的大量活性菌可增加和活化土壤有益微生物，抑制土壤有害微生物的产生，防止土壤再植病及病虫害的发生。另外，生物有机肥含有的多种氨基酸和总糖可直接被根系吸收，明显改善果实品质

生物有机肥的指标含量：含有机质≥30%，氮、磷、钾总和≥4%，钙、镁、铁、锌、硼等适量，pH 7.0 左右，含水量≤20%，有效活菌数 0.2 亿个/g。

2.施用时期

基肥的肥效缓慢，应以秋季施用最好，宜早不宜晚，一般在 8 月下旬至 9 月上旬为好。因为，秋季正值果树根系的生长高峰期，根系吸收能力强，断根愈合快，有利于新根产生和养分吸

收；同时秋季气温较高，雨量充沛，有机肥分解时间较长，矿质化程度高，第二年春季可及时供给根系吸收利用；秋季新梢处于缓慢或停止生长状态，根系吸收的矿质营养可提高叶片光合效能，增加树体贮藏养分，促进花芽分化，增强果树越冬抗寒能力，促进翌年根系生长发育。

3.施用量

基肥的施用量因果园的土壤状况、树体生长发育状况、树种和品种不同而不同，目前生产中没有一个统一的施肥量标准。一般情况下幼树期树每年株施厩肥 25～50 kg，初果期树每年株施 100～150 kg，盛果期树每年株施 150～200 kg。也可按照果树的产量进行施肥，生产经验有“斤果斤肥”或“斤果斤半肥”。

4.施用方法

基肥一般采用土壤深施的方法，秋施基肥可结合果园深翻进行，也可单独进行，施肥部位在树冠投影范围内。常用的土壤施肥方法主要有以下几种。

(1)环状施肥　适用于幼年树、结果初期的树，肥料较少时也适用。具体方法是在果树树冠投影处挖环状沟，沟深依根系分布深浅而定，一般深 30～50 cm，宽 30～60 cm，将肥料施入沟内或与土混合均匀施入沟内，施肥后覆土踩平。该施肥法具有经济用肥和简便易行等优点，但易切断水平根，且施肥面较小(图 4-22)。

(2)条沟施肥　幼树和老树都适用，但更适用于已经封行的成年果园。具体方法是在果树行间和株间开条状沟，沟深 30～60 cm，宽 30～50 cm，将肥料与土混合均匀施入沟内，施肥后覆土踩平。如肥料不足或两行树冠接近时，可分年在行间或株间轮换开沟(图 4-23)。

(3)放射沟施肥　适用于初果期树或密植园。具体方法是在距离主干 1 m 处，以主干为中心向外呈放射状挖 4～6 条沟，沟宽 30～50 cm，沟深 15～60 cm，近树干处宜浅，向外逐渐加深，将肥料施入沟内或与土混合均匀施入沟内，施肥后覆土踩平。这种方法伤根少，不论施基肥或追肥都可采用(图 4-24)。

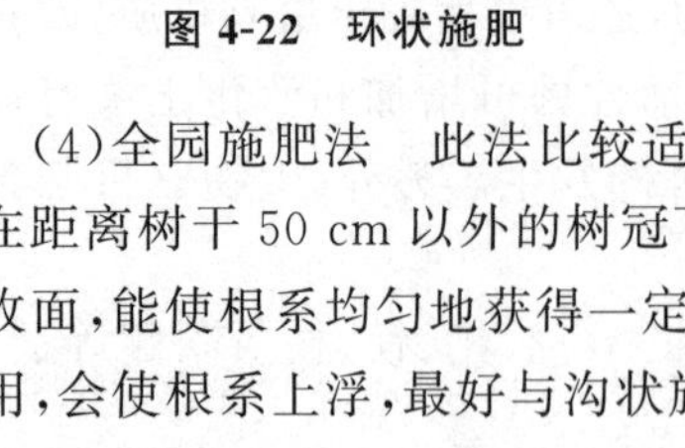
图 4-22　环状施肥

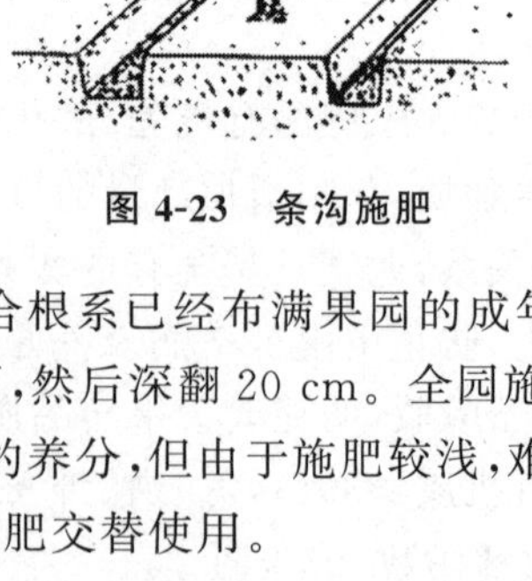
图 4-23　条沟施肥

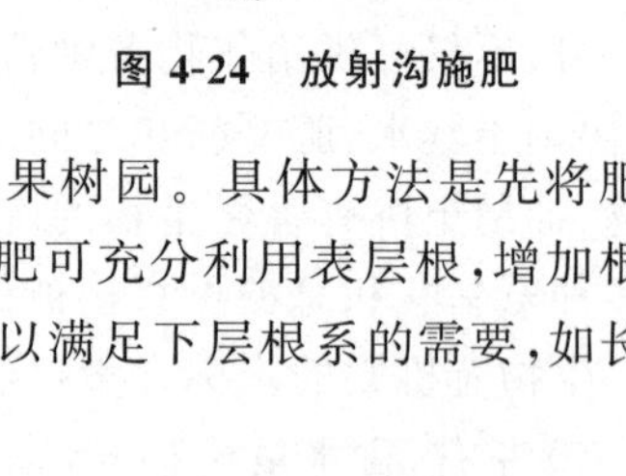
图 4-24　放射沟施肥

(4)全园施肥法　此法比较适合根系已经布满果园的成年果树园。具体方法是先将肥料撒在距离树干 50 cm 以外的树冠下，然后深翻 20 cm。全园施肥可充分利用表层根，增加根系吸收面，能使根系均匀地获得一定的养分，但由于施肥较浅，难以满足下层根系的需要，如长期使用，会使根系上浮，最好与沟状施肥交替使用。

(二)果树追肥

追肥指生长季根据树体需要而追加补充的速效性肥料，追肥的目的是满足果树生长发育期间对养分的要求，一般多施用无机速效性肥料，如氮肥、磷肥、钾肥、钙肥、微肥、复合肥等。

1.追肥时期

果树的树种、品种和基肥的施入量决定着追肥的次数和数量，一般高温多雨或沙质土，肥料易流失，追肥宜少量多次；反之，追肥次数可适当减少。幼树追肥次数宜少，随树龄增长，结果量增多，长势减缓，追肥次数要增加，以调节生长和结果的矛盾。目前，生产上对果树一般每年追肥 2～4 次，具体时期如下。

(1)花前追肥　在春季果树萌芽前后进行，以氮肥为主，可以促进果树萌芽整齐、开花一致，提高坐果率。由于果树萌芽开花需消耗大量营养物质，而早春温度较低，发根少，吸收能力差，主要消耗树体贮存养分，若树体营养成分低，此时肥料供应不足，会导致大量落花落果，还影响营养生长。一般来说，对弱树、老树、结果过多的大树，应加大施肥量，若树势强，基肥数量又较充足，花前肥也可以推迟到花后。

(2)花后追肥　一般落花后进行，以氮肥为主，配合磷、钾肥，可以起到减少生理落果、促进枝叶生长和果实发育的作用。落花后坐果期是果树需肥较多的时期，幼果迅速生长，新梢生长加速，都需氮素营养。追肥可以促进新梢生长，扩大叶面积，提高光合效能，有利于碳水化合物和蛋白质的形成，减少生理落果。一般花前肥和花后肥可以互相补充，如花前追肥量大，花后也可以不追。此次肥必须根据树种、品种的生物学特性，酌情施用，才能提高氮肥利用率和坐果率。

(3)果实膨大期追肥　在果实迅速膨大期和花芽分化期进行，以氮、磷、钾肥配合施用，可促进果实增大、提高产量，有利于花芽分化和枝条的成熟。该时期部分新梢停止生长，果实迅速膨大，花芽分化开始，追肥能提高光合效能，促进养分积累，提高细胞液浓度，有利于果实膨大和花芽分化。此次肥既保证当年果树产量，又为来年结果打下了良好的基础，对克服大小年也有一定的作用。

(4)果实成熟前追肥　一般在果实成熟前两周进行，以磷、钾肥为主，对于结果多的树、弱树可加入一些氮肥，主要是补充果树由于大量结果造成的营养亏损，满足后期花芽分化的需要，改善果实品质，延长叶片的功能期，提高树体贮藏营养的水平。此次追肥可与秋施基肥同时进行。

除以上几次主要追肥时期外，追肥时还要综合考虑其他情况，如苹果、梨追肥以果实膨大期和着色前为主，可与基肥同时施入，幼果膨大期施入总量的 1/3，着色前施入总量的 2/3；葡萄可于花前、幼果膨大期、着色前 3 次施入，各施入总量的 1/3，但需注意巨峰葡萄花前可不施肥；桃、李、杏可于幼果膨大期、硬核后、采收后 3 次施入，各施入总量的 1/3，如果实生育期短的果树硬核后可不施；甜樱桃可于幼果膨大期、采收后、秋季 3 次施入，各施入总量的 1/3；草莓可于第一茬果幼果膨大期及每次采果后平均施入。

2.施用量

不同地区、不同土壤及不同年龄时期的树，追肥的数量和次数不同。无公害果园在大量施用有机肥的情况下以每年 2～3 次地面追肥为宜。旺壮树追肥次数宜少，大龄树、衰弱树追肥次数宜多；高温多雨地区或沙质土，肥料易流失，追肥宜少量多次；反之，追肥次数可适当减少。幼树追肥次数宜少，应于新梢生长前和旺盛生长期进行；初果期树，应于花前、花芽分化前和秋梢停长后追肥；盛果期树应于花后追肥，且追肥次数应增多。具体施肥量应根据土壤供肥能力和目标产量确定。表 4-2 为几种树种的结果树每生产 100 kg 果实需要的纯氮、磷、钾量。

表 4-2 几种树种的结果树每生产 100 kg 果实需要的纯氮、磷、钾量

树种	氮(N)	磷(P)	钾(K)
苹果、梨	1～1.2	0.5～0.6	1～1.2
葡萄	1～1.2	0.6～0.8	1.2～1.6
桃、李	0.8～1.0	0.3～0.5	1.0～1.2
杏	1.5	0.5～0.6	1.2～1.5
甜樱桃	1.0～1.5	0.4～0.6	0.8～1.2
草莓	0.6～0.8	0.3	0.8～1.0
枣	1.5	1.0	1.1

3.追肥的施用

(1)土壤施肥　可参考秋施基肥的施肥方法进行，也可以进行冲施，即将肥料撒于树盘后放水或将肥溶于水中灌于树盘下。这种施用方式见效快，但养分利用率低，土壤易板结，因此在一个生长季节冲施肥的次数不要超过 3 次；对于养殖业较发达的果区也可采用随灌水追施禽畜肥的方法，即在果园地头设一粪池，将禽畜粪在其中发酵腐熟后进行追肥，施肥深度 10～15 cm。

(2)叶面喷肥　叶面喷肥是在果树生长发育期间，通过叶片、新梢和果实等地上部分器官补给营养的技术措施。其特点是省肥、省工、速效，不受养分分配中心的影响，同时不受土壤条件的限制，可以避免肥料在根系施肥中的流失、淋失和固定，还可与农药混合施用。喷施的浓度因肥料不同而异，喷施时间最好选择无雨的阴天或晴天 10 时以前或 16 时以后。喷布部位以叶背和嫩叶为好。生产上全年可喷 4～5 次，一般生长前期 2 次，以氮为主；后期 2～3 次，以磷钾为主；还可补施多元微肥。

三、果园水分管理

1.果树的需水特点

不同的物候期果树对水需求的量不同。一般果树生长前半期水分供应充足，有利于生长与结果；而后半期需要控制水分，保证枝条及时停止生长进入休眠。

(1)萌芽期　土壤含水量应达到田间持水量的 70%～80%。水分不足容易导致萌芽延迟或萌芽不整齐，影响梢生长，但此期水分不宜太多，否则会降低地温，导致根系活动迟缓。

(2)花期　土壤含水量应达到田间持水量的 60%～70%，土壤水分充足、稳定，花期长，落花落果轻，利于坐果。

(3)花芽分化临界期　土壤含水量应达到田间持水量的 50%～60%。土壤适当干旱有利于花芽分化。

(4)果实膨大期　土壤含水量应达到田间持水量的 80%。土壤水分充足，果实发育快，果形好。

(5)成熟期　土壤含水量应达到田间持水量的 80%。成熟期对水分要求较严，干旱、湿度小，不利于着色。采收前水分要稳定，水分波动大，易引起裂果；水分过多，果实品质降低。不耐贮。

(6)休眠期　土壤含水量应达到田间持水量的 80%～90%，土壤水分充足有利于越冬

休眠。

2.果树需水时期

按照物候期，生产上通常采用花前水、花后水、催果水、灌秋水、封冻水5个灌水时期。

(1)花前水　又称催芽水。在果树发芽前后到开花前期，若土壤中有充足的水分，可促进新梢的生长，增大叶片面积，为丰产打下基础。因此，在春旱时期，花前灌水能有效促进果树萌芽、开花和新梢叶片生长，提高坐果率。一般可在萌芽前后灌水，提前灌水效果更好，水分不要过大，以免水温低导致延迟开花。

(2)花后水　又称催梢水。果树新梢的生长期和幼果膨大期是果树的需水临界期，此时果树的生理机能最旺盛。如果土壤水分不足，影响根系的吸收功能，减缓果树生长，会使幼果皱缩和脱落，明显降低产量。因此，这一时期若遇久旱无雨天气，应及时灌溉，一般可在落花后15 d左右至生理落果前灌水。

(3)催果水　又称成花保果水。就多数落叶果树而言，此时正值果实迅速膨大及花芽大量分化时期，若遇干旱，要及时灌水。

(4)灌秋水　果实采收以后，为了延缓叶片脱落，有利花芽分化和树势恢复，应根据土壤含水量，结合施肥灌水一次。

(5)封冻水　即冬灌，一般在土壤结冻前进行，可提高地温，增强越冬能力，起到防旱御寒作用；也有利于花芽发育，促使肥料分解，有利于次年春天果树生长。这次水要灌饱灌足。

3.灌溉水量

果树的灌水量依果树种类、品种和砧木特性、树龄大小及土质、气候条件不同而有所不同。枣、板栗等耐旱力强的树种可少灌，葡萄、梨等耐旱性差的树种可多灌。幼树少灌，结果树多灌。沙地果园宜小水勤灌。一般成龄果树最适宜的灌水量以水分完全湿润果树根系范围内的土层为宜，一次灌水量应使土壤水分含量达到田间持水量的85%。

4.灌水方法

(1)沟灌　沟灌是地面灌溉中较好的方法，主要在树冠外缘向里约50 cm处，挖宽30 cm、深25 cm的环状沟或井字沟，通过窄沟将水引入环状沟或井字沟内，经一定时间，待环状沟或井字沟水满为止。水渗下后，用土埋沟保蓄水分。该种方法可以使全园土壤湿润均匀，不破坏土壤结构的特点，而且土壤通气良好，有利于土壤微生物的活动，还可减少果园中平整地上的工作量，便于机械化操作。

(2)盘灌、行灌　盘灌、行灌是以树干为中心，在树冠投影下的地上用土做埂围成圆盘或方盘，在树冠外缘的下方作环状土埂，或以树行的树冠外缘下方作两条平行直通土埂，埂宽20～30 cm，埂高15～20 cm，通过窄沟将水引入树盘或树行内，经一定时间待水与埂高近似时，封闭土埂。水渗下后，及时中耕松土或用草覆盖，以减少水分蒸发。盘灌、行灌是山区梯田、坡地和幼树经常采用的灌水方法。

(3)穴灌　根据树冠大小，在树冠投影的外缘挖6～8个直径25～30 cm，深20～30 cm的穴，将水注入穴中，待水渗后埋土保墒。在灌过水的穴上覆盖地膜或杂草，保墒效果更好。此法用水经济，湿润根系土壤范围较为宽广和均匀，不会引起大面积土壤板结，是一种较省水的地面灌水方法，在水源缺乏地区采用此种方法较好。

(4)滴灌　滴灌是节水灌溉的方法之一，可比地表灌溉节约用水50%左右。在滴灌系统中可增加化肥注入装置。滴灌时间应以湿润根系集中分布层为度，滴灌间隔期应以果树生育进程的需求而定。在不出现萎蔫现象时，无须过频灌水。

(5)果园喷灌及微喷　这是果园节水灌溉的方式之一，可以起到节约用水、保护土壤结构、调节果园小气候、提高果实产量和品质等作用。遇到霜冻时喷灌可以减轻冻害；夏季炎热喷灌也可降低叶温、气温和土温，防止高温日灼伤害；同时喷灌还可以节约用地和人工费用。

项目三　果树花果管理

一、保花保果技术

(一)落花落果的时期及原因

坐果率是形成产量的重要因素，而落花落果是造成产量低的重要原因之一。通常枣的坐果率仅为0.13%～0.4%，最高不超过2%；李、杏的花果也少。因此，实行保花保果措施，提高果树坐果率，是获得优质、丰产的关键环节，特别是对于初果期和自然坐果率偏低的树种、品种尤为重要。下面以苹果为例介绍落花落果的时期及原因。

由于树体内在原因而不是自然灾害或病虫害造成的落花落果，统称为生理落果。生理落果可分为早期落果和采前落果。其中早期落花针对大多数苹果品种来说一般有三个高峰。

1.第一次落果

即落花，出现在花期刚结束后，子房尚未膨大时。这次落果的主要原因，一个是花芽发育不良，使得花器生活力减弱，没有授粉和受精条件；另一个原因是花芽虽发育良好，但因气候条件不良或花器特性限制，没有获得授粉、受精的条件。两者都未达成受精的目的，导致子房内缺乏激素而早衰脱落。

2.第二次落果

出现在花后1～2周，主要是由于授粉、受精不充分，子房所产生的激素不足，不能充分调运营养促进子房膨大，导致子房停止生长而脱落。此外，幼果脱落与储藏的养分不足导致幼果发育不良也有关。

3.第三次落果

出现在第二次落果后2～4周，大体在六月，因此又称“六月落果”。此次落果主要是由于树体养分供应不足。引起树体养分不足的主要原因包括树体储藏养分少，对果实供应不足；坐果过多或营养生长过旺导致养分消耗过多，引起落果；果实的胚没有形成，争夺养分的能力不如新梢。此外，当年树体同化作用形成的养分少、光照不足、干旱缺水等对落果也有影响。

4.采前落果

多在果实采收前3～4周开始，随着采收期临近，落果情况开始加剧。一般以早熟苹果品种采前落果比较严重，其次为元帅系品种、红玉等。

(二)提高坐果率的技术

各种果树引起落花落果的原因各不相同，较为复杂。要根据具体实际情况，抓住主要原因，采取相应的措施，才能有效地提高坐果率。

1.加强管理，提高树体营养水平

良好的肥水管理条件、合理的树体结构和及时防治病虫害，是保证树体正常生长发育、增加树体储藏养分积累、改善花器发育状况和提高坐果率的基础措施。

2.人工辅助授粉

人工辅助授粉的作用是提高花序和花朵坐果率，从而增加当年产量。同时，由于授粉受精良好，心室内种子多且发育正常，所以端正果率明显提高，有利于保持品种的标准果形（图 4-25）。

（1）采集花蕾　在预定授粉前 2～3 d，选择晴天或阴天早上露水干后至中午 12 时前采集花蕾。采集的对象主要是铃铛花期或初开的花朵，这一时期花粉成熟度好，鲜花出粉率和花粉发芽率均高。采花量根据授粉面积来定。通常每 40 kg 苹果鲜花能制成 1 kg 花粉，可供 2～3.33 hm^2 果园使用。采花蕾可结合疏花进行。对于梨来说，一个花序留 1～2 朵边花，而苹果 1 个花序留 1 朵中心花或 1 朵中心花加 1 朵边花。

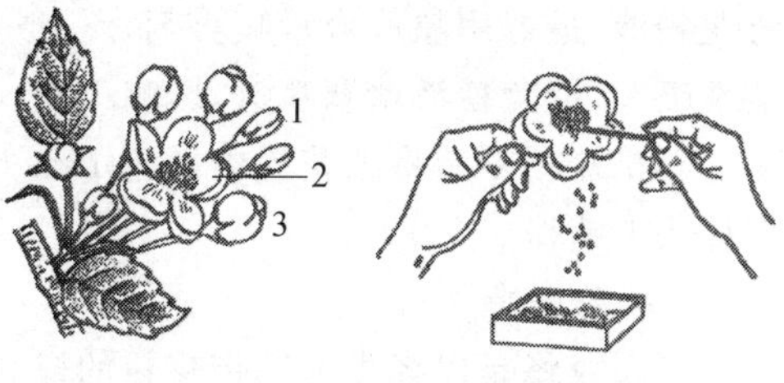

1.过早；2.过晚；3.适宜

图 4-25　花粉采集示意图

（2）取花药　采下的鲜花要立即取花药。具体的方法是在室内用镊子剥或两花对搓，将花药取下，去除碎花瓣、花丝及杂物；也可在室内将花蕾倒入细铁丝筛中，用手轻轻揉搓，将花药搓掉后用簸箕簸一遍，去掉杂质。当花朵量较大时可利用脱药机剥取花药。

（3）阴干散粉　取下花药后，将其薄薄地摊在光洁的纸上，以各花药不重叠为最好，放在通风、室温 20～25 ℃、相对湿度为 60%～80%的房内进行阴干。需要注意的是室温不得超过 30 ℃，否则易使花粉灼伤，若室温不足，可生火炉提高温度。每昼夜翻动 2～3 次，经 24～48 h 后，花药即可自行开裂，散出黄色的花粉粒，即可连同花药壳一起收集保存在干燥的容器内放在避光的地方备用。除阴干取粉外，还可利用火炕增温烘干取粉或是温箱烘干取粉。

（4）制作授粉器　人工点授常用的授粉工具有毛笔、带橡皮头的铅笔、香烟的过滤嘴、自行车气门芯、海绵简易授粉器等，其中最好用自行车气门芯反叠插在钢钉上或用海绵夹在铁丝上等方法制作成简易授粉器。

（5）授粉的方法　人工辅助授粉以多品种的混合花粉较好。授粉时间宜在盛花初期至盛花期进行，以花朵开放当天授粉坐果率最高。授粉要在上午 9 时至下午 4 时之间进行。人工辅助授粉常用的方法有人工点授、花粉袋授粉、鸡毛掸子授粉和液体授粉、机器授粉等。

①人工点授。授粉时将蘸有花粉的授粉器，在初开花的柱头上轻轻一点，使花粉均匀沾在柱头上即可。每蘸一次可点授花 7～10 朵，每个花序可点授花 2～3 朵。每株树要根据树龄、树势和管理水平来确定授粉花朵，开花多且肥水条件差的树可少授一些，反之则多授一些；内膛、下部强枝和直立柱上的花多授一些，外围、上部的弱枝和下垂先端枝的花少授一些。

②花粉袋授粉。将采集的花粉加入 3～5 倍滑石粉或干燥的食用细淀粉，过细箩 3～4 次，使滑石粉或食用细淀粉与花粉混匀，装入 2～3 层的纱布袋内。开花时，将花粉袋挂在竹竿上，在树冠上方顺风轻轻摇动，使花粉袋中的花粉均匀地散落在花朵的柱头上。

③鸡毛掸子授粉。当授粉树较多、但分布不均匀、主栽品种花量少时采用此法。具体做法是当主栽品种花朵开放时，用一根竹竿绑上软毛的鸡毛掸子，然后将鸡毛掸子在授粉树上滚动蘸取花粉，再移至主栽品种花朵上滚动。这样反复进行相互授粉。应用鸡毛掸子授粉时需要

注意阴雨、大风天不宜使用此法；主栽品种与授粉品种距离不能过远；鸡毛掸子蘸粉后，不要猛烈振动或急速摆动，以防花粉失落；授粉时要在全树上下、内外均匀进行。

④液体授粉。对于面积较大的果园，授粉时可采用液体授粉。细花粉 20～25 g、净水 10 L、白糖 500 g，尿素 30 g，硼砂 10 g，将白糖、尿素、水混合均匀，再加入干花粉调匀，喷之前加入硼砂。在全树花朵开放 60%以上时，用喷雾器向柱头上喷布。注意花粉水悬浮液要随配随用，不可久放，否则，会因花粉萌发而失效。喷布时离花宜近，要快速周到，喷布均匀。为节省花粉液，最好用超低容量喷雾剂。一般大树喷花粉液 100～150 g，喷布 5～6 h 后，要用清水清洗喷头，以免糖液堵塞喷头，影响工作。

⑤机器授粉。将细花粉中加入 10～15 倍滑石粉，混合均匀后放入花粉机内，在盛花初期向柱头上喷撒。

3.果园放蜂

果园放蜂是以蜂类为携带花粉的媒介，在蜂类采蜜过程中完成果树不同品种间互相授粉的技术措施，适用于授粉树占全园 20%以上、配置又较均匀的果园。花期放蜂可以大大提高授粉工效，解决人工授粉需要大量劳动力的问题，同时可避免人工授粉时间掌握不准，对树梢及内膛操作不便等弊端。另外，还可以提高坐果率、增大果个，减少偏斜果率，并增强花期抗性。果园放蜂多采用人工饲养的商业蜜蜂或专用的壁蜂。

(1)蜜蜂授粉　开花前 3～5 d，将蜂箱放到果园以保证蜜蜂顺利适应果园环境，远飞传粉。一般每 0.3～0.5 hm^2 放一箱蜜蜂，蜂群之间距离以不超过 400 m 为宜，蜜蜂有效授粉范围为 40～80 m，可以使全园花朵充分授粉。利用蜜蜂授粉时需注意蜂种宜选用耐低温、抗逆性强的中华蜜蜂；果园放蜂期间，切忌喷施农药，以防蜜蜂中毒死亡；花期高温干燥时，果树的花朵柱头失水快，授粉期较短，宜增加 30%～50%的放蜂量。

(2)壁蜂传粉　壁蜂与蜜蜂相比具有出巢早，耐低温，访花速度快，工作效率高，授粉能力是普通蜜蜂的 70～80 倍，繁育、释放方便等特点。生产中常用的壁蜂有角额壁蜂、凹唇壁蜂、紫壁蜂等。壁蜂有效授粉范围为 40～60 m，日访花 4 000 朵，是蜜蜂的 80 倍。开始飞行的气温为 12～14 ℃，比蜜蜂低 4～5 ℃，一天采粉 10 h，一次性访花授粉的坐果率在 90%以上。壁蜂授粉在日本、美国及欧洲各地应用比较普遍。

①选择巢管。生产中常用的巢管有芦苇管、塑料管，也可用纸卷制成；一般管长 15～17 cm，管口内径 0.6～0.8 cm，要求一头带节，一头开口，如果用纸管，纸管一头用土封口。纸管还要涂上红、绿、黄、白不同的颜色，以利于壁蜂回巢时定位，混合后每 50 支一捆扎好备用。

②架设巢箱。用 30 cm×30 cm×25 cm 或 30 cm×25 cm×25 cm 的纸箱或木箱做巢箱，上下左右及后面封闭，留前方为放蜂口。开花前 5～10 d，选择避风向阳、开阔无遮蔽物的地方按 30～40 m 间距设置巢箱，巢箱越多，回收的壁蜂也越多。然后用支柱将巢箱架起，使箱底距离地面 40～45 cm，巢箱上覆盖塑料防雨，巢箱口朝南或朝南偏西，以利于壁蜂营巢；也可用砖砌成固定巢箱。巢箱放好后在支柱近地面处往上刷一圈约 5 cm 宽的机油，用来防止蚂蚁等昆虫影响壁蜂的繁殖。

③设置巢箱土坑。在巢箱前 1.5～2 m 处挖一个长宽各 1 m，深 40～50 cm 的土坑，内铺塑料布，放入黏土，加入适量水，以备壁蜂取土封巢使用。壁蜂活动期间，每天早晚向坑中加入适量清水，并在泥面上用直径 1 cm 的树枝随意扎一些小孔，以吸引壁蜂进入其中取土筑巢。同时做好防虫防雨工作，并消灭在壁蜂巢箱附近的土蜂。

④释放壁蜂。开花前将巢管放入巢箱中，每个果箱内放 6～8 捆巢管，分为两层，管口朝外，两层间和顶层各放一个硬纸板，以固定巢管。放蜂期间，一般不要移动蜂箱及巢管，以免影响壁蜂授粉、繁蜂。

⑤放蜂时间。放蜂时间不能过早或过晚。过早，成蜂提前脱茧，花还未开放，导致壁蜂觅食飞散；过晚，壁蜂出来时，果树盛花期已过，不能发挥授粉的作用，也不能多回收壁蜂。一般蜂茧放入田间以后，7～10 d 可全部出巢，因此可在开花前 7～10 d 放出蜂茧。为了给提早出巢的壁蜂提供蜜源，可在蜂巢附近种植 1 m^2 的越冬油菜或春栽打籽的白菜。

⑥放蜂数量。一般根据果园面积、树种和历年结果状况决定放蜂的数量。盛果期苹果树每 667 m^2 放蜂 200～300 只，梨、桃每 667 m^2 放 260～300 头蜂茧，樱桃、杏和李开花早的树种，放蜂量要大些，每 667 m^2 放 300～500 头蜂茧。

⑦放蜂方法。一般采用多茧释放法，将蜂茧放在一个宽扁的小纸盒内，四周戳有多个直径 0.7 cm 的孔洞，供蜂爬出。

⑧收回巢管。5 月底至 6 月初收回田间巢管，剔除空巢管后，把有蜂的巢管放入纱布袋中。另有部分尚未封闭巢管管口的，可用棉球堵住，同时将蜘蛛、蚂蚁逐出巢管。然后将这些巢管也放入纱布袋中，吊在不放粮食和杂物的通风、清洁的房间内，以防米蛾、谷盗、粉螨等粮食害虫的侵害。

4.挂罐与振花枝授粉

挂罐是对缺乏授粉品种或虽有授粉树但当年授粉树开花很少以及授粉品种与主栽品种花期不遇的一种补救办法，适合在小面积果园和庭院果树上采用。具体做法是于授粉品种铃铛花期采集花枝插在水罐中，挂在需要授粉的树上。挂罐后，若传粉昆虫较多，开花期天气晴朗，一般有较好的授粉效果，但应经常调换挂罐位置以达到授粉均匀。为了经济利用花粉，挂罐可与振花枝结合进行。剪来的花枝，绑在长约 3 m 的长竿顶端，高举花枝，伸到树膛内或树冠上，轻轻敲打长竿，将花粉振落飞散，振后再插入水罐内，挂在需要授粉的树上。

5.喷施微量元素肥料

在果树生长健壮、主要矿质营养供给良好的情况下，增施微量元素肥料，对促进坐果有明显的作用，特别是对某些微量元素缺乏的园地，效果更佳。

(1)喷施微肥种类　硼能够促进花粉粒萌发和花粉管伸长，如苹果、梨、甜樱桃、桃、山楂等果树，盛花期前后喷 2～3 次 0.3%左右的硼砂溶液加 0.3%的尿素液，对提高坐果率效果明显。此外，钼对坐果也有重要作用。有研究报道，富士苹果、巨峰葡萄盛花期和幼果期喷洒 0.2%～0.8%的钼酸钠，也具有提高坐果率，促进果实膨大的作用。喷施稀土微肥，也可提高果树坐果率。

(2)注意事项　花期叶面喷施微肥时，需注意以下几点：①肥料质量与浓度适宜，花期叶面喷肥，注意选择优质精品肥，否则或是起不到应有作用，或是产生药害。此外，肥料的浓度要合适，单种肥料适宜的浓度多为 0.3%左右，如果多喷几种，总浓度一般宜为 1%；②喷施时间要适宜。为了避免药害、利于叶片吸收，喷施时气温高于 25 ℃时，宜在上午 10 时前、下午 4 时后喷施，如气温低于 22 ℃，宜在中午前后喷施，更利于果树吸收，效果会更好。③喷雾器械忌选用高压喷雾和喷枪，避免冲击压力过大，导致花器受损，注意选择直径 0.3 mm 细孔眼的喷头，以使雾点变细；此外喷头距花果的距离不小于 20 cm。④叶面喷肥和液体授粉相结合。在花期如遇风大、气候干燥的天气时，喷适宜的粉肥混合液，更有利于提高坐果率，喷时宜选用小喷雾器点喷花的柱头。

6.喷布植物生长调节剂

花期正确应用植物生长调节剂，可以明显提高果树的坐果率。如枣盛花初期喷 10～15 mg/L 的赤霉素，山楂盛花期喷 50 mg/L 的赤霉素可促进坐果。金冠苹果盛花期喷布 25 mg/L 的赤霉素，其坐果率比对照提高 89%；落果后 3 d 对金冠苹果喷布 500 mg/L 的细胞分裂素，可使其坐果率提高 16%。

7.花期夏剪

通过摘心、环剥、环割和疏花等措施调节树体内养分转向开花，使有限的养分有限输送到子房或幼果中，可促进坐果。

(1)摘心　当苹果、梨等果树的果台副梢长到 10～15 cm 时，对其进行摘心能控制其旺长，减少其对幼果争夺营养的能力，有利于坐果。据报道，4 年生密植金冠苹果早期摘心比对照提高坐果率 1.3 倍。

(2)环剥或环割　花期环剥或环割可阻碍剥口以上的光合产物向下运输，增加幼果的营养水平，可显著提高坐果率，在枣、苹果、柿等果树中应用较多。环剥或环割主要用在初结果树和生长偏弱的树上。

除以上技术措施外，采取相应措施预防花期自然灾害也是保证果树坐果的重要方面。

二、疏花疏果技术

(一)疏花疏果的作用

在果树花量过大、坐果过多、负载量过大时，正确运用疏花疏果技术，控制坐果数量，使树体合理负担，是调节大小年和提高果实品质的重要措施。

1.使树体连年丰产稳产

树体的花芽分化和果实发育往往是同时进行的，当营养条件充足或花果负载量适当时，既可保证果实肥大，也可促进花芽分化；而养分不足或花果过多时，养分的供应与消耗之间产生矛盾，过多的果实就会抑制花芽分化，削弱树势而出现大小年现象。因此，进行合理的疏花疏果是调节生长与结果之间的关系，达到连年丰产稳产的必要措施。

2.提高坐果率及果实品质

疏花疏果主要减少了养分的无效消耗，减少了由于养分竞争而出现的幼果自疏现象，并且减少了无效花，增加了有效花比例，从而可以提高坐果率；疏果时，由于减少了结果数量，可使留下的果实肥大，整齐度增加。此外，疏果时疏掉病虫果、畸形果和小果，提高了好果率。

3.促使树体健壮

开花坐果过多，消耗了树体储藏的营养，叶果比变小，树体营养的制造状况和积累水平下降，影响次年生长。疏去多余花果，可提高树体的营养水平，有利于枝、叶和根系生长，使树势健壮。

(二)疏花技术

1.疏花前调查

疏花比疏果更能节省养分，更有利于坐果及形成花芽和提高产量。但在冬季气温较低的北方地区，由于果树的花器，特别是雌蕊容易受到冻害，因此，疏花前一定要调查花器是否受到冻害，以防花留的不够而导致减产。检查受冻的方法，是疏花前在全园随机布点，取下整个花序进行抽查，摘除整个花序的所有花蕾的花瓣，观察有无雌蕊。仁果类果树未受害的花蕾中心有鲜绿色的5个柱头，核果类果树未受害的花蕾中必有一个鲜绿色的柱头，若花器受冻，花蕾的中央会变成黑色的空腔。然后根据调查的花序受冻率和花朵受冻率情况决定是否采取疏花措施以及疏花的程度。

2.疏花

(1)仁果类果树疏花　苹果、梨等仁果类果树疏花的时期在花序分离期至盛花期，其中最好是花序分离前期。山楂一般在花序出现后进行，愈早愈好。疏花时可用疏果剪剪去花序上的全部花蕾，保留果台上的叶片，所留花序的数量与部位根据将来的留果要求而定，一般每留一个花序就能确保该部位坐一个理想的果实。

(2)核果类果树疏花　核果类果树，如桃、杏等，由于花芽数量较大，人工疏花技术应用的较少。近年来，随着观光采摘果园的发展，市场对果品质量要求不断提高，在管理水平较高的果园已开始在桃、杏等核果类果树上应用花前疏花蕾技术。具体方法是先结合冬剪疏除一部分多余的花束状果枝，再在花蕾开始膨大期至开花前对长、中、短果枝进行疏花蕾，留花掌握的原则一般是要求留果的1.5～2.0倍。

(3)葡萄疏花　葡萄一般在开花前进行疏花，主要是用疏果剪或用手把过密的花序整序疏除，对于留下的花序，要用手掐去副穗和小穗尖，以保证果穗大小、形状均匀一致。

(4)核桃疏花　核桃疏花主要针对雄花序进行。当雄花序伸长后，用带钩的木杆钩或人工用手掰除过多的雄花序。

疏花时，应先疏除生长弱、花小或果台叶片少而小的劣质花；先疏串花枝、花序密集枝。花仍然多时，再疏除多余的花。具体疏花时先疏树上，再疏树下；先疏冠内，再疏外围。一个主枝上，基部的梢头适当重疏，中部适当多留。在枝组上，要留前头、疏后头，以备回缩。一个花序内，苹果疏边花，留中心花；梨留基部先开的花，疏上部花朵。

(三)疏果技术

1.确定负载量的方法

合理负载量的确定方法因树种、品种、树势、树龄、管理水平和气候条件而不同。如苹果、梨等，常用树冠大小、树干粗度、叶芽与花芽比例等确定负载量；桃、杏、李、樱桃等按树体及结果枝的粗壮程度等确定负载量；葡萄则根据植株的密度、架面的大小、品种结实特性等确定芽眼量；板栗、核桃、柿等根据树冠大小和结果母枝确定负载量等。确定负载量不仅要考虑树体本身，还应考虑栽培条件。如富士优质丰产园每667 m^2 产量一般掌握在2 000～3 000 kg，最多不超过4 000 kg；单果重250～350 g，按单果重300 g计，为7 000～10 000个果。

产量质量目标确定后再落实到各个单株。各单株适宜留果标准的参考指标主要有干周法、叶果比和枝果比法、果实间距法、以枝定果法等。

(1)干周法　主要应用于苹果的疏果实践中，具体根据果树的干周来确定果树留果量。此法通过测量树干距地面20～30 cm处的周长，用下列公式计算单株留果量。

$$Y=0.25C^2\pm0.125C$$

式中：Y为负载量(kg)；C为主干周长(cm)；0.125为调整系数，壮树增加，弱树减少，一般树不加不减。具体应用时，先量出主干周长，代入上式中，即可计算出株产，再按平均单果重就可以计算出留果数量。

(2)叶果法　叶果法是指利用果树上叶片的总数与果实个数的比值来确定负载量的方法。用叶果比法表示时注意一般乔化砧、大果型品种叶果比较大，中小果型品种可适当减少，矮化砧或短枝型品种叶片光合能力弱，叶果比应适当加大。例如，苹果乔化砧一般30～40个叶片留一个果；矮化砧一般20～30个叶片留一个果；盛果期鸭梨的叶果比为15∶1，温州蜜柑为(20～25)∶1。

(3)枝果比法　枝果比法就是利用果树上各类一年生枝条的数量和果实总个数的比值来确定负载量的方法。枝果比通常有两种表示方法，一是修剪后留枝量与留果量的比值，另一种是结果当年新梢量与留果量的比值，又叫梢果比。枝果比一般比梢果比小1/3～1/4。

叶果比和枝果比法是苹果、梨等果树确定留果量的重要参考指标之一，因树种、品种、砧木、树势以及立地条件和管理水平不同而异，在确定留果量时应综合考虑，灵活运用。

表4-3为苹果、梨不同品种的叶果比和枝果比的参照。

表4-3　苹果、梨不同品种的叶果比和枝果比的参照

树种	果实类型	代表品种	叶果比	枝果比
苹果	大型果	红星、富士	(40～45):1	(5～6):1
	中型果	新乔纳金、红津轻	(30～40):1	(4～5):1
	小型果	小国光	(20～30):1	(3～4):1
梨	大型果	黄金、圆黄、新高	(35～45):1	(5～6):1
	中型果	鸭梨、蜜梨	(30～35):1	(4～5):1
	小型果	南果梨、京白梨	(20～30):1	(3～4):1

(4)果实间距法　果实间距法是在按单位面积确定留果数及分株负担的前提下，按照一定距离留果的方法，多在苹果、梨、桃、李等果树上应用。此法的最大优点是直观、便于掌握。根据树种、品种、树势和栽培条件，确定留果距离和留果量。如苹果、梨壮树壮枝间距小些，一般20 cm左右；弱树弱枝间距大些，一般25 cm左右。每花序应以留单果为主，坐果分布不均匀的，在果少处可留双果，小型果品种以留双果为主。苹果乔化砧中型果品种为15～25 cm，小型果为20～30 cm，苹果矮化中间砧及短枝型果树的中型果品种为15～25 cm，小型果为20～30 cm；桃树留果间距为10～15 cm；李树大型果留果间距为10～15 cm，中型果品种为7～8 cm，小型果为4～5 cm。

2.疏果的时间和次数

不同树种疏果时间及次数略有不同。苹果、梨等仁果类果树疏果一般分两次进行较好。第一次在子房膨大时，即落花后1～2周进行，叫"间果"；第二次在生理落果以后，即落花后1个月左右进行，叫"定果"；葡萄疏果时间在花后2～4周进行；核果类果树疏果一般在硬核期结束，愈早愈好。一般强树、壮枝多留，弱树、弱枝少留；树冠中下部多留，上部及外围少留。

3.疏果方法

疏果的方法有人工疏果和化学疏果两种。人工疏果最大优点是可以做到因树、因枝定果，留好果。疏果时先疏掉僵果、小果、畸形果、并生果、病虫果、伤果、果枝基部果，后疏过密果，多留侧生和向下的果实。疏果的方法由上而下、由内向外，以防止漏疏或将留下的果碰掉。化学疏果具有疏除速度快、节省劳力、降低成本等优点，在国外应用较多，欧美各国已作为果园常规技术措施之一。但由于不同树种、品种对药剂及使用浓度敏感程度差异较大，应用效果不太稳定，因此，必须先做试验方可用于生产。

三、果实套袋技术

果实套袋是在果实发育期将果实套上专用果袋以保护果实、改善色泽和光洁度、减少果面污染和农药残留、提高果实外观品质的一项技术措施。目前，果实套袋已经成为果园常规的生产技术，广泛应用于苹果、梨、桃、葡萄、荔枝等。

(一)选择果袋

1.果实套袋的作用

果实套袋能够减少果实叶绿素形成，促进花青素和胡萝卜素形成，提高果实的着色速度和着色程度，从而使果面颜色美观。绿色苹果、梨套袋可使果面干净、细嫩、果点浅而小。果实套袋后还可以防止果锈和裂果产生，降低农药污染和病虫为害，减轻机械伤害，延长果实的贮藏期，从而提高各种果品的优质果率和经济效益。

2.果袋的种类

果袋的种类很多，按袋体的层数分，可分为单层袋、双层袋和三层袋；按大小分，可分为大袋和小袋；按捆扎丝的位置分，果袋有横丝袋和纵丝袋；按涂布药剂的种类分，有防虫袋、杀菌袋、防虫杀菌袋；按袋口的形状分，有平口袋、凹形袋和“V”字形口袋等；按袋体原料分，有纸袋和塑膜袋。

目前，生产中应用较多的为纸袋。双层纸袋一般比单层纸袋遮光性强，但成本也较高，一般为单层纸袋的两倍左右。三层纸袋使果实的着色及光洁度等效果更佳，但成本更高。塑膜袋价格低廉，一般用于综合管理水平低以及非优生区的果园。

单层纸袋一般用纯木浆纸加工而成，表面涂有一层石蜡，淡黄色，韧性强，抗淋洗，不易破碎。单层袋多用于较易着色的红色品种，如苹果中元帅系短枝型品种、新乔纳金、红津轻和绿色苹果品种等。红色品种用单层袋时应选用内黑外灰的纸袋。

双层纸袋一般外层袋外面为灰、绿等颜色，里面为黑色；内层袋涂有石蜡，为红色。双层袋多用于难着色的品种或不利果实着色的地区。套双层袋的优点是果实着色好，缺点是袋内温度高，容易导致幼果膨大期推迟，摘袋后果实易发生日灼，且套袋果实的可溶性固形物含量稍低。

3.果袋质量的鉴别

果袋质量好是套袋成功的前提，选购果袋时应从以下几个方面鉴别纸袋的质量：①果袋抗湿强度要大。果袋外层浸入水中 1～2 h 后，双手均匀用力向外轻拉，柔韧性强。②外袋疏水性要好。在外袋上倒水后能很快流走，且不沾水或基本上不沾水。③规格符合要求。双层纸袋的外袋一般宽 14.5～15.0 cm，长 17.5～19.0 cm，内袋长 16.5～18.0 cm。④外观规范，袋面平展，黏合部位涂胶均匀，不易开胶。⑤透气性好，袋底要有透气孔。⑥内袋涂蜡要均匀，可在太阳光下观察蜡质层的薄厚及均匀度。⑦袋口必须有缺口，袋口一侧有铁丝。

(二)确定套袋时期

多数果树在定果后进行套袋，也可在主要病虫害发生前进行。但不同树种、品种，不同目的套袋的时间应有所不同。

1.仁果类果树

苹果套袋时，红绿色品种，如金冠、金矮生、王林落花后 10 d 套袋，黄绿色品种和早、中熟品种在谢花后 10～15 d 进行；生理落果严重的红星、乔纳金等品种，可以在生理落果后进行；晚熟红色品种在花后 35～40 d 完成；降雨量多，阴雨天多的年份应在 6 月 25—30 日进行，避免发生黑点病、日灼等；对于金冠等容易产生果锈的品种最好进行二次套袋。

梨品种不同套袋时间也不同，如不易产生水锈的白梨、砀山酥梨等和秋子梨系统的南果梨、京白梨等以及砂梨系统的褐色品种，一般在生理落果后进行；黄金梨等一些黄色的砂梨品种，为确保果点浅小，一般应用二次套袋的方法，套小袋应在生理落果前完成，套大袋可推迟到果实迅速生长期之前；对于一些易产生水锈的梨品种，如雪花梨、新世纪等套袋时间可适当向后推迟。

2.核果类果树

桃、李、杏等核果类果树，由于生理落果严重，套袋的时间必须在生理落果后进行。

3.浆果类果树

葡萄套袋应在落花后及早进行。

套袋的适宜时期确定后，还应掌握一天中套袋的具体适宜时间。一般情况下，自早晨露水干后到傍晚都可以进行，但在天气晴朗、温度较高和太阳光较强的情况下，以 8 时 30 分至 11 时 30 分和 14 时 30 分至 17 时 30 分为宜，这样可以提高袋内温度，促进幼果发育，并能有效防止日灼。

(三)套袋

1.套袋前准备

果实套袋前要均匀细致地喷布一次杀虫杀菌剂，这是套袋成败的关键环节，以保证不将害虫套到袋内。喷出的药液要细而均匀，但不能喷洒污染果面的波尔多液等。套袋前，将整捆果袋放于潮湿处，用单层报纸包住，在湿土中埋放，或于袋口处喷少许水，使之返潮、柔韧，以便使用。

2.套袋

对于果柄较长的梨、葡萄，果实选定后，首先除去附在果实表面的花瓣及其他杂物，然后撑开袋口，托起袋底，使两底角的通气放水孔张开，使袋体膨起。手执袋口下方 2～3 cm 处，套上果实后，从中间向两侧依次按“折扇”的方式折叠袋口，然后将捆扎丝翻转 90°，沿袋口旋转一周，扎紧袋口。果实在袋内悬空，以防止袋体摩擦果面。套袋人员不要用力触摸果面，幼果入袋时，可手执果柄操作，防止人为造成果面出现“虎皮”。

对于果柄较短的苹果，由于果袋袋体上方的中间有一竖切口，果实选定后，将果柄放入切口内，使带捆扎丝的一端在右侧，以果柄为分界线，将右手处带有捆扎丝的一端向左旋转 90°，使捆扎丝与左边的袋口重叠，捆扎丝在内，然后在袋口的 0.5～1 cm 处平行向内折叠，使无丝一端的带口压住捆扎丝，再将折叠后的袋口连同捆扎丝在无丝端的 2 cm 处向外呈 45°折叠，压紧纸袋即可。

对于果柄极短的核果类品种，由于果袋袋体上方的中间有一半圆形切口，果实置于袋内后，将半圆形切口套住果实所着生的结果枝，扎紧袋口即可。

(四)除袋

1.确定除袋时间

适时摘除果袋也是果实套袋的关键技术之一，应根据树种、品种及果袋类型，选择适宜的除袋时间。苹果黄绿色种、金冠等于采果前5～7 d去袋。对于需着色的树种，一般早、中熟品种在采收前10～20 d除袋，晚熟品种在采收前15～30 d除袋；不着色品种一般带袋采收。去袋过早，果实暴露时间过长，果皮易变粗糙，色泽较暗；去袋过晚，着色期短，虽果皮细嫩，色泽新鲜，但色调较淡，贮藏期容易褪色。除袋时应避开光线强烈的中午，一般上午解除树冠东、北部的袋，下午解除树冠西、南部的袋。

2.除袋方法

果袋类型不同，除袋方法也有所不同。对于内袋为红色的双层纸袋，除袋时可先去外袋，过5～7 d后再除去内袋，具体时间在每天的10时至16时进行；内袋为黑色的双层纸袋，除袋时先将外袋底口撕开，取出内袋，使外袋呈伞状罩于果实上，6～7 d后，再摘除外袋；摘除单层袋和内外层连体双层袋时，先在12时前或16时后撕开袋体底部，呈一伞形罩于果实上，或背光面撕破通风，4～6 d后再将纸袋全部摘除。

四、果实增色技术

(一)影响果实色泽形成的因素

果实的色泽形成主要与色素有关。影响果实色泽的色素主要有叶绿素、类胡萝卜素和花青素等。其中花青素是水溶性色素，主要存在于细胞质或细胞液中，当pH低时呈红色，高时呈蓝紫色。随果实成熟，果实中叶绿素减退，花青素增多，果实体现品种固有的色泽。

色素的形成与糖分、光照、紫外线、温度、生长调节剂及矿质元素等有关。花青素来源于糖，因此果实的糖分积累可促进着色；光照和紫外线均能促进花青素和类胡萝卜素的合成，因此山区、高原地区以及光照充足的地方，果实着色就好；温度，尤其是较大的昼夜温差，有利于果实糖分和花青素的积累，可促进果实着色；植物生长调节剂中乙烯利能促进花青素和类胡萝卜素的合成，因此有利于果实着色，而赤霉素和细胞分裂素会延缓果实的叶绿素消失、抑制其他色素的积累。果实表皮花青素含量与根际速效钾含量和有机质的含量呈显著正相关，因此在一定范围内，钾含量和有机质含量越高，果实着色就越好。而土壤和叶片中氮素过多会影响果实着色。

(二)果实增色技术

1.摘叶

摘叶是在果实着色期摘除对果实较严重遮光的叶片。摘叶对象是树冠上部和外围果实周围5～10 cm以内的遮光叶和部分老叶以及树冠内膛、下部果实周围10～20 cm范围的遮光叶和部分老叶。摘叶可以改善通风透光条件，促进果实着色和提高内在品质；叶片过密的植株，适当摘叶还有利于促进树冠内膛和下部的花芽分化。在苹果、葡萄上应用较普遍，已成为优质红色果品生产技术的重要环节。

摘叶在果实着色期分两次进行，第一次在果实开始着色期，即套袋果在去袋后，首先摘除贴果叶、果台基部叶；第二次间隔10 d，摘除部分中、长枝下部叶片。摘叶量一般控制在总叶量的10%～30%。摘叶前要保留叶柄，通过摘叶，树冠透光率明显增加，一般可增加着色面

15%。摘叶量过少，增色效果不佳；摘叶量过多，虽然全红果率增高，但果色不够浓红和鲜艳，还会降低可溶性固形物含量，影响花芽分化。

2.转果

转果是将果实的阴面轻轻地转向阳面，实现果实均匀着色的技术措施。在正常的光照条件下，果实的阳面着色较好，阴面着色较差，通过转果，可以改变果实自然着生的阴阳位置，增加阴面受光时间，达到全面着色的目的。通过转果，可以使果实着色达到 20%。转果时间一般是在除袋后 15 d 左右进行，转果的方法是用左手捏住果梗基部，右手握住果实轻轻将阴面转到阳面。必要时可夹靠在树杈处，以防回位，如转动的果实缺乏依托，可以用透明胶布加以固定或通过转枝或吊枝起到转果的作用。转果后如有少部分仍未着色或着色太差，可相隔 4～5 d 再次转果。一天中最好选在下午 4 时后转果，切忌在晴天中午高温下转果，以免发生日灼。

3.铺反光膜

果实开始着色时在果树行间或株间铺设反光膜，利用其反射光以改善树冠内膛和下部光照条件，促进果实全面着色。同时反光膜还可以促进果实内淀粉的转化，含糖量明显提高，果实风味变浓。树冠下部花芽数量增加，花芽质量提高。

铺膜时间一般在果实着色前期，即开始着色到采收；套袋栽培时，除袋后铺膜。铺膜前要清理树冠下的枝条和杂草，然后在树冠下主干两侧顺行方向每边各铺一幅反光膜，铺膜时把膜拉紧拉平，边缘用石头或装有土的塑料袋压实。一般每 667 m^2 铺膜 300～400 m^2。铺膜期间要经常打扫膜上的树叶和尘土，保持膜干净，提高反光效果。反光膜使用寿命一般 3～5 年，因此，果实采收前将反光膜收起，洗净晾干，妥善保管，翌年可再用。铺反光膜的果园应做好相应的配套措施，即调整树体结构，剪除树冠内的徒长枝、剪口枝和树冠内遮光的强旺枝，疏剪外围的竞争枝，从而减少枝量，使生长季树冠下有 20%～30%的透光量，并配合进行剪梢、疏梢等。

4.喷肥增色

果实着色期间应控制氮肥用量，增施磷、钾肥。对于桃、苹果、葡萄等树种的红色品种，可在果实着色期，每相隔 10～15 d 喷施 0.4%～0.5%的磷酸二氢钾或 0.3%～0.5%的硫酸钾等，连续喷施 2～3 次，对于促进果实膨大，提高果实的着色度均有很好的作用。

5.其他增色措施

目前可以使用一些果实增色剂和增产菌，如 TL 型着色剂、氨基酸复合微肥、光合微肥、土微肥、增产菌等，提高果实的着色程度。如龙口市果树站报道，在苹果、梨、葡萄等果园应用增产菌，全年共喷 6 次，每 667 m^2 成龄果园每次喷 50 g，每次间隔 25～30 d，富士苹果喷后比对照提早着色 5～7 d，红果率增加 18.9%。

五、果实采收及采后处理技术

(一)果实成熟度

1.果实成熟度的类型

果实成熟是指所包含的种子具有了完善的繁殖后代的能力，果实的果皮和果肉色、形、香、味都有了充分发育。成熟度，是指这些性状的发育程度。按照果实成熟的情况和用途分为可采成熟度、食用成熟度、生理成熟度。

(1)可采成熟度　可采成熟度指果实的大小已经定形，但其应有的风味和香气尚未充分地表现出来，肉质硬，适于贮运、罐藏、果脯蜜饯加工。一般需要长期贮藏、远地销售的果实在此期采收。

(2)食用成熟度　食用成熟度指果实已经成熟，并表现出其应有的色、香、味，内部化学成分和营养价值已达到该品种指标，风味最好。这一成熟度采收，适于就地销售、制汁、制酱和制酒。短期贮运和在当地销售的果实宜在此期采收，

(3)生理成熟度　生理成熟度指果实在生理上已达到充分成熟，果实肉质松绵，种子充分成熟。此时果实化学成分的水解作用加强，风味淡，营养价值降低，适于采种。采集种子或以种子为食用部位的板栗、核桃等干果，需在此期采收。

2.果实成熟度的确定

由于果树的种类很多，各个品种的生理特性各不相同，采收后的用途也各不相同，所以对采收成熟度的要求很难一致，所以没有统一的标准，生产上可以利用果实含糖量、果皮的色泽、果肉的硬度、果实生长日数、离层的形成等来判断果实的成熟度。

(1)果实含糖量　与成熟有关的化学物质有淀粉、糖、有机酸、可溶性固形物等。随着果实的不断成熟，果实内部的有机酸分解或形成糖，果实由酸变甜，果实内部的可溶性固形物含量增加，其含量高标志着含糖量高，成熟度高。

(2)果皮的色泽　许多果实在成熟时都显示出它们固有的果皮颜色，因此，果皮的颜色可作为判断果实成熟度的重要标志之一。判断果实成熟度的色泽指标是以果面底色和彩色变化为依据的，不同种类、品种间有较大差异。绿色品种主要表现为底色由深绿色变浅绿色再变为黄色，即达成熟；红色果实则以果面红色的着色状况作为果实成熟度重要指标之一。

(3)果实的硬度　果实的硬度是指果肉抗压能力的强弱，抗压力越强，果实的硬度就越大。一般随着成熟度的提高，原来不溶的原果胶变成可溶性果胶，硬度会逐渐下降。因此，根据果实的硬度可判断果实的成熟度。果实硬度的测定通常用硬度计，如金冠苹果硬度为 7.7 kg/cm 以上，国光苹果硬度为 9.1 kg/cm 以上，鸭梨硬度为 7.2～7.7 kg/cm。此外，桃、李、杏的成熟度与硬度的关系也十分密切。

(4)果实生长日数　在同一环境条件下，各品种从盛花到果实成熟各有一定的生长日数范围，可作为确定采收期的参考，但也要根据各地气候变化、肥水管理及树势旺衰等条件决定。例如苹果的早熟品种盛花后 100 天左右成熟，中熟品种 100～140 天成熟，晚熟品种 140～170 天成熟。

(5)果实脱落难易度　核果类和仁果类果实成熟时，果柄和果枝间形成离层，稍加触动果实即可脱落，可由此判断成熟度。但有些果实，萼片与果实之间离层的形成比成熟期迟，则不宜用离层作为判断成熟的标志。

(二)果实采收期

采收是水果生产中的最后一个环节，也是贮藏加工开始的第一个环节。如果采收不当，不仅降低产量，而且直接影响到果品品质，因此要适时采收。

1.鲜销果品

鲜销果品采收适期是在正确判断果实成熟的基础上，根据果实采收后去向、果品特性和处理方式等确定。如采收后直接就近上市，可在充分成熟时采收；采收后要长期贮藏、远程运输需要后熟的，应适当早采。短期贮藏或为了减少虎皮病的发生，应适当晚采；山地的金冠以及

早熟苹果、梨品种，可适当晚采，以提高其贮藏性和食用品质。果品特性不同采收时期也不同，如桃、樱桃凡是肉软、易裂果品种，宜适当早采；果肉较硬、不易裂果的品种可待其充分成熟时再采收。

2.加工用果品

加工用果品要根据加工目标确定采收适期。一般制罐用的苹果可早采，制汁的葡萄、制干的枣应晚采。同株树上果实成熟度不同，应注意分期分批采收。

在全国的苹果、梨、桃、杏、葡萄等主产区，人们为了抢早，获取较高经济效益，目前普遍存在早采倾向，这是影响果品质量的重要问题。随着交通、贮藏条件的改善，应在果实充分发育成熟时采收。

(三)果实采收的方法

果树种类繁多，性状各异，采收方法多种多样，可概括为人工采收和机械采收两大类。

1.人工采收

人工采收是我国园艺产品采收的主要方法。鲜销的水果和长期贮藏的水果最好人工采收。人工采收便于精确地掌握成熟度，可以减少机械损伤，且便于边采边选、分期分批采收，同时能够符合一些种类的特殊要求，如苹果、梨的带柄采收，葡萄的带穗采收，草莓的带萼采收等。

(1)准备采收工具　采收工具的充足与否以及是否顺手，直接关系到采收时的劳动效率，必须予以重视。采收之前不仅要备足采收工具，而且要全面仔细检修，保证其完好无损。采收前需准备的工具有采果剪、采果篮、采果筐、采果袋、采果箱、采果梯、运输车等。采收柿子、葡萄等需要有特制的采果剪，圆头且刀口锋利，避免刺伤果实；采果篮用细柳条编制或钢板制成，篮底用帆布衬垫做成；采果袋用布做成；采果筐是用竹条或柳条编制的，要求轻便牢固；采果箱有木箱、纸箱、塑料箱等，一般以可装果品 10～15 kg 为宜。

(2)人工采收　采收方法应根据水果的种类决定，如葡萄的果柄与枝条不易脱离，需要用采果剪剪下果穗；柿子用采果器采收；板栗、扁桃、核桃、枣等用长杆击落；苹果和梨成熟时，其果梗和果枝间产生离层，可以直接用手采摘，采收时用手掌将果实向上一托，果实可自然脱落；桃、杏等果实成熟后果肉较嫩，为避免造成指痕，人工采摘时，应剪短指甲，小心用手掌托住果实，左右摇动使其脱落。对于果肉很软的草莓等浆果采收时要戴手套。

采收时间应选择晴朗的天气，要避免雨天和正午采收。采收时，要按照从下而上，由外而内顺序采摘。采收还要做到有计划性，成熟度不一致的树种、品种，要注意分期分批采收。根据市场销售及出口的需要决定采收期和采收数量。采收人员应事先进行技术培训，采收时要轻拿轻放，应防止一切机械伤害，如指甲伤、碰伤、擦伤、压伤等。为不使水果遭受损伤，采果用的筐或箱内部应衬垫蒲包、袋片等软物。采果和捡果时要轻拿轻放，尽量减少转换筐的次数，运输过程中要防止“挤、压、抛、碰、撞”，确保果实表面保护结构的完整。

2.机械采收

机械采收与人工采收相比，效率高，成本低，速度快，缺点是机械损伤较严重，通常只能进行一次性采收。机械采收主要适合果梗与果枝间易形成离层的果实，以及成熟期一致、机械作业方便的果品。机械采收主要方法有三种。

(1)振动法　强力振动机械目前在美国使用，此类机械可采收樱桃、苹果和李子。方法是，用一个器械夹住树干并振动，使果实落到收集帐上，再通过传递带装入果箱。

(2)台式机械　国外应用较为普遍,人站在台式机械上靠近果实采收,采收机械可自由移动,并配有果实转移机械。

(3)地面拾果机　用机器将落在地面上的果实拾起来,多用于核桃、山核桃、榛子等有硬果壳的果品。这种机器包括两个滚筒,前面的滚筒离地面 17～2.54 cm,顺时针转,后面的滚筒离地面 0.46～1.77 cm,逆时针转,两个滚筒同时转,将落地果子拾起,传送到收集器里。

(四)采后处理

果实从采收后到贮藏、销售、加工前还需要经过一系列的处理,如分级、预洗、预冷、打蜡、包装等,以提高其商品价值,获得较好的经济效益。

1.分级

(1)分级的作用　分级是对采后果品进行质量控制的手段,是根据商品规格要求,从果实的大小和外观品质等方面将采后果实分成不同等级的过程。分级的主要目的是使果品达到商品标准化,实现优质优价,满足不同用途的需要,减少浪费,减少病虫害传播,便于包装运输与贮藏,提高果品市场竞争力,有利于开展进出口贸易。

(2)分级的标准　具体的分级标准,因种类品种而异。我国一般是在果形、新鲜度、颜色、品质、病虫害和机械伤等方面符合要求的基础上,再进行大小分级。果实比较大的种类一般分三至四级,小型而柔软的果实,一般分为两级。如苹果,果实最大处直径为 65 mm 为一级;大于 60 mm,小于 65 mm 为二级;大于 55 mm,小于 60 mm 为三级;小于 55 mm 为四级。

(3)分级的方法　果实分级包括人工分级和机械分级。

人工分级要依靠工作人员的感觉器官,同时借助一些简单的分级器械,如分级板等对产品进行分级。分级板是长方形木板,上面有直径不同的圆孔,根据各种果实大小决定最小和最大孔径,每孔直径顺次增加 5 mm,分出各级果实,人工分级效率较低,不适于大规模商品性生产和销售。

机械分级一般是按果径大小进行形状选果或根据果实重量进行选果的分级法,主要包括果实大小分级机、果实重量分级机、光电分级机。果实大小分级机是用于蜜柑的选果机,它根据旋转摇动的类别分为滚动式、传动带式及链条传送带式三种。果实大小分级机具有构造简单、效率较高等优点,缺点是对于果皮不太耐磨的果实容易产生机械伤。但采用塑胶传递带的分级机,则无此缺点,可用于苹果等果实分级。果实重量分级机,是通过果实在传递带上运动,依重量不同分别落入不同的容器中,由此而分成不同等级。它适用于梨、柠檬、杧果等不正形的果实。一些发达国家近年应用光电分级机,对柑橘、苹果等果实进行分级。它可根据果色和重量等逐个确定等级,工作效率很高,可以在短时间内进行大量果实分级处理。

2.预洗

预洗是采用浸泡、冲洗、喷淋等方式水洗或用干或湿毛巾、毛刷等清除果品表面污物,减少病菌和农药残留,使果面清洁卫生,符合商品要求和卫生标准,提高商品价值的方法。洗涤水要干净卫生,水中还可加入适量去污剂、杀菌剂等。理想的洗果消毒剂,必须可溶于水,具有广谱性,且可以长时间保持活性;对果实无药害,不影响可食风味,对食用者无毒性残留;成本低廉。

(1)去污剂　0.5%～1.5%稀盐酸,常作为苹果、梨等果实的洗果剂,能溶解铅、砒,但不易去除油脂类污垢,而且对金属洗果机有腐蚀性;1%稀盐酸加 1%食盐,浸果 5～6 min,可以提高铅、砒的溶解度，并使果实在洗果机中浮于水面，便于洗果；0.1%高锰酸钾溶液或600 mg/L漂白粉，在常温下浸泡果实数分钟，再用清水洗去化学药品。

世界各国通用的柑橘洗果剂，配方为肥皂液1.5%、磷酸三钠0.5%、石油0.3%。上述混合水溶液煮热至45 ℃，浸洗果实1.5～3.0 min。通用的苹果、梨洗果剂配方为稀盐酸1%加石油1%，浸洗果实1～3 min。

(2)杀菌剂　普通常用的杀菌防病洗果剂主要有酸性洗果剂，如1%盐酸，对苹果、梨有防病作用；氧化溶液，如次氯酸钠3%，可以杀灭真菌；其他洗果剂，如3%～8%硼砂、5%月石洗涤剂、1.5%醋酸铜，均可保护伤口，杀灭细菌。

水洗后要及时进行干燥处理，除去表面水分，以免引起腐烂。干燥可用自然明干法，也可用脱水器或加热蒸发器进行脱水。应用果实套袋方法生产的果品，由于果面洁净，可以免去洗果环节。

3.打蜡

打蜡，也称涂膜，即对采后果品在其表面人工涂上一层薄而均匀的透明薄膜，多用于柑橘、苹果、梨、油桃、李子等。

(1)果实涂蜡的作用　涂蜡主要是作为美观措施，也用于短期贮运，其作用是减少果实水分的蒸发，防止果皮皱缩、延缓代谢、保持新鲜状态；增加果皮的光亮度，美化外观，提高商品价值；减少与空气接触，降低呼吸强度，保持果实硬度和品质；保护果实，防止微生物侵染，减少腐烂，提高贮藏寿命。

(2)涂蜡的种类　蜡的配方是用合成或天然的树脂，如甘蔗蜡、巴西棕榈蜡、热塑的萜烯树脂、植物油类、石油类、虫胶、松香等为原料，用三乙酸和油酸作为乳化剂，在配方中常加入适量的杀菌剂，以抵抗微生物侵袭。

(3)打蜡的方法　打蜡一般有人工打(喷)蜡和机械打(喷)蜡。国外一般使用机械打(喷)蜡，新型的喷蜡机大多与洗果、干燥、喷涂、分级、包装、装订成件、贮运等工序联合配套进行，功效1 100～1 500 kg/h。果实涂蜡的方法可分为浸涂法、刷涂法和喷涂法三种。浸涂法最简单，即将涂料配成适当浓度后，将果实浸入，蘸上一层薄薄的涂料，取出晾干；刷涂法系用细软毛刷蘸上涂料液，涂在果实上形成一层薄薄的蜡膜；喷涂法是果实在洗果机内通过干燥后，喷上一层均匀、极薄的蜡膜。

我国一般仍采用手工打蜡。大量处理时，用机械喷涂工效高，效果好。

使用涂料时应注意以下问题：涂料处理是水果采后一定期限内商品化处理的一种辅助措施，只能在短期贮藏、运输或上市前进行处理，以改善产品的外观品质；涂料本身必须安全无毒，无损于人体健康；涂料成本低，使用方法简便，材料易得，便于推广；涂膜时应厚薄均匀、适当。

4.预冷

果品采收后，采取一系列措施将果品的温度尽快降低到适于贮运低温的过程叫预冷。预冷的目的是在产品采收之后与贮运之前，降低果品的呼吸强度，散发田间热，降低果品温度至适于运输和贮藏的低温状态，以最大限度地保持其新鲜品质，提高其耐贮运性，减少果实中的维生素C、各种糖分和有机酸的损失，并保持其硬度；同时可减少果品入贮后制冷机械的能源消耗，缩小果品温度与库温的差别，防止结露现象的产生。

预冷的方式包括库房冷却、强制通风冷却、水冷却、冰冷却、真空冷却和运输过程冷却等。

5.包装

(1)包装的作用 包装可以保证产品安全运输和贮藏,减少产品间的摩擦、碰撞和挤压造成的机械损伤,还可以减少水分蒸发,维持果实的新鲜度,减少病虫害的蔓延,使水果在流通中保持良好的稳定性,从而提高果品的商品性。

(2)包装的要求 有利于保护果实的质量,防止机械损伤和果实挤压;便于操作,卫生无毒、不污染环境;实用美观、成本较低、能承受一定的压力,便于搬运和堆码;风格明显、具有吸引力,并符合国际包装要求;包装的大小依消费者的具体需求而定,一般大包装适于远距离运输,小包装适于零售。

(3)包装材料和包装箱 包装一般分为外包装和内包装。

外包装主要是抵抗来自外界的损害,使用材料主要有纸箱、塑料箱、果筐、木箱、泡沫箱等。目前常用的纸箱有两种,一种是用稻、麦草为原料,一种是用木材纤维为原料加工而成。冷藏、远途运输及出口者可用后者。果筐是我国传统的包装容器,成本低,但形状不规则;塑料箱,可以用多种合成材料制成,其中以较硬的高密度聚乙烯为材料的塑料箱,在满足新鲜果品流通要求方面具有较理想的技术特性;木箱美观度差,此种包装只适合于低档果品的包装;泡沫箱具有保温性能好和缓冲性能好等特点,较适合葡萄运输保鲜。

内包装用于防止包装容器内各个商品之间或商品与容器之间可能造成的相互碰撞。用于内包装的材料主要有垫纸、塑料网套或纤维素层等。

(4)包装 包装应在冷凉的环境条件下进行,避免风吹日晒和雨淋。外销果实包装较为严格,要求包裹纸大小一致,清洁、美观并包成一定形状,也可用泡沫塑料网袋包装。具体方法是先在箱底平放一层垫板,加上格套,把用纸或塑料网套包好的果实放入格套内,每格一果,放好一层后再放垫板、格套,继续装果至满。最后加垫板一块,封盖、粘严、捆好。在箱外用不易脱落的颜料写明品种、个数、产地、装箱员、发货单位等。

6.运输

果实包装后,需采用各种运输工具将果品从产地运到销售地或贮藏库。运输过程中要尽量做到快装、快运和快卸。不论利用何种运输工具,都应尽可能保持适宜的温度、湿度及通气条件,这对于保持果品的新鲜品质具有十分重要的意义。

(1)温度 温度是运输过程中的重要环境条件之一。低温运输对保持果实的品质及降低运输中的损耗十分重要。随着冷库的普及使用和运输工具性能的改进,国内在果品的运输流通过程中也逐渐实现了冷链流通。例如,加冰冷藏保温车、机械冷藏保温车、冷藏集装箱等,都为低温运输提供了便利。对于耐贮运的果品,预冷后采用普通保温运输工具可进行中、短途运输,也能达到同样的效果。但对于秋冬季节,南方果品向北方调运时,要注意加热保暖,以防果品冻伤。

(2)湿度 湿度在短途运输中对果实的影响极小,但如果是长距离运输或运输所需时间较长时,就必须考虑湿度的影响。果实由于有良好的内、外包装,在运输途中因失水造成品质下降的可能性不大,但要注意因温度控制不稳定而造成结露现象。

(3)气体成分 对于采用冷藏气调集装箱运输的方式和长距离运输,要注意气体成分的调节和控制。气体成分浓度的调节和控制可依据所运果实在气调贮藏时的相关要求和技术进行。对较耐二氧化碳的果实,可采用塑料薄膜袋的内包装方式,达到微气调的效果;对二氧化碳敏感的果实,应注意包装不能太严密或进行通风处理。

(4)防振处理　运输过程中剧烈的振动会造成新鲜果品的机械损伤，而机械损伤会促使水果产生乙烯，加快果品的成熟。同时，振动会使果品易受病原微生物的侵染，造成果品的腐烂。因此，在运输中应尽量避免剧烈的振动。

模块巩固

1.简要说明果树修剪的原则。

2.果树修剪的依据是什么？

3.简要说明果树冬季修剪的方法。

4.简要说明果树短截的方法及其反应。

5.简要说明有中心干树形主要包括哪几种树形。

6.简要说明无中心干树形主要包括哪几种树形。

7.简要说明果树枝组培养的方法。

8.简要说明果树土壤管理方法主要包括哪些内容。

9.简要说明果树基肥施肥的方法。

10.简要说明果树追肥的时期。

11.简要说明人工辅助授粉的方法。

12.简要说明果树合理负载的依据。

13.简要说明果实套袋前的准备工作。

14.简要说明果实除袋的时间和方法。

15.简要说明果树增色的方法。

16.简要说明果实成熟度的确定方法。

17.简要说明果实采收的方法。

18.简要说明果实分级的方法。

19.简要说明果实打蜡的作用及方法。

20.简要说明果实包装的要求。

模块五

仁果类果树栽培技术

【知识目标】

本模块主要讲授仁果类果树中的苹果、梨的生产概况、优良品种、生物学特性和栽培管理的基础知识。了解仁果类果树的生长结果习性及主要物候期，熟知生产技术流程。

【能力目标】

能够独立制定仁果类果树的周年管理、作业历；完成苹果、梨的栽培管理技术，并能够根据果树的物候期，开展主要的生产管理。

项目一　苹果

苹果与柑橘、葡萄和香蕉并称世界四大水果。苹果是落叶果树中主要的栽培树种之一，在世界五大洲都有栽培。全世界苹果年产量次于葡萄、柑橘和香蕉，居于第四位。我国苹果产量最多的省份是山东省，其次是河北省、陕西省。中国苹果的年产量和栽培面积均为世界第一。

苹果被称为水果之王，色、香、味俱全，含有人体健康所必需的多种营养物质，如糖、苹果酸、胡萝卜素、蛋白质、脂肪、钙、磷、铁等。苹果果实风味好，含水分 85%左右，总含糖量 10%～14.2%，苹果酸 0.38%～0.63%，可谓甜酸适口。除鲜食外，苹果还可以加工果酒、果汁、果脯、果干、果酱、蜜饯和罐头等。

苹果种类、品种较多，适应性强，分布地区广，成熟期从 6 月初开始至 11 月，且晚熟品种很耐贮运，故有利于市场周年供应。

一、苹果栽培概况

苹果原产欧洲中部、东南部，中亚和我国新疆。中国苹果即绵苹果，古称柰，在汉代就有记载，至少已有 2000 多年的栽培历史。

1.柰的栽培历史

柰最早见于西汉司马相如的《上林赋》(公元前 125 至前 118)中，“楟柰厚朴”。其中“柰”多数学者认为就是后来的绵苹果，即中国苹果的古称。据《西京杂记》(公元 3—4 世纪间)记载：当时“上林苑”中的各种果树，都是“初修上林苑时，群臣远方各献(的)名果异树……”其中有“柰三：白柰、紫柰、绿柰”。柰既然以名果贡献，则在原产地的栽培就必然更早了。公元 3 世纪 20 年代，曹植著有《请白柰表》和《谢赐柰表》；《史记・货殖列传》中曾记述当时内地已大面积生产的几种果树，但并没有提及柰。总之，根据汉代以来柰的名称与内涵的变化，反映了中国绵苹果也存在一个发展的过程。

2.西洋苹果栽培历史

19世纪中叶后，海禁开放，中西方果树资源交流更加频繁。苹果属果树也随之引入。

(1)早期苹果引进概述　早期引种苹果的途径是多方位的，其中以山东最早。据烟台的地方史志记载，1861年美国长老会成员约翰·倪维思受长老会派遣，由上海来山东登州(今蓬莱市)。因倪妻患病，1864年返美。1871年倪氏夫妇重返烟台时，带来西洋苹果、洋梨、美洲葡萄、欧洲李及甜樱桃等果树品种，在烟台毓璜顶东南山麓建园栽植，取名“广兴果园”。

(2)20世纪前半期苹果引种及生产概况　20世纪初，辽宁、山东苹果发展较快。1909年旅顺最大一处苹果园(后改为旅顺农场)中有国光96株、倭锦550株。日俄战争后，旅顺、大连的租借权转归日本后，1909年在熊岳建立苗圃(1913年改为农事试验场)，再从日本引进一些主栽品种，1910年引入红魁、祝光、旭和国光等；1914—1921年又引入玉霰等3个品种。

(3)苹果生产恢复时期　1950—1952年，国家采取了一系列政策，扶持农业生产，对果树生产发放无息贷款，减免果业税收，同时还在重点果区建立果树技术指导机构，通过供销社组织果品运销，提高果农收入，促进了果树业的复苏。在老苹果产区，残存的苹果老树迅速恢复了树势，主要病虫害得到有效防治，并开始组建第一批国营园艺场(其中北方以苹果为主)，因此，产量急速回升。

(4)20世纪五六十年代苹果业的兴起　从1953年起，中国农村互助合作运动兴起，大大地鼓舞了农民发展生产的积极性。1955年农业部提出了“以互助合作为中心，大力提高现有果树的产量和质量，有计划地积极向山区、荒山扩大垦辟新果园”，新建果园一律免征农业税，并相应改善购销工作，促进了苹果业的兴起。

(5)商品基地的建立与发展　苹果是我国的第一大水果。改革开放以来，我国苹果生产高速发展。从1985年起，由于苹果收回投资快，效益高，除广东、广西、湖南、海南及上海等五地不适于商品生产栽培外，其他地区都把发展苹果生产作为开发山区、脱贫致富或积累资金支持农业生产的重要手段，其中陕西省发展尤为突出，在渭北地区建立25个优质苹果基地县，秦冠、富士等品种占了绝对优势，产量也迅速上升。

二、我国苹果栽培现状

我国苹果生产发展迅速。我国是世界苹果第一生产大国，占世界苹果栽培面积和产量的40%和33%，在国际市场上占有举足轻重的地位。

陕西、山东、河北、河南、山东、甘肃是我国主要苹果产地。这些地区代表性的苹果品种有洛川富士、延川富士、天水花牛苹果、红星、万荣等。

渤海湾地区的辽宁、河北、山东，黄河故道地区的河南、苏北、皖北以及秦岭北麓，新疆伊犁地区，已成为我国苹果主要产区；南方的云、贵、川暖地高山地区已成为新苹果产区；西北黄土高原，包括山西、陕西、甘肃、宁夏等冷凉干旱地区，也已成为我国名优苹果新产区。

三、中国的四大主要苹果产区

1.渤海湾苹果产区

渤海湾产区包括胶东半岛、山东产区、辽宁产区、河北产区和北京、天津两市产区，是中国苹果栽培早、产量高、面积大、生产水平高的产区。

2.西北黄土高原产区

西北黄土高原产区包括陕西渭北地区、山西晋南和晋中、河南三门峡地区和甘肃的陇东地区。

3.黄河故道和秦岭北麓产区

黄河故道产区包括豫东、鲁西南、苏北和皖北。

4.西南冷凉高地产区

西南冷凉高地产区纬度低，包括四川阿坝、甘孜两个藏族自治州的川西地区，云南东北部的昭通、宣威地区，贵州西北部的威宁、毕节地区，西藏昌都以南和雅鲁藏布江中下游地带。

经过多年的发展，中国已成为世界最大的苹果生产国。据国家统计局数据，2020 年中国苹果产量为 4 406.6 万 t，同比增长 3.9%，占总水果产量的 15.4%；中国柑橘产量为 5 121.9 万 t，同比增长 11.7%，占总水果产量的 17.9%；中国梨产量为 1 781.5 万 t，同比增长 2.9%，占总水果产量的 6.2%。

1952 年苹果产量在全国果品中占有比重仅为 4.83%，到 2020 年则提高到 15%，成为各类果品之首，苹果在全国水果行业经济中占据着重要的地位。我国苹果的增长速度约相当于柑橘的 4 倍，葡萄的 5 倍，梨的 6.7 倍，是全国果品平均增长速度的近 10 倍。

2020 年中国苹果出口数量为 105.81 万 t，同比增长 8.9%；中国柑橘出口数量为 104.53 万 t，同比增长 3.1%；中国梨出口数量为 53.94 万 t，同比增长 14.7%；中国葡萄出口数量为 42.49 万 t，同比增长 15.9%；中国香蕉出口数量为 2.02 万 t，同比下降 18.7%。

四、主要种类和品种

（一）主要种类

苹果属于蔷薇科、苹果属植物。苹果属植物全世界有 35 种，起源于中国的共有 22 种、1 个亚种。其中用于栽培和砧木的主要种类有以下几种。

1.苹果

目前世界上栽培的苹果品种，绝大多数属于本种或本种与其他种的杂交种。我国原产的绵苹果属于本种。本种有许多变种，生产上有价值的有 3 个。

①道生苹果。矮生乔木或灌木，树高 5～6 m，枝干易生不定根。

②乐园苹果。本变种极矮化，高约 2 m，灌木型，可用分株、压条、扦插等方法繁殖。

③红肉苹果。特点是叶片、木质部、果肉和种子都有红色素。

2.山定子

又名山荆子，原产我国东北、华北、西北。乔木，果实重 1 g 左右，果柄细长。抗寒力极强，有的可耐 −50 ℃，但不耐盐碱，在 pH 7.5 以上的土壤易发生缺铁黄叶病，是北方寒冷地区常用的抗寒砧木。

3.海棠果

又名楸子、海红、林檎，西北、华北、东北均有分布。果实卵圆形，直径约 2 cm，黄色或红色。适应性强，抗旱、抗寒、耐涝、耐碱、抗苹果棉蚜，与苹果嫁接亲和力强，是生产上应用广泛的砧木。

4.西府海棠

又名小海棠果、子母海棠，东北、西北、华北均有分布。果实扁圆形，重约10 g。抗性较强，耐盐碱，较抗黄叶病，与苹果嫁接亲和力好，是北方应用最广泛的苹果砧木之一。耐盐碱的河北八棱海棠、耐涝的平顶海棠等均属于本种。

此外，生产上应用较多的砧木还有湖北海棠、甘肃海棠、花叶海棠、新疆野苹果等。

(二)主要品种

据资料介绍，世界上苹果品种有10 000多个，但在生产中作为经济栽培的品种只有100多个。因其国度、区域生态条件、饮食习惯和用途的不同，选作主栽品种的只有十几个或几十个。在选择苹果品种时，要根据该地区的土壤、气候条件，选择适宜的主栽品种，并根据市场的需求，在适宜的品种中选择那些适销对路的品种。

按照从苹果落花期至果实成熟期的天数把苹果分为5类：①落花期至果实成熟期少于90 d的品种称为早熟品种，在河北省中南部7月中旬以前成熟，如辽伏、早捷、夏红、泽西美等。②落花期至果实成熟期为90～119 d的称为中早熟品种，在河北省中南部7月中旬至8月上旬成熟，如藤牧1号、信浓红、安娜、南方脆、美国8号、摩利斯等。③落花期至果实成熟期为120～149 d的称为中熟品种，在河北省中南部8月中旬至9月上旬成熟，如嘎拉、金红、千秋、短枝寒富、津轻、早乔纳金、昂林、凉香等。④落花期至果实成熟期为150～179 d的为中晚熟品种，在河北省中南部9月中旬至10月上旬成熟，如新红星、阿斯、清明、华红、高岭、早生富士、太平洋玫瑰、新世界等。⑤落花期至果实成熟期大于180 d的称为晚熟品种，在河北省中南部10月中旬以后成熟，如北海道9号、斗南、王林、国红、澳洲青苹、长富2、福岛短枝富士、礼泉短枝富士、粉红女士等。

1.早捷

由美国纽约州农业试验站育成，1984年引入我国。果实扁圆形，底色黄绿，表色为全面鲜红色，并有蜡质光泽，无果锈，外观鲜艳美丽。果实中等，平均单果重146 g。果实大小整齐，果柄短粗，梗洼浅广，萼洼浅，果点小而不明显，灰白色。果肉乳白色，汁多，风味甜酸，可溶性固形物含量12%左右，香味浓郁，品质上等。果实发育期65 d，在河北省中南部地区6月中、下旬成熟，采收后贮藏期10 d左右。树冠开张，树势中庸，萌芽率高，成枝力较低，早果性好，较丰产。初果期以腋花芽结果为主，后逐渐转化为短果枝结果为主。新梢白粉病发病率较高，适于我国中部地区或城郊栽培。

2.萌

为日本农林水产省果树试验场与新西兰国家科学研究所合作育成的品种，1969年杂交，亲本为嘎拉×富士，故又称嘎富。1996年引入山东省。果实近圆形或圆锥形，果个较大，平均单果重200 g。果面底色黄绿，表色为鲜红色或浓红色，片红，在河北省中南部着色面积占85%～93%，外观鲜艳美丽。果柄细长，果顶部有不明显的微棱突起。果肉黄白色，肉质致密，果汁多，有香气，风味适中或微酸，可溶性固形物含量占13.5%左右，品质中上等。果实发育期90 d，在河北省深州市7月中旬成熟，成熟一致。采收后，室温条件下可贮藏10 d，因货架期较短，不宜长途运输，应在城市近郊或工矿区周围发展。树势中庸，树姿半开张，萌芽率高，成枝力差，有腋花芽结果习性。三四年生幼树以腋花芽结果为主，以后逐渐转向中、短果枝结果。形成花芽容易，进入结果期早，丰产性能好，无采前落果现象。种植经济效益高，全国各地均可种植。

3.藤牧1号

又称南部魁，由美国普度大学等3所院校联合育成，1986年由日本引入我国。在我国南部丘陵地区称为巨森。果实圆形或长圆形，萼洼处有不明显的五棱，果个较大，平均单果重200 g左右。果皮底色黄绿，表色为浓红色或鲜红色条纹，着色度达70%～80%，外观美丽，果面洁净。果肉黄白色，肉质松脆多汁，甜酸适口，有香味，可溶性固形物含量占12%左右，品质上等。果实发育期90 d，在河北省中南部地区7月中旬成熟。采收后，室温条件下可存放2～3周。树势中庸，树姿开张，萌芽率60%以上，成枝力较强，易成花，有腋花芽结果习性，高接后第二年结果，定植后三年开花结果。初结果以腋花芽结果为主，以后逐渐转为中、短果枝结果，丰产性能好。该品种对土壤和气候条件适应性较广，对白粉病和早期落叶病抗性强，是一个具有发展前途的优良早熟品种。该品种成熟期不太一致，宜分期采收，以避免过晚采收造成果实肉质变面。采前有轻微的落果现象。

4.美国8号

美国品种，1993年引入我国。果实近圆形，平均单果重240 g。果面光洁，底色乳黄。着鲜红色，果面有脂质光泽，艳丽夺目；果肉黄色，肉质细嫩，脆而多汁，风味酸甜适口，芳香较浓。可溶性固形物含量占14.2%～15.8%，果实发育期110 d，在河北省中南部8月上旬充分着色成熟。丰产性强，经济效益显著。该品种适于我国中部地区密植栽培，中部偏南和偏西地区均可大面积发展。较抗风，落果轻，抗病性、抗寒性较强。

5.嘎拉系列

原产新西兰。果实圆锥形或圆形，平均单果重200 g左右。果面金黄色，阳面具浅红晕，有红色断续宽条纹，果形端正美观。果顶有五棱，果梗细长，果皮薄，有光泽。果肉浅黄色，肉质致密、细脆、汁多，味甜微酸，十分适口。品质上等，耐贮运。果实发育期125 d，在河北省中南部8月中、下旬成熟。成花容易，结果较早，有腋花芽结果特点，坐果率高，丰产稳产，容易管理。1971年在新西兰又发现一嘎拉浓红型变异，1974年定名新嘎拉，该品系树性、果形、品质、成熟期等与嘎拉无异，但果面着色较浓，呈全面鲜红色，有隐约红色断续条纹，富光泽，甚美观。

嘎拉苹果兼有元帅、金帅、橘苹的优点。新西兰、英国、美国、日本等相继选出了嘎拉的若干着色优系，其中丽红嘎拉不但着色最艳，而且可溶性固形物含量高，并早熟一周。红嘎拉、皇家嘎拉、帝国嘎拉果肉硬度增大，风味也优于嘎拉。我国于1980年从日本长野县引入新嘎拉，为当前国内嘎拉系苹果的主栽品系。烟台果树科学研究所于1992年和1994年，从新嘎拉中选出了烟嘎1号和烟嘎2号两个着色优系，这两个品系平均单果重185～220 g，8月中旬开始着色，8月下旬至9月上旬陆续采收上市，比红富士早熟2个月，1997年正式推广。

6.津轻及其芽变系

津轻由日本青森县苹果试验场育成，母本金冠，父本不明。1974年定名。日本各地从津轻中选出了许多着色更好的芽变系，如坂田津轻、秋香、芳明等。1979年我国从日本引入津轻，以后陆续引入主要的着色系——红津轻，在我国已有比较广泛的栽培。津轻果实近圆形，平均单果重约200 g。底色黄绿，阳面有红霞和红条纹，着色系津轻比津轻容易着色，果面充分着色时可达全红，色相有片红和条红两种类型。果面少光泽、蜡质较少，梗洼处易生果锈，重时可达果肩部，果点不明显，果皮薄。果肉乳白色，肉质松脆，汁多，风味酸甜，稍有香气，可溶性固形物含量占14%左右，品质上。果实发育期135 d，在河北省中南部8月下旬至9月上旬成熟。幼树生长旺盛，有直立倾向，萌芽率高，成枝力强，树冠成形快。苗木栽后3～4年可结果，初结果期长果枝结果较多，盛果期后以短果枝结果为主，花序坐果率中等，每果台可坐1～2个果，较丰产，采前落果较多。果实不耐贮藏，采后在室内存放不超过30 d。适应性强，在我国各地栽培均表现结果早，果实品质优良。目前，我国各地推广的多为着色系津轻，在黄河故道地区津轻着色较差，果面易生果锈。栽培中应注意幼树开张角度，修剪以轻缓为主，大量结果后及时回缩衰弱结果枝，及时更新结果枝组。津轻与红玉、新嘎拉、红富士、元帅系等品种能很好地相互授粉。

7.乔纳金及其芽变系

乔纳金为美国品种，美国纽约州农业试验站1968年育成，亲本金冠×红玉。我国于1979年从比利时、荷兰分别引入。果实圆锥形，平均单果重220～250 g。底色绿黄或淡黄，阳面大部有鲜红霞和不明显的断续条纹。果面光滑、有光泽，蜡质多，果点小、不明显，果皮较薄、韧。果肉乳黄色，肉质松脆，中粗，汁多，风味酸甜，稍有香气，可溶性固形物含量14%左右，品质上。果实发育期155 d，在河北省中南部9月中、下旬成熟。乔纳金为三倍体品种，树势强，成年大树植株高大，树姿较开张，萌芽率较高，成枝力强，枝梢较软且较长，故常呈下垂状。苗木栽后3～4年可结果，7～8年大量结果，以短果枝结果为主，腋花芽结果也较多，花序坐果率高，每果台可坐2～3个果。果实较耐贮藏，贮藏中果面分泌油蜡。其适应性较强，在暖地和海拔较高或我国北方栽培均表现早结果、早丰产的特性，以在海拔较高地区和较为冷凉的气候条件下果实品质更佳。干旱缺水易致落叶，较易感白粉病、轮纹病及易受瘤蚜、红蜘蛛为害。建园要注意配置两个二倍体品种，作为授粉品种。日本在1973年从乔纳金芽变品种选出新乔纳金，其生长结果习性与乔纳金相似，着色优于乔纳金，在我国也有很快发展。乔纳金及其芽变系品种，不仅是丰产、优质的鲜食品种，而且果实适于制汁，也是一个优良的加工品种。

8.元帅系

由红元帅变异而来的品种通称。目前已发现元帅系芽变品种有120多个。当前栽培的元帅系品种依次包括元帅、红星、新红星、首红、超红、银红、艳红、瓦里短枝等。

果实圆锥形，端正高桩，果顶五棱突出明显，果形指数0.9～0.95，平均单果重180～230 g，果面色调鲜红，着色面87.5%左右，果肉黄白，肉质细而松脆，汁液多、香气浓郁。

9.金冠

原产美国，中熟品种，发育期140～145 d。果实圆锥形，萼部五棱突起，平均单果重200 g。果实成熟时面色绿黄，光照充足时，阳面常具红晕。果肉淡黄色，致密细脆，可溶性固形物含量14.6%，香味浓郁，品质上等，耐贮藏。该品种适应性强，在我国西南冷凉高地及陕北、宁夏一带表现良好，但幼树易抽条。湿度大时，果锈严重。

金冠芽变品种有无锈金冠、金矮生等。世界各国以金冠为父本选育的品种有嘎拉、津轻、乔纳金、王林、秦冠、陆奥、摩里斯、清明、华冠、华红、粉红女士等。

10.富士系品种

富士系为日本品种。日本农林水产省果树试验场盛冈分场育成，亲本国光×元帅。我国1966年引入，富士系现已发展为我国苹果主栽品种。日本从富士选出了100多个在果实着色、株型、熟期方面不同的芽变系品种，如着色优良的岩富10号、长富2号等，短枝型的长富3号、宫崎短枝等。河北省农林科学院昌黎果树研究所从岩富10中发现浓红型芽变的昌红，烟台市从长富 2 号又选出了着色早而迅速、色泽浓红艳丽、片红的烟富 1 号和烟富 2 号。生产上对富士的着色系通常统称“红富士”。

富士系的果实为近圆形，有的果稍有偏斜，平均单果重 210～250 g，底色黄绿或绿黄，阳面有红霞和条纹。其着色系全果鲜红，分为片红型和条红型两类。果面有光泽，蜡质中等，果点小，灰白色，果皮薄、韧。果肉乳黄色，肉质松脆，汁液多，风味酸甜，稍有香气，可溶性固形物含量占 13%～15%，品质上等。果实发育期 190 d 以上，在辽宁、河北、山东于 10 月中下旬至 11 月上旬成熟。

幼树生长势强，树姿较直立，结果后树冠开张，萌芽率较高，成枝力强，大量结果之前树易出现上强下弱，应通过修剪加以调整。大量结果之后树势渐缓和，应注意更新，避免树势衰弱。苗木栽后 4 年左右开始结果。初结果时以中、长果枝结果，大量结果后主要以短果枝结果，花序坐果率高，连续结果能力一般，采前落果少，丰产，负载量过高易致大小年现象。果实很耐贮藏，在冷藏条件下可贮至次年 6 月。富士系品种除短枝类型外其生长结果习性类似，栽培管理方面幼树应以轻剪为主。拉枝开角，使树冠内有充足的光照，保障充足的肥水，促进早期丰产，盛果期后更要注意树冠内通风透光，及时疏花疏果，促进花芽形成，保持稳定的产量，防止大小年现象。富士系品种的适应性较强，但其耐寒性稍差，在长城以北冬季较寒冷的地区栽培要做好幼树防寒。西北、华北一带幼树往往有抽条问题，需采取保护措施。富士系品种多发病有粗皮病、果实霉心病、果实轮纹病等，应注意防治。

11.斗南

日本青森县三浦夺太郎氏从麻黑 7 号自然实生苗中选育而成，1995 年引入我国。果实圆锥形，果形端正。为大型果，平均单果重 300 g。果皮黄绿色，覆以全面浓红色，果点大而稀。果肉黄白色，甜酸适口，肉质致密，汁多，有清香味，可溶性固形物含量占 16%，带皮硬度 12.4 kg/cm^2，品质上等。果实发育期 180 d，在河北省中南部 10 月中旬成熟，耐贮藏，常温下可存放 2 个月。树势强健，树姿开张，萌芽率高，成枝力强，具有腋花芽结果习性，成花容易，连续结果能力强，丰产。定植后第三年开始结果，高接树第二年结果，以中、短果枝结果为主。无采前落果与裂果现象。多年生枝红褐色，一年生枝灰褐色，皮孔灰白色，大而稀。叶片较大，椭圆形，深绿色，厚有光泽，叶柄长而粗，叶背绒毛多。该品种适应性较强，抗寒。授粉树以金冠、嘎拉、桑萨、富士均可。

12.澳洲青苹

澳大利亚品种，19 世纪中期在新南威尔士州发现，为自然实生。我国在 1974 年从阿尔巴尼亚引入。果实圆锥形，平均单果重约 200 g。全面翠绿色，向阳面常带有橙红至褐红晕。果面光洁，有光泽，蜡质中多，果点小、多为白色，有灰白晕圈，果皮厚、韧。果肉绿白色，肉质硬脆、致密，汁多，风味酸，少香气，可溶性固形物含量 12%左右，因风味太酸，初采时品质仅为中等。果实发育期 185 d，在河北省中南部 10 月中旬成熟。果实极耐贮藏，在冷藏条件下可贮至次年 7—8 月，贮后品质好。树势强，幼树极性强，分枝角小，树冠较直立，萌芽率高、成枝力强，结果后树冠渐趋开张。苗木栽后约 4 年开始结果。以短果枝结果为主，有腋花芽，花序坐果率高，较丰产，易出现大小年现象。适应性较强，但果实成熟晚，在长城以北栽培，由于果实发育日数不足而难以充分成熟，以在暖地栽培比较适宜。贮藏期间易得苦痘病。

五、苹果的生物学特性

(一)根系

1.根系分布

苹果根系的分布因砧木种类、土壤性质、地下水位和栽培技术不同而异。一般根系分布的广度为树冠直径的1.5～3倍,个别骨干根的长度可达27 m,垂直分布在1～2 m的土层内。主要根群一般集中在60 cm的土层内,自根矮化砧的根系多在40 cm的土层内。苹果的根系大体分层分布,一般分2～3层,第一层多水平生长,第二层大体呈45°斜向生长,第三层基本垂直生长。

2.根系生长动态

苹果根系没有自然休眠期,一年内只要有适宜的条件,可以全年生长。一年内根系有3次生长高峰。当春季土温达到3～4 ℃及以上时,根系开始生长,一般从3月上中旬开始到4月中旬达到第一次生长高峰。随着地上部开花和新梢加速生长,根系生长转入低潮。这次根系的生长,发根较多,但时间较短,主要依靠前年贮藏的养分生长。从新梢将近停止生长期开始,到果实加速生长和花芽分化以前,大致在6月底7月初出现第二次生长高峰。这时叶片大量形成,同化能力强,合成营养物质较多,促进根系迅速生长。这次生长时间10周左右,生长势强,为全年发根最多的时期。随着果实的迅速膨大,花芽大量分化,秋梢开始生长,地上部消耗养分增多,根系生长又转入低潮。从9月上旬到11月下旬,由于花芽分化已到一定程度,果实采收,养分回流积累,根系得到的营养增加,所以又出现第三次生长高峰。这次生长持续时间较长,但生长势较弱。随着土温下降,根生长渐渐减弱,当土温降到0 ℃时停止生长而被迫休眠,冻土层以下的根系仍能微弱吸收和转化。

(二)枝、叶生长特性

当春季昼夜温度达到9～12 ℃,苹果叶芽开始萌动,1个月左右萌芽生长,以甜黄魁、辽伏萌芽较早,红星、金冠、国光、红富士最晚。苹果萌芽的能力因品种而异,萌芽率高的品种有红星、金冠、红富士、甜黄魁、辽伏等,一般均在60%以上。萌芽率低的品种有国光、青香蕉等,大部分芽潜伏,潜伏芽寿命较长,有利于枝类的更新。甜黄魁、辽伏、金冠、青香蕉等的芽具有早熟性,容易形成花芽而早果。

苹果各品种间成枝力也有很大差别,甜黄魁、辽伏、红富士等成枝力较强,红星、金冠等成枝力中等,青香蕉、国光等成枝力较弱。

不同类型枝条的生长期有明显差别,叶丛枝、短枝30 d左右,中长枝45～50 d,长枝则长达75～90 d及以上。大部分地区苹果新梢有两次明显的加长生长,第一次生长的新梢为春梢,第二次春梢继续加长生长形成的背后梢为秋梢,春、秋梢交接处形成明显的盲节。新梢的加长生长可分为5个时期,即叶簇期、迅速生长期、缓慢生长期、顶芽形成期和秋梢形成期。

新梢的加粗生长与加长生长同时进行,加长生长旺盛时,加粗生长较缓慢;加长生长缓慢时,加粗生长才有加强。加粗生长停止生长也晚于加长生长。

叶片随着新梢生长而生长。新梢基部叶片形成时间较短,仅5～10 d,叶面积较小,以后随着新梢节间加长,叶片也渐渐增大。叶片生长延续时间加长,新梢中部叶生长可达15～25 d。新梢中部以上的叶片的生长时间和面积又相继缩短、变小。

苹果的叶幕结构与产量有密切关系。苹果叶面积指数为2.26时，每平方米产量为4 300 g；叶面积指数为4.06时，每平方米产量达7 659 g。叶幕的厚度以1.5～2 m为宜。

当昼夜平均温度低于15 ℃，日照缩短到12 h，苹果开始落叶，时间大致在11—12月。随着叶片脱落，地上部进入自然休眠阶段。苹果通过自然休眠需3～5 ℃的低温，经过60～70 d才能完成，大体在12月至翌年1月，以后就进入被迫休眠阶段。

(三)花芽分化

苹果的花芽分化可以分为生理分化、形态分化和性细胞分化3个时期。生理分化期大约在花后2～6周，即大部分短枝形成顶芽起到大部分长梢形成顶芽的这一段时期，这一时期是控制花芽分化的关键时期。最先开始的是短果枝，其次是中果枝，然后是长果枝。除枝类不同外，品种间也有差别。生理分化后1～7周开始形态分化，形态分化的芽内雏梢需具备一定的节数(临界节数)，才能有花原基出现。花芽分化要求的临界节数品种间有差别，甜黄魁要求18节，辽伏17～24节，金冠13～16节，红星15～17节，国光13～17节。花芽分化后进行花萼、花瓣、雄蕊、雌蕊等花器的形态分化，越冬前基本完成花器的形态分化。花芽形态分化后到翌年花芽萌发之前进行性细胞分化。大部分品种在严寒过去的早春进行花粉和胚囊的发育。

(四)开花坐果与落花落果

当气温达到8 ℃以上时苹果花芽开始萌动，15 ℃以上时萌芽。先伸出叶片，然后形成结果新梢，长2～3 cm，结果后膨大形成果台。结果新梢顶端着生伞形总状花序，有花5～8朵，中心花先开，花期8～15 d，花期适温为18 ℃。单花花期2～6 d，一个花序1周左右，一株树15 d左右。结果新梢在开花同时叶腋间可发生副梢，即果台副梢。其多形成短枝，营养较好时当年可形成结果枝。花粉发芽和花粉管生长的最适温度不同品种有所差别，一般为10～15 ℃。

开满树花的苹果树，一般也只有8%～15%的花能结果到成熟，大部分花开后即落掉。大致每20个花才能结成一个果，一小部分在结成小果以后又落掉一些。不同的苹果品种的落花落果程度不一样，落花落果严重的树，会影响到产量。

苹果落花落果动态一般出现4次高峰，即盛花后2周左右、盛花后3～4周、盛花后6周(“六月落果”)以及采前落果。

落花落果主要是由于授粉、受精不良所引起，包括：树体营养不良；外界不良环境，如大风、病虫等；栽培管理不当等。减少落花落果的措施主要包括改善外界条件，提高树体营养水平，增加激素含量和提早疏除晚期花果等。如在花期喷0.2%～0.4%硼，弱树喷0.5%尿素都有减轻落果、提高坐果率的作用。

(五)果实的生长发育

果实生长发育的阶段大致经历果肉细胞分裂阶段、果肉细胞扩大阶段、果实内含物转化阶段。

1.果肉细胞分裂阶段

苹果果肉细胞分裂开始于花原基形成之后，开花时暂时中止细胞分裂，授粉受精后继续细胞分裂。果实内无形成层，由果实先端分生组织进行细胞分裂，可延续4～7周，个别品种可达7～12周。果实细胞数目可决定果实的体积，此时幼果代谢旺盛，对氮、磷及水分要求较多，合成细胞原生质依靠体内的贮藏营养，贮藏营养的多少决定着细胞分裂的速度和数量，此时果实纵径生长较快。

2.果肉细胞扩大阶段

果肉细胞分裂停止后，细胞迅速扩大体积，细胞间隙可占果实体积的1/5～1/3。水和碳水化合物增加很快，碳水化合物来源于叶片的光合作用。糖不断进入果实，但多呈淀粉状态，所以果实较干硬；有机酸、单宁增加，果实酸、涩。不溶性的果胶物质和纤维素、半纤维素也大量增加，此时果实横径生长较快。

3.果实内含物转化阶段

果实体积大体稳定后，水分绝对量继续增加，淀粉不断水解成糖，果胶物质减少并呈可溶性状态，纤维素减少，细胞壁变薄，细胞成圆形，细胞间隙继续加大，从而使果实硬度降低。有机酸部分氧化成糖，单宁由可溶态变为不溶态，部分成糖，使果实由酸、涩变甜。醚、醛类物质转化成酯类物质，使果实出现香气。色素被氧化成花色素苷，形成花青素、黄色素，使果实出现品种的色泽。蛋白质、脂肪和维生素增加。果实表面形成蜡质和果粉。此期补充钾、硼可提高果实品质。

果实生长发育所需时间因品种而异，一般早熟品种需65～89 d，大体7月成熟；中熟品种需120～149 d，8月中旬至9月上旬成熟；中晚熟品种需150～179 d，9月中旬至10月上旬成熟；晚熟品种需180 d以上，10月中旬以后成熟。

（六）要求的生态条件

1.温度

一般要求年均温度在7～14 ℃，最低月份温度在－12～10 ℃地区适宜苹果栽培。冬季绝对最低气温－33～－32 ℃，持续时间较长的地区，大苹果不能安全越冬，中、小苹果则可以忍受－37～－32 ℃的严寒，所以目前年均温度6 ℃，最低月份平均温度－14 ℃，无霜期100 d，绝对低温不低于－32 ℃的地区是大苹果栽培的北限。苹果根系生长的最低温度为13～26 ℃，可忍受35 ℃高温和－9～12 ℃的低温。地上部生长最适温度为18～24 ℃，开花最适温度为17～18 ℃，花芽分化最适温度为15～22 ℃，果实成熟最适温度为20.4 ℃，可忍受37～40 ℃高温，小苹果类可忍受－48～－30 ℃低温。

2.水分

年降水量在500～800 mm，分布比较均匀，或大部分在生长季中，可满足苹果生育的需要。降水量在450 mm以下地区需进行灌溉和水土保持、地面覆盖等保水措施，以满足苹果生育的需要。

3.光照

苹果为喜光果树，要求充足光照，年日照在2 200～2 800 h的地区是适于苹果生长的地区，如低于1 500 h或果实生长后期日照不足150 h，红色品种着色不良，枝叶徒长，花芽分化少，坐果率低，品质差，抗病虫和抗寒力弱，寿命不长。

4.土壤

苹果要求土层深厚的土壤，土层不到80 cm的地区需深翻改土。土层深度达0.8～1 m，则不论成土母岩性状如何均可栽植。地下水位需保持在1 m以下，土壤含氧量要求在10%以上，苹果才能正常生长，不到10%时根系及地上部的生长均会受到抑制，5%以下则停止生长，1%以下细根死亡、地上部凋萎、落叶、枯死。一般以有相当于25%非毛管孔隙，对土壤通气较理想。苹果喜微酸到中性的土壤，pH 4以下生长不良，pH 7.8以上有严重失绿现象。苹果对盐类耐力不高，氯化盐类在 0.13%以下生长正常，0.28%以上受害严重。土壤有机质含量要求不低于 1%，能保持 3%最理想。

5.海拔

北纬 35°～37°的西北黄土高原，苹果最适的海拔高度在 800～1 200 m，表现早果、优质、丰产、耐贮藏；800 m 以下地区品质下降，着色不良，不耐贮藏；海拔过高，如超过 1 500 m 地区，果实体积变小，含糖量下降。低纬度高海拔地区，如西南高地，苹果栽培也能优质丰产。昆明地区在北纬 25°，但海拔高度为 1 700 m，苹果生长良好。四川小金县苹果适宜栽培区的海拔高度可达 2 320～2 580 m。

六、苹果建园定植技术与土肥水管理

(一)建园定植技术

1.园地选择

苹果是多年生果树，一经建园，就要在固定的地方生长十几年甚至几十年。因此，必须选择适合苹果生长发育的环境条件，并对苹果园进行合理的规划设计与科学的种植。

2.苗木要求

苹果苗木的质量包括枝条的长度、粗度、根系的大小和须根的多少等，建园时要求选用 1 级苗木，以使果树快速成园，且整齐一致。苹果 1 级苗木的要求是直径≥0.3 cm，长度≥20 cm 的侧根≥5 条(矮化自根砧苹果苗≥10 条)，根砧长度≤5 cm，苗木高度>120 cm，苗木粗度≥1.2 cm，整形带内饱满芽数≥10 个。

3.配置授粉树

苹果品种中有 70%以上自花不实，有的品种虽然自花能实，但结实率很低，所以均须配置适宜的授粉树。建园时在选择好主栽品种以后，要选择适宜的授粉品种。主要品种的授粉组合见表 5-1。

表 5-1 主要品种的授粉组合

主栽品种	授粉品种
元帅系普通型	金冠、富士系普通型、王林、津轻系
富士系普通型	王林、新世界、嘎拉系、津轻系、金冠、红星、秦冠
元帅系短枝型	富士系和金冠系短枝型以及红富士、王林等的矮化砧树体
富士系短枝型	元帅系短枝型以及王林、新世界、津轻等的矮化砧树体
嘎拉系	美国 8 号、摩利斯、藤牧 1 号、津轻系品种
津轻系	美国 8 号、摩利斯、嘎拉系

授粉品种与主栽品种的距离不超过 30 m，授粉品种占总株数的 20%～50%，可根据授粉品种的经济价值酌情增减。配置方式可采用等量配置，如 2∶2、4∶4，也可采用差量配置，如 1∶2、1∶3、1∶4。果园的品种过多，管理不方便，在选择主栽品种和配置授粉品种时，应尽量减少品种数量，每个果园有 1～3 个主栽品种，全园共有 2～6 个品种为宜。由于三倍体品种的花粉不育，如采用三倍体的品种，配置授粉树时至少还应有两个能相互授粉的品种。

4.定植技术

春季栽植前，整平园地，按行距南北向挖掘宽与深各为 0.8～1 m 的栽植沟，亩施入优质土杂肥 3 000 kg,果树专用复合肥 50 kg,将有机肥与土混匀,回填入定植沟内,浇水沉实。选取优质、整齐一致的一年生一级苗木,按株行距定植,以保证果树健壮生长。定植时注意保证苗木接口与地面相平。在一定的环境条件下,合理密植可以增加叶面积,有效地利用光能,提高单位面积产量。但是密植并非越密越好,密度过大,光照不足,通风不良,下部枝条干枯,结果部位上移,产量下降,质量变劣,不便于管理且费工。因此,要根据园地的具体条件决定栽植密度。乔化砧山地果园株行距(2～3)m×4 m,平地(2～3)m×(3.5～4)m,中间砧(1.5～2)m×3 m,并按设计好的授粉品种配置方式栽植授粉树。

(二)土肥水管理

根据苹果一生的生长发育特点,可将其划分为扩冠期、压冠期和丰产期 3 个经济年龄阶段。一般将栽植后至三年生左右的时期定为扩冠期。这个阶段的主要任务是缩短缓苗期,促进旺盛生长,并在扩冠期的最后一年形成一定数量的花芽。此期要建成一个具有一定枝叶量及花芽的群体。从四、五年生开始,直到叶幕布满有效空间的十年生左右的这个阶段定为压冠期。这个时期的主要任务是控制生长,并使之多成花多结果,以果控制幼树的贪长习性,使生长和结果相协调,以果压冠。十年生左右后,树势趋于缓和,经"以果压冠",幼树的贪长习性减弱,就进入丰产期。这个时期的主要任务是调整生长与结果的关系,使之相互适应,达到连年优质高产的目的。此期应加强以土肥水为中心的综合管理,合理负载,延长丰产期的年限,以便获得较高的产量和收入。

1.土壤管理

土壤是苹果树生长发育的基础,树体所需的水分和多种营养元素绝大部分是通过根系从土壤中获得的,土壤的理化性质直接影响着树体的生长发育。

对苹果园行、株间的土壤常年采取某种方法进行管理,并作为一种特定的方式固定下来,就形成了苹果园的土壤管理制度。常用的土壤管理制度有果园清耕、生草、覆盖、免耕和间作等。每种管理制度各有其优缺点,生产中应根据苹果的品种与砧木类型、栽植密度、树龄、土壤肥力、立地条件等选用。苹果树间作作物以豆类最好,其次是薯类、瓜类、谷、黍等。当果树行间透光带仅有 1～1.5 m 时应停止间作。长期连作易造成某种元素贫乏,元素间比例失调或在土壤中遗留有毒物质,对果树和间作作物生长发育均不利,因此间作作物要注意轮作。

2.施肥技术

为了保证苹果生长、结果和丰产,必须通过施肥来满足苹果树对各种营养元素的需要。苹果园的施肥原则是:以施用有机肥为主,合理配施化肥,保持或增加土壤肥力及土壤微生物活性,使果园土壤有机质含量逐步达到 1.5%以上;所施用的肥料不应对果园环境和果实品质产生不良影响。当有机肥种类不能满足生产需要时,可使用化学肥料,但禁止使用硝态氮肥。使用化肥时必须与有机肥配合施用,有机氮与无机氮之比不超过 1∶1,例如,施优质厩肥 1 000 kg,可加入尿素 10 kg。化肥也可与有机肥、复合微生物肥配合施用,例如,厩肥 1 000 kg,加尿素 5～10 kg 或磷酸二铵 20 kg,复合微生物肥料 60 kg。在采前一个月内禁止使用一切化肥。

(1)需肥规律　据测定,萌芽到开花期,花朵、新梢和幼叶等器官中,氮、磷、钾含量较高,说明萌芽开花时对养分的需要很迫切,但此期主要是利用树体内的贮存养分,而从土壤中吸收的不多。新梢旺盛生长期,是树体从土壤中吸收养分最多的时期,其中以氮的吸收量最高,其次为钾,而磷较少。果实迅速膨大期和花芽分化期,需要较多的养分供应,此期对养分的吸收以钾为主,其次为氮。果树采收至落叶期,此时主要是养分回流,为来年贮存营养,此期树体吸收养分的状况对来年萌芽、开花、坐果以及果实大小都有很大的影响。

(2)施肥量与施肥种类的确定

①土壤分析法。通过土壤分析了解土壤的供肥水平，再根据果树每年从土壤中吸收各元素的数量，扣除土壤的供肥量，确定合理的施肥量。

②施肥试验法与经验施肥法。施肥试验法即通过试验确定施肥量。综合各地施肥经验，盛果期大树为保持高产、稳产，每生产 50 kg 苹果需给土壤补充纯氮 0.55 kg、磷 0.34 kg、钾 0.46 kg，三者相对比例约为 1∶0.5∶1，并需补充一定量的各种微量元素。如果将有效成分折算为施肥量，一般有机肥的施用量要达到 1 kg 果 1 kg 肥的标准。而丰产园有机肥的施用量要达到 1 kg 果 1.5 kg 肥的水平。在此基础上，还需要追施一定量的速效性氮、磷、钾肥。氮、磷、钾的适宜比例不是千篇一律的。由于各地土壤条件差异较大，而且不同年龄时期的果树对氮、磷、钾的需要量是不同的，因此很难确定统一的比例标准。渤海湾地区棕黄土氮、磷、钾的比例，幼树期为 2∶2∶1 或 1∶2∶1，结果期为 2∶1∶2；西北地区，土壤含磷量低而且易板结，增施磷肥效果较好，幼树期比例为 2∶2∶1，结果期比例为 1∶1∶2；山东烟台提出三要素的比例为幼树期 2∶1.5∶2，结果期为 3∶1∶3 或 2∶0.5∶2；秦岭北麓苹果园则以 1∶1.5∶1 为宜。

③形态诊断法。通过树体形态诊断可以直观地判断树体的营养状况。营养状况良好的苹果树叶大、厚而浓绿，新梢粗壮，芽眼饱满。一般未结果的乔砧富士苹果幼树，外围新梢生长量为 60～120 cm；成龄的结果树应结果正常，品质好，外围新梢生长量应达 30～45 cm，短枝具 6～8 片健叶，果台副梢 20 cm 左右。否则应查明原因，以便采取补救措施。

苹果在某种元素缺乏或失调的情况下，往往在树体的外部形态上表现出一定的症状。可以用形态诊断缺素症检索表诊断树体的营养状况。

④叶分析法。通过叶分析诊断苹果树体内的营养状态，并及时采取措施，将其调整到最适状态是保证高产优质的一项重要措施。苹果树叶片中的矿物质含量有一个正常的标准值，含量过高、过低都会使树体生长发育受到影响。

(3)施肥方法　苹果基肥主要是有机肥料，一般在 9 月下旬至 10 月底施入，基肥施用有机肥越多越好，保证每生产 100 kg 苹果施 200 kg 优质有机肥，同时配合施用少量化肥。幼树每亩施优质有机肥 1 500～2 000 g，尿素 15～20 kg；成龄树每亩施优质有机肥 4 000 kg，尿素 50 kg。一般幼树宜采用环状沟施法，结合扩盘进行，沟宽 40～60 cm，沟深 60～70 cm，逐年向外扩展。成龄树采用放射沟或条沟施入法，还可采用全园撒施法。

为了调节苹果树生长和结果的矛盾，要及时追肥。追肥可分地下追肥和叶面喷肥。在扩冠期和压冠期追肥，前期以氮肥为主，后期氮、磷、钾配合使用。在丰产期，结果量逐年增加，为了解决结果和生长的矛盾，确保连年丰产优质，对挂果多的树要增加追肥次数，除在开花前、花芽分化前和采收后进行追肥外，还要在果实膨大期追肥。追肥时期，一般早熟品种在 6 月下旬、中熟品种在 7 月中下旬、晚熟品种在 8 月中下旬。追肥以磷、钾肥为主，少施氮肥，采用穴施或井字沟浅施。每 667 m^2 施硫酸钾 70 kg，磷酸二铵 5 kg，能增加产量和果实糖量，促进着色，提高硬度。

叶面喷肥主要是补充微量元素，简单易行，用肥量小，发挥作用快，能及时满足果树对肥的急需，并可避免某些营养元素在土壤中发生化学和生物固定。喷肥一般在生长季节进行，如开花前、落花后、成花前、果实速长期及采收后，若各个时期均能喷布 1～2 次，效果更好。喷布时间最好选在多云或阴天喷施，或晴天的上午 10 点以前和下午 4 点以后，中午气温高，溶液很快浓缩,影响喷肥效果或导致肥害。

3.灌水和排水

(1)需水规律　苹果全年需水量为434～479 mm,在年降水不足450 mm的地区要根据苹果的需水规律进行适时、适量地灌溉才能满足苹果对水分的需求。甚至在年降水量大于450 mm的地区,由于降水时期与苹果的需水时期不一致,也需要进行适期灌溉。随着树龄的增长,枝、叶、果量的增加,苹果的需水量、耗水强度逐年增大。在果园覆草、覆膜、清耕三种土壤管理制度中,果园覆草的耗水量和耗水强度最小,比清耕节水9.39%。苹果各物候期的耗水量差异很大,萌芽期耗水强度在全物候期内最小,新梢旺长期耗水强度在全物候期内最大,新梢二次生长期也是果树需水量最大的时期。

(2)灌水时期　灌水时期应考虑不同经济年龄时期所要达到的目的,同时还应根据苹果1年中各个物候期对水分要求的特点、气候特点和土壤水分的变化规律等确定。在扩冠期,每年的前期要满足水分的供应,使新梢叶片旺盛生长;中期可适当控制灌水,使新梢及时停止生长,充实枝条和顶芽,以防冻害和抽条;后期,10月中旬至落叶前应供足水分,以增加树体的营养积累。在压冠期,开花前为给新梢和旺盛生长的叶片供足水分,可灌水1～2次。花芽分化前和花芽分化初期要适当控水,若干旱时,可浇小水,以便抑制新梢生长,这样有利坐果,促进花芽的形成。果实速长期直至落叶前,都要满足苹果树对水分的需要,以增大果实,促进花芽分化和积累营养,但在果实采收前1个月要控制灌水,避免由于灌水造成果实品质的下降。沙壤土苹果园在一般情况下,全年灌水5～7次即可满足苹果树生长、结果对水分的需要。在丰产期,需水量比压冠期多,要在落花后进行灌水,以利于新梢生长、坐果和花芽的生理分化。

(3)灌水量　苹果的灌水量应根据树龄和树冠大小、土壤质地、土壤湿度和灌水方法确定。大树应比幼树灌水多;沙地果园水易渗漏,应少量多次;土壤湿度小,大畦漫灌,要加大需水量。一般情况是以根系分布范围内的土壤(山地深度60 cm左右,平原沙地100 cm左右)含水量达田间最大持水量的60%～80%为适宜。

(4)灌水方法　灌水方法应依据提高效益、节约用水和便于管理的原则确定,目前主要有畦灌、沟灌、喷灌、滴灌和渗灌等。

(5)果园排水　排水是解决土壤中水分和空气的矛盾,防涝保树的主要措施。平原果园或盐碱较重的果园,可顺地势在园内及四周修建排水沟,把多余水顺沟排出园外,也可采用深沟高畦、台田或适度培土等方法,降低地下水位,防止返碱,以利雨季排涝。山地果园要搞好水土保持工程,防止因洪水下泄而造成冲刷。涝洼地果园,可修建台田或在一定距离修建蓄水池、蓄水窖和小型水库,将地面径流贮存起来备用或排走。由于地下不透水层引起的果园积水,应结合果园深翻,打通不透水层,使水下渗。对已受涝害的苹果树,首先要排出积水,并将根颈和粗根部分的土壤扒开晾根,及时松土散墒,使土壤通气,促使根系尽快恢复生理机能。

项目二　梨

梨树原产于中国,栽培历史悠久,是我国主要栽培的果树之一。梨的营养价值较高,含有人体需要的多种营养成分,如蛋白质、脂肪、糖、氨基酸、维生素以及多种矿物质元素等。除鲜食外，梨的果实还可以加工梨汁、梨膏、梨脯、梨干和梨罐头，以及酿酒、制醋等。梨还有一定的药用价值，其果实有一定的帮助消化、润肺清心、止咳化痰等功效。

梨树适应性强，山区平原或盐碱涝洼地都可以栽培，对外界环境条件如寒冷、干旱的忍耐力也较强，栽培管理比较容易，对土壤及肥料条件要求较低。梨树结果早，易丰产、高产，且盛果期很长，单位面积产量比苹果高50%左右，其经济结果年龄一般为50年左右。根据统计，2019年我国梨树的栽培面积为94.07万 hm^2，2021年梨总产量为1 887.59万t。

我国的梨产区有以渤海湾地区、黄河故道地区及西北黄土高原区为主的晚熟梨产区，以长江中下游及云贵高原区为主的砂梨及早熟梨产区。

一、梨的主要种类

梨为蔷薇科梨属植物。世界上栽培的梨分两大类，即产于欧洲、北美、南美、非洲、大洋洲的西方梨（通常所谓的洋梨）和产于中国、日本、韩国的东方梨（通常所谓的亚洲梨）。梨属植物有35种，主要原产于地中海、高加索和中国。与栽培有关的种主要有秋子梨、新疆梨、麻梨、西洋梨、木梨、白梨、砂梨、杜梨、豆梨和褐梨等。我国生产上栽培的主要是秋子梨、白梨、砂梨、西洋梨和新疆梨5种。

1.秋子梨

主要分布在我国东北地区，华北和西北各省也有少量分布。主要特征是：叶大型，暗绿色，叶缘带刺芒的尖锐锯齿；分枝较密，老枝多为黄灰色或黄褐色；花柱基部具有疏柔毛，花轴短；果实多球形或扁圆形，果梗较短，萼片宿存而多外卷，心室5个。秋子梨抗寒力强，可耐−45 ℃的低温，且耐旱、耐瘠薄。果实个小，一般品质较差，但亦有一些优良品种，如京白梨、南果梨、大小香水梨、红南果、安梨、花盖梨、面酸梨等，多数品种需经后熟方可食用。

2.白梨

主要分布在华北、西北地区，辽宁和淮河流域也有少量栽培，是我国栽培梨中分布较广、数量最多、品质最好的种类。主要特征是：叶大，叶缘锯齿尖锐，芒向内合，嫩叶紫红色，密生白色茸毛；二年生枝多为褐色或茶褐色；果实多倒卵形或圆形，黄色或绿色，果梗长，萼片脱落或残存，心室4～5个；中型果，石细胞少，脆而多汁，果皮黄绿色。白梨对土壤和肥水要求严格，性喜干燥冷凉气候。抗寒力较砂梨和西洋梨强，但不如秋子梨和新疆梨。著名品种有鸭梨、砀山酥梨、茌梨、雪花梨、秋白梨、黄县长把梨、油梨、金梨等。

3.砂梨

目前我国生产上栽培的砂梨有中国砂梨和日韩砂梨两类。

(1)中国砂梨类　主要分布在长江流域以南及淮河流域一带，华北、东北也有少量栽培。主要特征是：叶片先端长尖，基部圆形或近圆形，叶缘刺芒微向内拢；分枝较稀疏，枝条粗壮直立，多褐色或暗绿褐色：嫩枝、幼叶有灰白色茸毛：花柱光滑无毛，果实多圆形或卵圆形，果皮多褐色，少数黄褐色；萼片一般脱落，少数宿存。心室4～5个。肉质硬脆多汁，石细胞较多。该类群性喜温暖湿润气候，抗寒力较其他主要栽培种类差。主要品种有苍溪雪梨、宝珠梨、黄花梨、紫酥梨等。

(2)日韩砂梨类　主要分布在日本的鸟取、福岛、千叶、长野，韩国的罗洲等中部地区。近十几年在我国黄河故道和长江中下游地区引种发展较多。日韩砂梨多数发枝力弱、枝类少、树冠稀疏，但萌芽力强，芽较早熟，容易成花，短果枝结果多，并能连续结果，且幼树结果早，产量高，适合密植栽培。该类群多数品种叶片厚而大，颜色深，对营养积累和花芽形成有较好的作用。果肉脆嫩，质细味甜，汁多，品质较好，但多数品种耐贮藏性能较差。日韩梨的主要代表品种有新水、幸水、丰水、二十世纪、新世纪、新高、晚三吉、黄金梨、圆黄梨、华山梨等。

4.西洋梨

此种的自然分布区甚广，整个欧洲都有分布。在我国栽培面积较小，山东烟台和辽宁的旅大地区有集中栽培。其主要特征是叶小，卵圆形，全缘或圆钝锯齿；枝条直立性强，树冠广圆锥形，亦有少数品种枝软易下垂开张；枝条灰黄色或紫褐色，嫩枝光滑无毛；果实多为瓢形，少数圆形，黄色或绿黄色；果梗短粗，萼片宿存而多内卷；果实多需后熟才可食用，后熟后肉质细软，石细胞少，易溶于口，常具芳香。多不耐贮藏和不便运输，后熟后易腐烂。该种类抗寒力弱，易感腐烂病等。主要代表品种有巴梨、三季梨、伏茄梨、孔德梨、红巴梨、红考密斯、红安久、葫芦梨等。

5.新疆梨

分布于我国新疆和甘肃河西走廊一带，主要特征是植株高大，小枝紫褐色，具白色皮孔；芽卵圆形、急尖；叶片卵圆形、椭圆形至阔卵形，先端短渐尖，基部圆形，少数广楔形，边缘上半部具细锐锯齿，下半部近于全缘或浅锯齿；果实卵圆形或倒卵圆形，萼片直立宿存，5 心室，果心大，石细胞多。本种果形近似西洋梨，果梗特长而叶片具细锐锯齿为其特点。如新疆的阿木特、甘肃的花长把等。

二、梨常见优良品种

按果实的发育期长短梨可分为：极早熟品种，果实发育期小于 80 d；早熟品种，果实发育期为 80～110 d；中熟品种，果实发育期为 111～140 d；晚熟和极晚熟品种，果实发育期大于 140 d。

1.东方梨品种

(1)中梨 1 号　又名绿宝石，中国农业科学院郑州果树研究所 1982 年用新世纪×早酥梨作亲本杂交培育而成。果实近圆形或扁圆形，平均单果重 250 g。果面较光滑，果点中大，绿色，果形正、外观美，果心中等，果肉乳白色，肉质细脆，石细胞少，汁液多，可溶性固形物含量 12%～13.5%，风味甘甜可口，有香味，品质极上等。郑州地区 7 月中旬成熟，货架寿命 20 d，冷藏条件下可贮藏 2～3 个月。该品种性喜深厚肥沃的沙质壤土，红黄壤、棕黏壤、弱碱性土壤也能正常生长结果，且抗旱、耐涝、耐瘠薄。

(2)早美酥　中国农业科学院郑州果树研究所用新世纪×早酥梨为亲本培育的抗病、早熟优良新品种。果实近圆或卵圆形，平均单果重 250 g，果面光滑，蜡质厚，果点小而密，绿黄色，无果锈。果肉乳白色，肉质细脆，果心较小，石细胞少，汁液多，可溶性固形物含量 11%～12.5%，酸甜适度，无香味，品质上等，郑州地区 7 月中旬成熟，货架寿命 20 d。最适食用期限 10 d。喜深厚肥沃的沙质壤土，红黄壤、弱碱性土壤也能生长结果，但在潮湿的碱性土壤上果肉有轻微的木栓斑点。抗旱，耐涝，耐高温多湿。在正常管理条件下，果实不易受食心虫为害。适于在长江流域、华南、华北、西北、西南等地栽培。

(3)黄金　韩国罗洲园艺试验场用新高×二十世纪为亲本杂交，1985 年培育而成。果实圆形或长圆形，平均单果 400～500 g，大小比较一致。果面绿色，充分成熟后金黄色。套袋果绿白色，无果锈，颇美观。果皮薄而细嫩，光洁而果点小。果肉白色，肉质细嫩，汁多，味甜，酸味小。可溶性固形物13.4%左右。郑州地区8月中、下旬成熟，果实充分成熟后，香味浓，品质上等。常温下果实贮藏期较短，冷藏条件下可贮藏3～4个月。该品种极易成花，结果早，栽后第二年即可结果。

(4)黄冠　黄冠梨由河北省农林科学院石家庄果树研究所以雪花梨×新世纪培育而成。1997年5月通过河北省林木良种审定委员会审定。果实椭圆形，平均单果重255 g。果面光洁，果点小、中密。外观酷似金冠苹果。果心小，果肉洁白，肉质细嫩松脆，石细胞少。风味酸甜适口并具浓郁香味。可溶性固形物含量11.4%，总糖9.38%，总酸0.20%，每100 g果肉维生素C含量2.8 mg。品质上等。郑州地区8月中旬成熟，自然条件下可贮藏20 d，冷藏条件下可贮至翌年三四月份。树冠圆锥形，树姿直立，生长势较强，开始结果早，一般管理条件下，3年即可结果，以短果枝结果为主。采前落果轻，极丰产、稳产，对梨黑星病有较高的抵抗能力。

(5)新高　日本梨育种家菊池秋雄用天之川×今村秋育成的优质丰产品种，现为日本、韩国的主栽品种。果实近圆形，果形端正，平均单果重410 g。果皮黄褐色，果面光滑，果点中密。果实套袋后果皮淡橘红色，果点不明显，肉质乳白色、汁多丰满、品味醇甜，可溶性固形物含量13%～14.5%，肉质中粗、酥脆，品质上等。在郑州地区9月中、下旬成熟。该品种采前落果轻，耐贮藏性较强，一般条件下可贮至翌年4月份。适当延迟采收能提高果实含糖量。树势较强，枝条粗壮，以短果枝和腋花芽结果为主，中果枝也能结果，极易形成花芽，早果性很强，一般栽培当年可结果。丰产性好，因坐果率高必须进行疏花疏果。

(6)八月红　陕西省农业科学院果树研究所与中国农业科学院果树研究所共同选育。亲本为早巴梨×早酥梨。果实近圆柱形，平均单果重300 g。果皮黄绿色，阳面着片红。采后需后熟，肉质细嫩，石细胞少，风味甜，香气浓，含可溶性固形物12%。果实8月中下旬成熟。

(7)新世纪　日本冈山县农业试验场育成。亲本为二十世纪×长十郎。果实扁圆形，平均单果重300 g。果皮黄绿色，光滑，果点大。肉质细脆多汁，石细胞极少，风味甜，香气浓，含可溶性固形物13%。果实8月中旬成熟。新世纪适应性强，抗逆性强，抗病性强，最大的特点是高抗黑星病，容易栽培。结果早，丰产性好，基本无大小年现象，寿命长。

(8)丰水　日本农林省园艺试验场1954年育成。果实圆形略扁，平均单果重300 g。果皮黄褐色，粗糙，果点大而多。肉质细脆多汁，石细胞极少，风味甜，香气浓，含可溶性固形物12%。果实8月下旬成熟。树冠中大，幼树期生长旺，结果后树势中庸，萌芽力高，成枝力弱，成花容易，结果早，以短果枝结果为主，坐果率极高，适应性、抗病力强，易管理，稳产、丰产。果肉耐贮藏，在恒温库里可保存到翌年8月份，自然存放可到春节。

(9)莱阳茌梨　通称莱阳梨，为山东梨类传统名贵品种，集中种植于莱阳市五龙河及其支流两岸。果实卵圆形，平均单果重250 g，绿色，果点大而密。肉质细嫩多汁，味浓甜，具芳香，石细胞小，含可溶性固形物13%。果实9月下旬成熟。幼树生长健壮，极性强，新梢多而直立，树冠多呈直立扫帚形。萌芽力强，成枝力中等，定植后4～6年结果，以短果枝结果为主，中长果枝及腋花芽也能结果。结果枝组有较好的更新复壮能力。自花不实，坐果率较低，采前落果较重。

2.红皮梨品种

目前可供选择的优良红皮梨有两种，一种是中国红皮梨，另一种是西洋红皮梨。

(1)中国红皮梨

①红香酥。中国农业科学院郑州果树研究所1980年用库尔勒香梨×鹅梨杂交培育而成，2001年通过国家品种委员会审定。果实纺锤形或长卵圆形，果形指数1.27，部分果实萼端稍突起。平均单果重为220 g。果面洁净光滑，果点中等较密，果皮绿黄色，向阳面2/3果面红色。果肉白色，肉质致密细脆，石细胞较少，汁多，味香甜，可溶性固形物含量13.5%，品质极上。郑州地区果实8月底或9月上旬成熟，并可提前采收上市。果实较耐贮运，冷藏条件下可贮藏至次年5—6月份。

②红金秋。黑龙江省农业科学院牡丹江农业科学研究所以大香水×苹果梨育成。1998年通过黑龙江省农作物品种审定并命名为红金秋梨，进行推广。果实近圆形或扁圆形。平均单果重242.5 g。果点圆形，褐色，大小中等，稀密度适中。果皮中厚，底色绿黄，阳面有暗红晕，外观美，贮后底色变鲜黄或蜡黄色，有明亮光泽，品质上等。果肉洁白，果心极小，肉质中细，酥脆多汁，酸甜味浓，含可溶性糖11.43%，每100 g果肉维生素C含量5.39 mg，用土窖贮存可贮至翌年5月份。在牡丹江市，该品种4月末萌动，盛花期5月中旬，末花期5月中、下旬。果实9月下旬成熟，10月底落叶。抗寒和抗病性均强。多雨地区有黑星病发生。

③美人酥。中国农业科学院郑州果树研究所与新西兰皇家园艺食品研究所共同培育而成，亲本为幸水×火把梨。1997年命名。果实卵圆形，平均单果重220 g，果底色淡绿黄色，阳面着淡红色。果肉白色，肉质细嫩、松脆，汁多，味酸甜适口，微有涩味，果心较小，石细胞也少，品质中上或上等。含可溶性固形物11.8%，常温下果实可贮藏25 d左右。树冠呈圆头形，树姿半开张，成枝力较强，萌芽率也强。以中、短果枝结果为主，腋花芽也可结果。短果枝寿命较长。幼树定植后3年即可结果。花序坐果率高，易丰产。郑州地区花芽萌动期为3月中、下旬，叶芽3月下旬萌动，初花期4月初，盛花期4月上、中旬，花期7～8天。8月底或9月初果实成熟，11月中旬落叶。

④红南果。南果梨芽变品种。由抚顺市特产研究所1989年发现于辽宁清原县南国梨园。1998年10月通过辽宁省农作物品种审定委员会审定并命名。果实近圆形，平均单果重111.4 g。果实阳面鲜红色，红色覆盖面积65%～70%，果面平滑而有光泽。果点较大而密，近圆形。梗洼浅，有沟纹，萼洼较深，萼片脱落过宿存。果梗短而细，果心较小，果肉乳白色。果实采收时肉质较硬，经10～15 d后熟，果肉变黄白色，肉质细腻，柔软多汁，石细胞少，含可溶性固形物16%，含还原糖14.1%，有机酸0.51%，不耐贮藏。该品种树冠呈纺锤形，树姿较直立，成枝力强，萌芽率中等。以短果枝结果为主，腋花芽也可结果，短果枝寿命较长。幼树定植后3年即可结果。丰产、稳产，抗旱、抗寒，可耐−37 ℃绝对低温。病虫害发生较轻。在当地花芽萌动期为4月中旬，叶芽4月下旬萌动，初花期5月上旬，盛花期5月中旬，花期8 d左右。9月底果实成熟，10月下旬进入落叶期。

(2)西洋红皮梨

①日面红。原产于比利时。果实粗颈葫芦形，平均单果重256.7 g，果面绿黄色，阳面有红晕。果皮平滑有光泽，较薄。果梗长2.9 cm，粗3.1 mm。梗洼浅、狭、中缓、沟状。萼片宿存，萼洼浅、中广、中缓。果肉白色，肉质中粗，后熟变软，汁液中多，味甜粉香。含可溶性固形物15.7%，可溶性糖10.55%，可滴定酸0.25%，品质中上等。该品种树冠阔圆锥形，树姿开张，树势中庸，芽萌发力强，萌芽率85.2%，成枝力弱。嫁接苗定植后5年开始结果，主要以短果枝结果。花序坐果率高达95.1%，平均每个花序坐果数2.1个。在辽宁兴城，4月上、中旬花芽萌

动，4 月下旬至 5 月上、中旬盛花，5 月下旬至 6 月上旬春梢停止生长，8 月下旬至 9 月上旬果实成熟，10 月下旬至 11 月上旬落叶。果实发育天数 110 d，营养生长日数 205 d。抗寒性较强，在洋梨中仅次于茄梨、朝鲜洋梨，抗旱和抗腐烂病能力也较强，但采前易落果。

②红茄梨。美国密歇根州从茄梨中发现的浓红型芽变。果实细颈葫芦形，平均单果重 131.7 g，果面为全面紫红色。果皮平滑有光泽，有的稍有棱起。果点中多，褐紫色。果梗长 3.7 cm，粗 4.2 mm。梗洼平，基部肉质；萼片宿存，萼洼浅、中广、缓、皱状。果肉乳白色，肉质细脆，后熟变软。含可溶性固形物 12.3%.可溶性糖 8.93%，可滴定酸 0.24%，品质上等。树冠倒圆锥形，树姿直立，树势较强，芽萌发力较强，萌芽率 63.9%，成枝力弱，一般剪口下抽长枝 2～3 条。嫁接苗定植后第六年开始结果。以短果枝结果为主，各类结果枝组比例为长果枝 12.7%，中果枝 11.3%，短果枝 76.0%。在河南郑州，3 月中旬花芽萌动，3 月下旬盛花，6 月上旬春梢停止生长，8 月上旬果实成熟，11 月上旬落叶。果实发育日数 97 d，营养生长日数 204 d。适应性强，抗寒性较强，不抗腐烂病。

③红巴梨。澳大利亚从巴梨中选出的红色芽变。果实粗颈葫芦形，平均单果重 200 g，果梗长，梗洼浅、广；萼片残存，萼洼浅。果面底色绿，成熟后阳面鲜红色，蜡质多，果点小而稀。果肉白色，后熟后柔软，细腻多汁，石细胞极少，果心小，可溶性固形物 13.8%，味香甜，品质极上。常温下贮藏 10 d，冷藏条件下可贮藏 2～3 个月。红巴梨树冠圆锥形，树势较强，树姿直立，幼树萌芽率高，成枝力中等。以短果枝结果为主，分腋花芽和顶花芽结果；连续结果能力弱，栽后 3～4 年结果，较丰产。中部地区花芽 2 月底萌动，3 月中旬开花，花期 10～15 d，果实发育期 140 d 左右，8 月中下旬成熟。适应性较强，喜肥沃沙壤土。抗寒力弱，在 −25 ℃ 情况下受冻害严重。抗病能力较弱，尤其易染腐烂病，导致植株寿命短，但抗风、抗黑星病强。

④红考密斯。美国从考密斯中选出的红色芽变。果实短葫芦形，平均单果重 220 g，果全面紫红色，果面光滑，蜡质较多，有光泽。果皮较厚，果点中大，明显。果梗粗短，多斜生，果梗基部膨大为肉质，梗洼浅或无；萼片宿存或残存，萼洼深而广。果心中大，果肉乳白色，肉质细腻，经后熟变为柔软多汁，石细胞少，风味酸甜，芳香浓郁，含可溶性固形物 13%，品质上等。树冠圆头形，树姿较开张，植株生长势中庸偏强，半开张。萌芽率高，成枝力强，树冠内枝条较密。成花容易，结果较早，一般栽后 3 年即可结果，多以短果枝结果为主，坐果率高。大小年现象不明显，丰产、稳产。通常 3 月中旬开花，花期 10 d 左右，果实发育天数 130 d 左右，果实成熟期 8 月初。常温条件下果实可贮藏 15 d，冷藏条件下可贮藏 3～4 个月。适应能力较强，抗寒能力中等。

⑤红安久。美国华盛顿州从安久梨中选出的浓红型芽变。果实葫芦形，平均单果重 230 g，果皮全面紫红色，果面光滑，具蜡质光泽，果点小而明显、中多。梗洼浅狭，萼洼浅，具皱褶，萼片宿存。果肉乳白色，肉质致密细脆，石细胞少。采后 1 周经后熟果实变为柔软多汁，味酸甜，具芳香，含可溶性固形物 14%，品质极上。红安久树冠圆锥形，树姿较直立，幼树长势强健，成果期树势中庸或偏弱，萌芽率高，成枝力强。以短果枝和短果枝群结果为主，连续结果能力强，结果较早，一般栽后 3～4 年结果，丰产，大小年现象不明显，在山东惠民 3 月底花芽萌动，4 月中旬开花，花期 10 d 左右，果实发育期约 160 d，9 月下旬果实成熟。果实贮藏性能较好，常温条件下可贮藏 30 d 左右，冷藏条件可贮藏 4～6 个月。适应性较强，较抗黑星病，但易染腐烂病。

三、生物学特性

(一)根系

1.根系的形成与分布

梨树的根系发达,但须根较少。一般情况下,垂直根分布的深度为2～3 m,水平根分布范围一般为冠幅的2倍左右,少数可达4～5倍。根系分布的深度、广度和稀密状况,受砧木种类、品种、树龄、土壤理化性质、土层深浅和结构、地下水位、地势、栽培管理等因素影响较大。一般情况下,梨树根系多分布于肥沃的上层土中,在20～60 cm土层中根的分布最多最密,80 cm以下根量少,150 cm以下的根更少。水平根愈接近主干,根系愈密,愈远则愈稀,树冠外一般根渐少,并且大多为细长、分叉少的根。

2.根系生长

梨树的根系活动比地上部生长要早1个月。当地温达到0.5 ℃时根系开始活动,土温度达到7～8 ℃时,根系开始加快生长,13～27 ℃是根系生长的最适温度。达到30 ℃时根系生长不良,超过35 ℃时根系就会死亡。根系一般每年有两次生长高峰。第一次在地上部中、短梢大量生长形成后,即新梢停止生长后,根系生长最快,形成生长高峰;第二次在采果后根系生长变强,出现第二次生长高峰。这次高峰虽不及第一次,但延续时间较长,可一直延续到落叶休眠后,才被迫停止生长。生产中应结合这两次根系生长高峰来施肥,尽量在生长高峰到来之前将肥料施入。土壤含水量达到田间持水量的60%～80%时,最有利于根系的生长。

(二)枝条

梨的枝条按其生长结果习性,可分为营养枝和结果枝两类。梨的成枝力弱,一般仅在先端抽生1～4个长梢,其余均为中、短梢,且顶端优势强。中国梨新梢生长有明显的阶段性,呈现出"快、慢、快"的生长规律。一般长梢有3次生长阶段,个别长梢可发生4次生长,即秋梢部分,短梢只有一次生长,中梢具有第一和第二次生长。

不同枝类的新梢生长期不同。长梢的生长期60 d左右,在华北、西北地区一般在6月下旬至7月上旬停止生长;中梢40 d左右;短梢仅7～10 d,一般在5月中下旬停止生长。果台副梢一般自4月下旬至5月上旬为旺盛生长期。可见梨的新梢生长主要集中在萌芽后一个月左右的时期内,与花期、花芽分化期的营养物质的竞争比苹果小,因此,花芽形成比苹果容易,生理落果现象比苹果轻。

(三)芽

梨树的芽为晚熟性芽,一般当年不萌发,第二年抽生一次新梢,很少发二次枝。梨芽的萌发率高,枝上的芽除基部两个副芽外,春天几乎全部可以萌发。基部的副芽一般不萌发,成为寿命长的隐芽,当受到刺激后可以萌发成更新枝,是梨更新的基础。梨树的芽可分为叶芽与花芽。

1.叶芽

叶芽有顶芽与腋芽之分。顶芽着生于枝条的顶端,芽较大,较圆。腋芽着生于叶腋间。叶芽外部附有较多的革质鳞片,芽个体发育程度较高,芽体较大,并与枝条呈分离状。短梢一般没有腋芽,中长梢基部3～5节为盲节,所以梨树常用枝条基部的副芽作为更新用芽。

2.花芽

梨的花芽为混合芽，一般按芽的着生位置的不同分为顶花芽和腋花芽。有的品种易形成腋花芽，如砂梨品种中的黄金、水晶、秋黄、新高、爱甘水等。

花芽分化分为 3 个时期，即生理分化期、形态分化期和性细胞形成期。第一时期的分化与叶芽没有区别，此期中所形成芽的鳞片大小、多少，是芽好坏的一种标志。鳞片多而大，则芽质基础较好。白梨的顶芽鳞片为 14～19 片，在梨长梢顶芽鳞片为 12～15 片，短梢为 15～17 片。节上叶片大的，芽发育好，鳞片多。鳞片因品种、营养状况、枝龄、树势和芽分化生长发育时期的长短等不同而有差异，所以鳞片的多少、大小，又是母枝好坏、树势强弱以及营养状况的一种形态指标。在生理分化期后，如果芽的基础较好，营养状况又较好，则进入形态分化期；反之仍然是叶芽。

大部分品种的花芽分化自 6 月中下旬开始，6 月底到 8 月中旬为大量分化阶段。鸭梨、酥梨的花芽分化从 7 月 10 日开始；在梨从 6 月上旬开始，9 月中旬结束，少数在 10 月上旬结束。凡短枝上叶片多而大、枝龄较低、母枝健壮、生长停止早的芽，开始花芽分化就早，花芽的生长发育也好。中长梢中停长早的，枝条充实健壮的，花芽分化早，反之则迟。不论花芽分化早迟，到休眠期停止分化时，极大部分的花芽都形成了雌蕊原基。那些花芽分化开始迟的，则分化速度快，这样才能使花期表现一致。但花芽分化开始迟的，因分化及发育的时间短，营养不足，开花时花朵数少，坐果能力差，果个也小。因此，在梨树的生产管理中，应重点抓好 5 月下旬前的肥水管理，防止因肥水不足造成花芽分化不良，而影响第二年的产量。

(四)叶

1.叶的生长

从展叶到叶面积形成，不同品种、不同种类、不同枝类的时间不同。以单叶生长期来看，叶片小的品种，生长期短。从对在梨、鸭梨、香水梨不同类型新梢叶片生长的观察来看，单叶的生长期为 16～28 d，短梢叶片生长时间最长，中梢次之，长梢最短。不同类型新梢全枝叶面积的形成期，中、短梢一般不超过 40 d，长梢 60 多天。叶片在生长过程中，表现叶面无光泽，但在叶片停止生长时，即展叶后 25～30 d，约在 5 月下旬，全树的叶片在几天内，比较一致地显出油亮的光泽，生产上称为“亮叶期”。亮叶期表示中、短枝的叶面积已经形成，是叶片功能最强的时期，又是中、短枝顶芽鳞片形成期，表明芽已经进入质变期。凡是为了促进花芽分化或果实膨大的管理措施，都应在亮叶期前或亮叶期进行，才可以起到较好的作用。

2.叶量

叶面积形成的早晚和大小，不仅影响当年的产量和枝条的生长，而且还影响当年的花芽分化和贮藏物质的积累。花芽的形成与短枝叶片的数量有关，通常 4～6 片叶的无果短枝，当年即可以形成花芽。坐果情况也与叶片数目的多少紧密相关，具有 3 片叶的短果枝开花后均未坐果，4 片叶的短果枝的结实率为 10%，5 片以上的短果枝的结实率为 80%。根据梨树叶片生长快、停长早的特点，必须加强梨树春季的肥水管理，以保证当年生长和结果良好，有利于促进花芽分化和树体内贮藏养分的积累。

(五)花

梨树开始结果年龄随树种、品种而异，一般砂梨、白梨 3～5 年就能结果，秋子梨要 5～7 年才结果，西洋梨介于二者之间。梨与苹果一样以顶花芽结果为主，部分可腋花芽结果。

梨的花序为伞房花序，萼片 5 片，呈三角形，基部合生筒状，花瓣 5 枚，白色离生。雄蕊 20 个分离轮生，柱头 3～5 个离生，雌蕊显著高于雄蕊。大部分品种每个花序可开花 5～10 朵。梨的花芽从萌动到开绽时间较长，约需 20 d，但从现蕾到开花仅 5～7 d。梨的开花期约比苹果早 10 d。花期最早的为秋子梨，白梨次之，砂梨、西洋梨最晚。梨是花序外围的花先开，中心花后开，先开的花坐果率高，大多数品种一个花序可坐 2 个果。梨是异花授粉果树，品种内授粉坐果率极低，必须由其他品种的花授粉才可能坐果，生产中应注意配备一定数量的授粉树，并采取人工辅助措施，以确保高产、稳产。梨的单花受精能力时间约为 3 d，以开花的当天和第二天效果最好，即在柱头上有发亮的黏液，花丝上有紫红色花药时进行。

（六）果实

经过授粉受精的花，开始了幼果发育，果实的发育受种子发育的影响。种子发育分为三个时期：胚乳发育期、胚发育期、种子成熟期。此三个时期相对应的果实的发育也分为三个时期，即第一速生期、缓慢生长期和第二速生期。第一速生期，从落花后 25～45 d 果实直径达到 15～30 mm 时，此期果肉细胞迅速分裂，细胞数量增加，幼果的纵径生长快于横径生长，果实呈长圆形。第二期（缓慢生长期）为胚的发育时期，此期果实增长缓慢，主要是胚和种子的发育充实。第二速生期是在种子充实之后，此期果实细胞体积迅速增大，也是影响果实产量的最重要时期。

梨树果实品质的主要指标有果的大小、含糖量、石细胞多少以及果实的外观等。决定梨果实个头大小主要是梨果的细胞数量和细胞的大小。一个梨果有 2.5 万～4 万个细胞组成。细胞数增加的关键时期是在花后一个月左右，取决于上年秋季贮藏养分和春季至 5 月末的营养状况。果肉细胞增大主要在梨果的第二速长期。果实大小的影响因素还有树势的强弱、肥水供应和负荷多少。树势弱、肥水不足和负荷过多是当前果实偏小的主要原因。在保证花芽质量及授粉受精的基础上，还应注意疏花疏果，以保证大果数量的增加。

梨果实内部水分随果实生长而发生变化。5 月幼果含水量最低，至 7 月上旬果实水分含量为 5 月的 12 倍，8 月上旬达到 70 倍，9 月上旬达到 150 倍。果实除水分外，有 10% 是干物质，干物质的 90% 是碳水化合物，主要是淀粉和糖。从 5 月下旬至 6 月上旬在细胞中开始出现淀粉，以后少量增加，到 7 月急剧增加，7 月下旬最多，8 月逐渐减少，9 月上旬淀粉几乎消失。

梨的果实内有 5 个心室，授粉受精完全时，一般有 10 粒或接近 10 粒种子，果个大，果形端正，果实整齐一致；授粉差时，受精种子一侧果实发育正常，未受精或受精差的一方发育较慢，果实易长成偏形果，造成果形不端正。

（七）对环境条件的要求

1.温度

梨树喜温，生长期间需要较高的温度，休眠期则需要一定的低温。梨树经济区栽培的北界，与 1 月份的平均温度密切相关，白梨、砂梨不低于 −10 ℃，西洋梨不低于 −8 ℃，新疆梨和秋子梨以冬季最低温度 −38 ℃ 为栽培的北界指标。生长期过短，热量不够也为限制因子，确定以大于等于 10 ℃的日数不小于 140 d 为栽培区界限。梨树的需冷量，一般为小于 7.2 ℃的小时数为 1 400 h，但品种间的差异很大，如鸭梨、茌梨需要 469 h，库尔勒香梨需要 137 h，秋子梨中的小香水需要 1 635 h。这些种类中以砂梨的需冷量最小，有的甚至没有明显的休眠期。

温度过高，也不适宜。当温度达到 35 ℃以上时，生理即受障碍。由此可以看出，白梨、西洋梨在年平均气温大于 16 ℃的地区不适合栽培，秋子梨在大于 13 ℃的地区不宜栽培。

梨树开花需要 10 ℃以上的气温，14 ℃以上时，开花较快。梨树的花粉发芽也需要 10 ℃以上的气温，24 ℃左右时，花粉管的伸长最快，4～5 ℃时，花粉管即受冻害。花粉自发芽到到达子房受精一般需要 16 ℃的气温条件下 44 h，这一时期遇到低温，可影响受精坐果。果实在成熟过程中，昼夜温差大，夜间温度低，有利于同化作用，也利于着色和糖分积累。

2.光照

梨树喜光，年日照在 1 600～1 700 h 以上的地区，生长结实良好。一天内一般要求有 3 h 以上的直射光较好。

3.水分

梨的需水量在 353～564 mL。砂梨的需水量最多，在降水量为 1 000～1 800 mm 地区，能正常生长；白梨、西洋梨主要产在 500～900 mm 降水量的地区；秋子梨最耐旱，对水分不敏感。梨树在地下水位高，排水不良，孔隙率小的黏土中，根系生长不良。久旱、久雨都对梨树生长不利，在生产上要及时旱灌涝排，尽量避免土壤水分的剧烈变化。若梨园水分不稳定，久旱遇大雨，可以造成结果园大量裂果，尤其是韩国砂梨中的华山、我国梨品种中的绿宝石裂果比较严重。

4.土壤

梨树对土壤条件要求不是很严，沙土、壤土、黏土都可以栽培，但是仍以土层深厚、土质疏松、给排水良好的沙壤土为好。一般情况下，梨树根系要求土壤中氧气含量在 12%以上时开始产生新根，15%以上时正常生长，低于 2%时根系停止生长。梨喜中性偏酸的土壤，pH 在 5.8～8.5 均可生长良好。土壤有害盐类主要有氯化钠、碳酸钠和硫酸钠等。梨比较耐盐碱，当含盐量达到 0.14%～0.2%时可以正常生长，但是含盐量在 0.3%以上时，即受害。不同的砧木对土壤的适应力也不同，砂梨、豆梨要求偏酸，杜梨可偏碱，杜梨比砂梨、豆梨耐盐力都强。多数研究表明，梨树最适宜生长的土壤含水量标准是田间最大持水量的 60%～80%。

四、栽培管理

(一)建园定植技术

梨树的生长、结果寿命很长，要建立具有较高生产水平而又能发挥最大经济效益的梨园，必须事先做好建园规划设计，包括园地选择、品种选择、授粉品种的选配、园区规划、排灌设施规划、道路及防风林规划和定植技术等。既做到经济利用土地，为树体生长发育创造良好的条件，又为以后管理方便、经济效益高、园貌整齐做准备。

1.园地选择

梨树是多年生果树，梨园的建立应经周密调查研究，提出全面的果园设计；要有长远的规划，应做到现代化、科学化、规范化。每一个品种的栽培都有一定的适宜区，所以一定要根据当地的实际情况来选择品种，并实现机械化、优质化、商品化、无公害化，达到早结果、优质、高产、低成本、高效益的生产目的。

2.品种选择

品种的好坏直接决定梨园长期的经济效益，因此品种的选择是非常关键的。选择品种时应注意，不仅要选择适应当地的环境和土壤条件，有优质与丰产表现的优良品种，而且要选择适应市场需求、经济效益高的品种。目前晚熟品种发展面积过大，而早熟品种发展面积过小，可考虑发展早熟品种，如爱甘水、绿宝石、翠玉等。也可以中、晚熟品种为主，如南水、华山、黄金、秋黄、鲜黄、圆黄、水晶、新高等。

3.栽植

(1)栽植密度　可进行计划密植。对平顶架的栽培模式，前期密度株行距为(4～5)m×(1～1.2)m，后期改为 4 m×4 m 或 5 m×5 m，一般在定植 5～6 年后再进行间伐。对拱棚架的栽培模式，前期密度株行距为(5～6)m×(0.5～0.7)m，后期改为(5～6)m×(1～1.5)m；一般在定植 4～5 年后再进行间伐。中国梨品种一般采用非架式栽培，在沙地及丘陵地一般栽植密度株行距为(3～4)m×(2～3)m，平原肥沃地块可采用株行距为(4～5)m×(3～4)m。

(2)授粉树的配置　梨树大多数品种异花授粉才能结实，所以建园时除选好主栽品种外，必须配置适宜的授粉品种(表 5-2)。

表 5-2　梨树新品种及适宜的授粉品种

主栽品种	授粉品种
黄金	甜梨、晚三吉、圆黄、秋黄、绿宝石
水晶	绿宝石、秋黄、圆黄、丰水、早酥
秋黄	长十郎、甜梨、丰水、幸水、新水、晚三吉
华山	秋黄、长十郎、今村秋、新水、幸水、金廿世纪
圆黄	秋黄、丰水、鲜黄、爱宕、幸水
绿宝石	七月酥、玛瑙、早酥、丰水、幸水
南水	金廿世纪、幸水、新水、松岛、丰水
爱甘水	丰水、新兴、金廿世纪、松岛、幸水
红巴梨	冬香梨、红考米斯梨、伏茄梨、金廿世纪
早酥	锦丰梨、鸭梨、雪花梨、苹果梨
锦丰	早酥梨、苹果梨、酥梨、雪花梨
丰水	爱宕、金廿世纪、晚三吉、新兴
幸水	新世纪、长十郎、菊水、二宫白、伏翠
新世纪	菊水、幸水、早酥、长十郎、伏翠
新高	绿宝石、长十郎、茌梨、秋黄、丰水、圆黄
金廿世纪	晚三吉、茌梨、巴梨、蜜梨、鸭梨、雪花梨

授粉树与主栽品种的距离，必须依照传粉的媒介而异，以蜜蜂传粉的品种应根据蜜蜂的活动习性而定。蜜蜂传粉的品种与主栽品种间的最佳距离以不超过 50～60 m 为宜。授粉品种栽植的数量不宜过多，一般主栽品种 3～4 行配置 1 行授粉品种。如果一个梨园确定 2 个主栽品种，并且可以互为授粉树时，可以等量栽植，1∶1 或 2∶2 或 3∶3 均可。在生产中结合立地条件、砧穗组合、栽植密度等情况，确定适宜的栽植方式，如长方形栽植、带状栽植、等高栽植、加密栽植、一穴多株、三角形、正方形栽植等。

(3)定植技术　梨树定植时期可在春季 3 月上中旬进行，也可在秋季定植，大多在 10 月底至 11 月上旬，这个时期栽植的优点是第二年发芽早，生长旺，缓苗期短。要选用壮苗栽植，壮苗是指那些直立、健壮，干高 80～100 cm 及以上，嫁接口直径 0.8 cm 以上，苗干成熟度好，侧芽发育饱满,起运苗木无明显损伤,根系发达,有 3～4 个根系直径应在 0.4 cm 以上,无病虫害,且砧木适应当地的生态环境条件,砧木与接穗品种具有良好的亲和力的苗木。

定植前,平地应进行土地平整和盐碱地改良,山区丘陵地进行水平梯田整地。在山地、沙滩应挖定植穴,一般情况下长、宽和深度各为 80～100 cm。平原肥沃地块不需挖定植穴只需把地整成一定宽度的畦,在畦中央拉好线,再按一定的株距用铁锹挖一小穴即可,一般只需挖 2～3 铁锹,栽好后放水浇透。定植时,要把握好苗木的“根颈”位置,不要把根颈埋在土内,根颈与地面齐平即可。根颈是梨树地上部与地下部的交界处,是营养物质上下输导的关键部位。根颈在春季最早解除休眠,在冬季最早进入休眠,是梨树整个树体对气温感觉最敏感的器官。如果在定植时,将根颈埋入土中,梨树将失去对气温的感觉或感觉迟钝,影响梨树正常的生长发育和结果。

4.定植后的管理

(1)定干　定植后应及时定干。若采用纺锤形可在 80～100 cm 处定干;若采用平顶架式,可在 100～120 cm 处定干;若采用拱棚架式,可在 70～80 cm 处定干。定干后在合理的位置选留 3～4 个芽进行刻芽,发枝后应及时绑缚,以免被风吹折。病虫为害较重的地块应在定干后及时套上塑料袋,以防止虫子为害定干后保留的芽。

(2)追肥、灌水　定植当年,对幼树要在 5 月上旬施一遍速效性肥料,每 666.7 m^2 可以用尿素或磷酸二铵 25～50 kg,追肥后立即浇水,并划锄覆膜,7 月底至 8 月上旬用带尖的木棍,在距树干 30～40 cm 的地方,打 3～4 个深达 10 cm 的洞,每个洞内施氮、磷、钾三元复合肥 0.25 kg,施肥后用泥土把洞口封住,并灌满水。

(3)抹芽　4 月下旬,梨树发芽后及时将多余的芽抹除;6—9 月,每隔 20 d 左右,检查一下芽的萌发情况,多余的芽再发再抹;并检查新梢的生长情况,在保证枝叶量的情况下,对多余的新梢要及时疏除。

(4)病虫防治　对梨木虱、介壳虫、潜叶蛾、蚜虫、螨类要及时防治。病害尤其注意对黑星病、黑斑病、白粉病、褐斑病的防治,药物的选用以甲基托布津、杀菌优、多菌灵等为主。

(二)土肥水管理

梨树的根系生长得深广、稀疏,生长反应较慢。枝、叶大多集中在一次形成,花芽分化开始得早。这些特点都决定了梨树需要良好的土、肥、水条件,只有具备了较好的管理水平,充分满足梨树生长发育所需要的养分、水分,才能形成健壮的树体结构,达到丰产、稳产的生产目的。

1.土壤管理

梨树的正常生长需要土壤提供各种不同的矿质元素,根系生长以及吸收活动、有机物质的分解,又需要充足的氧气,一定的温度、湿度是梨树一切生命活动所必需的。所以当土壤的水、肥、气、热、微生物、酸碱度等诸多因素稳定而协调时,才可以满足梨树正常生长和结果的需要。秋季落叶后至土壤封冻前进行果园土壤耕翻,深度为 15～20 cm,深翻后耙平,保持土壤水分。生长季节尤其是雨季,树盘应及时中耕除草,松土保墒。幼树期间,行间可间作矮秆作物、绿肥或生草,忌间作有害梨树的蔬菜和高秆作物。成年树树盘内可进行作物秸秆等覆盖,厚度 15～20 cm。

(1)土壤改良　对山地梨园的土壤改良主要是深翻扩穴、增施有机肥,并逐年压土。对沙地梨园的土壤改良主要是抽沙填充好土,然后用表土埋好,并灌水沉实。对黏重土壤的梨园,改良的重点是增加透气性，降低土壤黏重性。在增加有机肥使用的基础上，压秸秆、除杂草，春季喷布“免深耕”土壤调理剂1～2次。对盐碱土壤的梨园，在梨园内每隔20～40 cm开一条排水沟，深约100 cm，宽约150 cm。定期引水浇灌梨园，冲洗土壤中的盐分，并施入大量的有机肥，使有机物质经微生物分解产生有机酸，中和土壤中的碱。

(2)耕作制度　梨园的耕作制度可以采用免耕制、清耕制、覆草制或间作制等方式。春季施肥灌水后，可喷除草剂如10%的草甘膦300倍，然后覆盖地膜。喷除草剂时注意不要喷在树干上，以免影响树体发育。地面覆草有生草后覆草和直接覆草两种方法。前者是在行间先种植黑麦草、白三叶、红三叶等牧草，待草长到50～60 cm时，用机械割草机留茬10 cm高割草后，覆于树盘下部。割后应及时进行追肥，以每666.7 m^2追25 kg尿素或30 kg氮、磷、钾三元复合肥为佳。还可用麦秸、稻草、玉米秸、豆秸、杂草、树叶等覆盖，覆草厚度为20 cm，时间在5—6月为佳。

2.施肥

(1)施肥类型、时间及用量　施肥应根据梨树树体内各时期的矿质元素营养状况和土壤元素的状态分析结果，来进行肥料的配方使用。施肥不仅要满足梨树的正常生长发育的需求，还要满足产量和品质的需求。

在生产上，为了提高梨的坐果率，要求梨树枝条中在春季的含氮量较高。在春季施氮肥无效，在生长后期施氮肥则有效。当结果过多时，树体缺氮。根在分配得到较多碳水化合物时，根的活性强，对钙、磷、钾的吸收亦好。在一定范围内的高量施氮、磷、钾，可以较好地提高产量。为了提高光合效能，可增加有机肥、腐殖质的施入量，使单位面积上每天释放的二氧化碳量增加或用含有二氧化碳的水灌溉，以使根系吸收和维持树冠内空气中二氧化碳的含量浓度，以提高光合效能。这些都属于合理施肥范围内应考虑的问题。

使用肥料中的氮、磷、钾的比例应注意，土壤中的有机质为0.6%～0.7%时，每生产100 kg果应施氮肥0.1～0.2 kg，氮、磷、钾比例为1∶0.5∶1。山地秋子梨园，每株施纯氮0.5 kg，氮、磷、钾的比例为4∶2∶1最好。多数情况下，梨树对氮、磷、钾的需要量，一般是氮与钾相似，而磷只是氮的1/3～1/2，一般来说，产量与品种不同，对养分的吸收数量也有较大的差别，而产量越高则对养分的吸收利用也越为经济。

(2)施肥形式　施肥有基肥、土壤追肥和叶面喷肥三种形式。梨园土壤中理想的腐殖质含量应在5%～7%，而我国的大部分梨园中腐殖质含量不足1%。应抓住梨园施基肥的关键时期，适时、科学、足量地施好基肥。在生长季节内，为满足梨树的生长发育，夏季一般采用土壤追肥和根外追肥。

结果树一般每年施肥2～3次，以花后坐果期及果实膨大期至花芽分化期进行为宜，根外追肥常在花芽分化至果实膨大期进行，如0.3%尿素及0.3%～0.5%的磷酸二氢钾。此外，根外追肥可有效地防治缺素症，如缺铁黄化时可喷0.3%硫酸亚铁，缺锌出现小叶病时可喷0.5%硫酸锌等。在果实速长期，一般以叶面喷磷、钾肥为主，结合喷施氮肥，对提高产量和品质都有重要的作用。在果实采收以后，则以喷氮肥为主，以增加树体的营养贮藏。冬季梨树落叶后，应加喷一次50倍尿素液，以提高梨树枝条、花芽内溶液的浓度，增强梨树的抗寒能力，并促进花芽分化，有利于早春开花结果及提高坐果率。除大量元素外，梨树还需要铁、锌、硼、锰、铜等微量元素。梨树常用根外追肥种类及浓度见表5-3。

表 5-3 梨树常用根外追肥种类及浓度

微肥名称	含元素量/%	喷布浓度/%	备注
硫酸锌	Zn/40	0.5～1.0	防治小叶病
硫酸铜	Cu/25	0.05～0.1	一般生产上要慎用,谨防铜害
硫酸镁	Mg/20	1.0	可以增加果实表光
硫酸钾	K/48～52	0.2～0.4	
硫酸亚铁	Fe/35	0.2～1.0	防治梨树叶片黄化病
螯合铁	Fe/14	0.05～0.1	吸收效果较好
硼砂	B/11	0.1～0.25	也可以使用硼酸(浓度为0.1%)
磷酸二氢钾	K/28、P/22	0.1～0.3	
过磷酸钙	P、Ca/16～21	1～3(清液)	也可以使用硝酸钙(浓度为0.3%)
硝酸钾	K/45～46	0.3～0.5	
尿素	N/45～46	0.3～0.5	落叶后可以使用50倍液喷布
草木灰	P/3.50、K/7.50	1～6(清液)	
硫酸铵	N/33～34	0.1～0.3	
硫酸锰	Mn/24	0.25～10	

3.灌水与排水

水是梨树生长发育的必要条件。除了自然降水,为了保证梨树的正常生长,有时需要进行灌水来补充水量。

(1)灌水的时期与方法　春季灌水可有效地提高坐果率,增强抗霜冻能力。秋季干旱可使果实减少,果小,品质差,旱后遇雨易裂果。梨园灌水的原则是"春旱必灌,花前适量,花后补墒,严防秋旱,采后冻前必灌"。

根据梨树的生长发育规律,灌水一般有4个时期:①萌芽开花前。主要是补充土壤水分,促进萌芽开花,促进新梢的生长发育,扩大叶面积,增加坐果率。②落花后和新梢加速生长期。梨树在此期需水最多,供水不足会引起大量落花落果,同时春梢的生长量也会大大减少。③果实加速生长期。灌水主要促进果实发育和花芽分化,对当年的产量和翌年的产量都有很大的影响。④休眠期灌水。

(2)排水　在梨树栽培中,多雨季节或一次降雨过大,造成梨园积水成涝,使地下水位高于梨树根系的分布层,土壤黏重、渗水性差,或在根系分布区下有不透水层时应及时进行排水。另外,盐碱地梨园,因下层土壤的含盐量高,会随水的上升而到达表层,若经常积水,因地表水分不断蒸发,下层水上升不断补充,造成土壤次生盐渍化。因此,必须利用雨水淋洗,使雨水向下层渗漏,然后汇集在一起排走。在经常有积涝或次生盐碱化威胁的梨园,可以采用较先进的地下管道排水法,即在梨园地下一定深度的土层内,安装能渗水的管道,让多余的水分从管道排走。

(三)花果管理

1.疏花

梨树由于形成花芽容易,所以当春季来临的时候,满树的花芽几乎在一夜之间开放。如果不提前采取疏花的措施,就会造成养分的极大消耗,对当年的产量和品质以及花芽分化都不利，所以在现代的梨园管理中必须提前进行疏花。

疏花时间在花蕾分离至开花前进行，宜早不宜迟；每 15～25 cm 留一个花序，每一花序留 2～3 朵边花，其余花全部疏掉。

2.授粉

在初花期采集花粉。一般每 10 kg 鲜花可出 1 kg 鲜花药，5 kg 鲜花药可出 1 kg 干花粉，如果人工点花授粉，一般每 666.7 m^2 需干花粉 20～25 g。在全园的花开放约 25%时，即可开始授粉。以天气晴暖，无风或微风，上午 9:00 以后授粉，效果较好。选花序基部的第 3～4 朵边花，花要初开，且柱头新鲜，开一批授一批，每隔 2～3 d 再重复进行一次。一般情况下，授粉应进行 2～3 次。授粉可采用放蜂和人工辅助授粉方式，时间在主栽品种开花 1～2 d 内进行。人工授粉的方法有人工点授、电动喷粉器、液体喷授、鸡毛掸子授粉等方式。

3.疏果

梨树疏果是为了当年生产个大、商品果率高的梨果和克服大小年，保证翌年有足够的花芽，达到连年丰产、稳产的目的。

(1)疏果的依据　确定树体的留果量的依据很多，如梨树所在地的环境条件、定植园的小气候、定植品种、树龄、树势、栽培方式、土肥水的管理水平等。根据叶果比、枝果比、果实间距离进行确定。管理水平好的园片、栽植密度适宜、叶片大而厚、叶功能强的，叶果比应小；反之则大。晚三吉梨每个果实占有叶面积为 1 295 cm^2，单果重可以超过 250 g；新世纪梨 25 片叶留一个果的，单果重可以达到 124 g，42 片叶留一个果的，单果重可以达到 150 g；秋蜜梨 37 片叶留一个果的，单果重可以达到 150 g。

影响枝果比的可靠性因素比叶果比更多，但是在生产上应用起来比较方便。一般每 3 个枝留一个果，如果树体比较强旺，枝果比可按 2.5∶1 或 2∶1 来确定，弱树要适当增加枝果比到 3.5∶1 或 4∶1。但日、韩砂梨一般属于大型果，故枝果比应按(4～5)∶1，或按 35～40 cm 留一个果。

在生产实践中，大多采用按果实间的距离来留果。品种间的生长发育特性不同，留果的距离也不尽相同。在日、韩砂梨新品种的栽培生产中，黄金梨一般应按 35～40 cm 左右的距离留一个果；水晶梨按 25～30 cm 的距离留一个果；华山梨，由于叶片小而果实大，应按 40～45 cm 留一个果；秋黄梨，叶片大而厚，果实较大，应按 25～30 cm 留一个果；圆黄梨，叶片较大，果实也大，应按 35～40 cm 的距离留一个果；鲜黄梨，由于叶片大且果实也大，应按 30～35 cm 留一个果。

(2)疏果的时间与方法　日、韩砂梨疏果时间一般在花后 7 d 开始，花后 10 d 内疏果结束。绿皮梨，如黄金、水晶、早生黄金等必须在花后 10 d 套小袋，所以疏果不宜太迟。一般品种梨的疏果，最迟也应在 5 月中旬前结束。如在河北石家庄一带，5 月中旬疏果的鸭梨，平均单果重为 145.6 g，而在同样的留果量的基础上，6 月中旬疏果的仅为 136.1 g。早疏的果实有较多的细胞数目而且细胞体积大，晚疏果实的细胞只是体积大而细胞数量不多。

疏果的方法有人工疏果和化学疏果两种。目前一般采用人工疏果的方法。首先疏去病虫、伤残和畸形果，然后再根据果型大小和枝条壮弱决定留果量，每个花序留一个果。一个花序中的第一、二朵花结的果也应疏除，保留第三、四朵花结的果，最好留横向生长的幼果。

4.套袋

(1)套袋作用　梨果套袋可使果面洁净、光滑、美观，抑制果点生长，使蜡质层分布均匀，果皮细腻、有光泽；可减少石细胞，果肉更加细脆，大大提高品质，防治病虫害，减少喷药次数2～3次，降低果实上的农药残留量，增加果实的耐贮藏性等。

(2)套袋的选择　在选择袋的时候，一定要注意果袋的质量、规格的大小，选用正式厂家生产的果袋等。

(3)套袋时间与操作　在落花后20～40 d疏果后，一般应在5月下旬至6月上旬，在疏果定果后，越早越好，15～20 d内应套袋完毕。因果点形成期于落花15 d即开始，如套袋过晚，果点已经形成，则套袋防锈和使果点变小变浅效果就会降低。套袋前后应喷一次杀菌杀虫剂。

方法是选定果后，先撑开袋口，托起袋底，使两底角的通气放水口张开，使袋体膨起。一手捏住果柄，一手托住袋底，将幼果套入袋口中部，将袋口从两边向中间果柄折叠，然后撕折袋口铁丝反转90°，沿袋口旋转一周将袋口紧扎在果柄上。

(4)去袋　红色品种可在采收前30 d去袋，双层袋先去外层，5 d再去内层袋。一般品种不要去袋，采收时连同果实袋一并摘下，装箱时再除袋，以确保果面洁净，并减少失水。

5.果实采收

梨果实的采收，是梨园管理的最后一个环节。梨果实采收的好坏，直接决定梨园效益的高低。若采收不当，不仅降低果品质量，而且降低果实耐贮存性，还可以影响翌年的产量。在梨树的管理过程中必须重视采收工作。采后的果品不能直接销售的，要及时将其贮藏。目前较为先进并且常用的贮藏方法有两种，一种是冷风库贮藏，另一种是气调贮藏。在贮藏过程中，要严格控制贮藏期间的病害。

在采收前的20～30 d，做好产量的估产工作。根据产量的高低，来准备采收用的工具和材料。因为梨果实皮薄、水大、单果重，所以不能用编织袋、麻袋等软材料来装梨果，否则会造成梨果的外皮损伤，形成次果，降低果实的耐贮存性。在短期贮存梨果的地方，要搭建凉棚，以免光照太强，造成发热烂果。

采收期的早晚直接影响果实的产量、品质、耐贮性。采收早了，产量下降、品质差、梨果实达不到应有的风味、降低果实的商品价值；采收晚了，果实的硬度降低，果实不耐贮存，而且影响树体养分的贮存和翌年梨树的产量。可根据梨果的不同用途和目的，选用不同标准来适时采收。

(1)梨果采收的要求　在采收前要喷一次高效低毒的杀菌剂，如多菌灵、甲基托布津等，以铲除梨果表面或皮孔内的病原菌，减轻贮存期间的为害；在采收过程中要求避免一切的机械损伤，如指甲划伤、跌撞伤、碰伤、擦伤、积压伤等，并且要轻拿轻放；梨果的果柄要完整，既不能损伤果柄又不能损伤果台及果台枝，以免影响当年商品果率及翌年的产量。装放梨果的容器要求用硬的材料，如塑料周转箱或竹筐、柳条筐等，箱或筐的里面要用软的发泡塑料膜或麻布片作内衬，以免在采收过程中碰伤梨果。

(2)梨果采收方法　一般采用人工采收。采收时要求左手紧握果台枝，右手握紧梨果的果柄，向一侧将梨果轻轻掰下。要求果柄完整，因为果柄不完整的话，将影响梨果的耐贮存性。采收一般应按自下而上，先外后内的顺序采摘，以免碰伤其他果实，减少人为的经济损失。采后的梨果要立即将果柄剪掉，以免果柄划伤其他梨果。在剪果柄时，一定要避免剪刀划伤果皮。新的果柄剪在使用前要将先端轻轻打磨，将其尖端打平。修剪果柄时要将果柄剪轻轻落下，不要用力过大，否则将划伤果皮造成伤害，形成次果。如果采后直接入冷库的，要在周转箱内直接放入塑料保鲜膜，并避免多次倒箱，碰伤梨果。在采运的过程中要避免“挤、压、抛、碰、撞”。

(3)采后处理　主要是按鲜梨的国家标准、行业标准完成水洗、消毒、单果套保鲜膜、分级、包装等程序。

(四)整形修剪技术

梨的整形修剪与苹果有相似之处，大多数的情况下采取与苹果相似的整形修剪方法。但梨树树体高大，顶端优势及干性、萌芽力都特别强；枝条的生长角度小，成枝力弱，叶片大，叶数少，对光照的要求高；梨的短枝比例较大，成花易，大多数的品种都可以在定植2～3年后结果，且较丰产，在一般情况下不产生副梢及竞争枝。因此，梨的整形修剪有自己的特点。

1.整形修剪的原则与依据

(1)品种不同，生长结果习性也不尽相同，修剪方法也不同。如韩国黄金、水晶、新高、圆黄、华山、南水、鲜黄、秋黄等砂梨品种，幼树期间大多以腋花芽结果为主，修剪时要用短截的方法来促发新梢，以尽快形成较大的枝叶量，提高产量。西洋品种梨的花芽大多在顶芽上，为早期结果并尽快地形成较大的树体结构，修剪时要减少短截的数量，多留顶花芽结果。我国梨树品种绿宝石、七月酥、玛瑙等，形成腋花芽不容易，主要以短枝结果为主，修剪时要多缓放，以尽快形成较多的花芽，结果以后要对除延长枝以外的枝及时进行回缩，以防止结果部位外移，造成内膛空虚，后期产量下降。

(2)梨树幼树的修剪要轻剪长放，多进行拉枝、摘心、缓放、短截等技术措施，少用疏除、回缩等剪法。进入结果期以后要多用疏除、回缩等剪法，少用缓放、拉枝等。衰老期为了延长结果年限，要多用回缩更新的剪法，以恢复树势。树势较旺的可以采用环剥、环割，并少短截、多疏除；树势较弱的要多采用短截、回缩等技术，少用缓放、疏除等剪法。判断树势的强弱要依据一年来的生长量和健壮情况、夏梢的数量和长度，以及芽的饱满情况来进行。树势较强的树，一般芽大而饱满，颜色光亮，枝条皮层厚，色亮，皮孔大而突出，中间髓心小而充实，这些情况就是树势健壮的表现。树势弱的表现是枝条弱而细，芽小而弱，皮薄，抽生的新梢短。

(3)地力较好的地块，树势一般较旺，所以要多行缓势修剪，也就是采用拉枝、缓放、疏枝、环剥、环割、目伤、摘心、绞缢等技术措施来减缓树体长势。地力较差的地块，一般树势较弱，应多采用促势修剪，也就是采用短截、回缩等修剪方法促进树体长势。

(4)修剪反应是果树修剪的重要依据，也是判断修剪是否正确的重要标准之一。修剪反应一般从两个方面来看：一是看局部反应，即某一枝条短截或回缩后，在剪口下看萌芽、抽枝、结果、花芽形成的表现。二是看整体反应，即修剪后看全树总的生长量、新梢长度、枝条的成熟度、密度、花芽形成的多少、果实产量和质量。依据修剪反应来明确修剪方法及技术措施、修剪的轻重程度，就可以进行正确的修剪。

(5)梨树的整形修剪必须与管理水平相结合，整形修剪的作用在管理好的梨园能得到很好地体现。不同的栽培模式需要不同的整形修剪方法，修剪的轻重程度也不尽相同。如密植园片则需要较小的冠径和较矮的树冠，稀植的园片则需要较大树冠和较大的冠径。总之，只要根据不同的条件来进行不同的整形修剪，就会达到较好的结果。

2.适宜树形

梨生产中常用的几种树形，包括主干疏层形、纺锤形、多主枝圆头形等。

(1)主干疏层形　干高 60～80 cm,主枝疏散分层排列在中心干上。第一层主枝 3～4 个,第二层 2 个,第三层 1～2 个。第一层主枝与第二层主枝的层间距为 80～100 cm,第二层主枝与第三层主枝的层间距为 40～60 cm。主枝上着生侧枝,主侧枝上着生结果枝组。选留主枝时要注意主枝的基角应不小于 45°,基角过小即使大量结果后,也无法令其开张角度。但是,基角过大,主枝生长势易转弱,影响长期的丰产、稳产。全树完成整形后的树高不要超过 5 m。这种树形较适于大部分品种梨的生长结果需求,骨架结构好,通风透光条件好,幼树修剪轻,成形快,结果面积大,单株产量高,是梨园常用的树形之一。

(2)纺锤形　该树形适宜密植梨园,是目前采用较多的丰产树形之一。干高 40～50 cm,树体高度为 2.5～3.5m,中心干直立、粗壮,有绝对的中干优势。骨干枝长 1～2 m,共有 12～15 个,在中心干上呈螺旋形均匀排列,每个骨干枝间距为 30～40 cm,不分层次。骨干枝角度为 60°～80°,骨干枝上不留侧枝,单轴延伸,直接着生中、小型结果枝组,1 个骨干枝就是 1 个结果枝群。该种树形目前在密植丰产梨园中采用较为广泛,树冠紧凑,通风透光好,有利于早结果、优质、丰产,5 年生的梨树每 666.7 m^2 的产量可以达到 4 500 kg 以上。

(3)多主枝圆头形　过去多用于山地梨园的整形,平地丰产园一般较少采用。干高 60～70 cm,主干顶端着生 5～6 个大主枝,向四周分布。主枝上着生侧枝、枝组,树呈伞状。由于主枝不分层,所以通风透光较差,内膛易光秃,树体虽大,但有效结果面积较小,结果部位多在树冠外围。

3.不同时期的修剪

(1)幼树及初果期树的修剪　此期梨树修剪的目的主要是整形和提前结果。幼树要“以果压树”,控制营养生长和树冠过大。砂梨,如黄金、水晶、新高等一般在定植后的第二年结果,3～4 年形成产量,5～6 年达到盛果期。其他的梨品种,如绿宝石、七月酥、玛瑙等,一般 3～4 年结果,5～6 年形成产量,7～8 年达到盛果期。对梨树的幼树要及时进行拉枝、环剥、目伤、摘心等一系列措施。采用的树形,一般以主干疏层形、纺锤形、二层开心形等为主。要根据不同的地力、不同的自然环境、不同的品种、不同的栽培技术、不同的长势来确定不同的整形修剪技术。要因树因地作形,不宜要求一致;要随枝随树作形,不要强树作形。另一条原则是一定要轻剪,总的修剪量要轻,尽量增加前期全树的枝叶量。尽可能地增加短截的数量,使之多发枝,并加强肥水管理。主干疏层形整形过程如下。

①第一年修剪。主要是定干和定干后的整形。一般定干的高度为 60～80 cm;由于梨树的成枝力较弱,定干后中干一般发枝较少,所以一般定干后不抹芽。但梨树的单个枝条生长较旺,定干后,易抽生较壮的强枝,在 5 月下旬应及时对长枝摘心,促进新梢充实和芽体饱满。夏季要扭、疏竞争枝,并在 7—8 月进行拉枝、拿枝,及时进行开张角度。冬季要对中心干的延长枝进行重短截,剪去枝条总长的 1/2 或 2/3 左右,其他的主枝也要进行短截,强枝行重截,弱枝轻截。

②第二年修剪。第二年春季,首先应在缺枝的地方进行目伤,以促发新梢。7—8 月应对主枝长度超过 100 cm 的进行拉枝。冬季选上端的第一个枝条作中干,并对中央领导干上的延长枝进行重短截。梨树由于顶端优势强,很容易出现上强。如果第一枝表现过强,可以把第一个枝条去掉,留第二个枝,并行重短截,以控制上强,以免出现上强下弱,造成以后改造的麻烦。在中央领导干的下部枝条中,选角度开张、位置合适、方向正确的 3～4 个枝条,用来作第一层主枝。接着对主枝延长枝进行短截,旺枝要重短截,弱枝要轻短截,以

平衡树势。选留的第一层主枝的剪口芽，要注意留外侧芽，以便新梢能比较开张地向外延伸，第二芽留在同一侧的方向，以便发枝后不交叉。疏除竞争枝、徒长枝、枯死枝、病虫枝。由于幼树发枝少，故对不影响树形和树体结构的枝条，一般不疏除，应尽量利用作辅养枝，待枝量达到一定的程度后再疏除。对中庸的发育枝应缓放，对较旺的发育枝应重短截。在短截过程中要掌握一个原则，即不管短截轻与重，都要在剪口下留几个饱满的芽，以利于发枝和保持优势。

③第三年修剪。第三年的春季，先将多余的芽萌发后及时抹芽。夏季应摘心、拉枝。在冬季修剪时，基部选留的第一层主枝已基本稳定，要对主枝延长枝进行短截，短截的程度要视具体的情况来定。在中央领导枝上，选留中心向上的健壮新枝，作为中央领导枝的延长枝。中央领导枝的延长枝生长势太强，则必须重短截，其下面的枝条因为与第一层主枝相距太近，原则上不留作主枝用，可以留用作为辅养枝。对短枝要缓放，以尽快结果。在第一层主枝上选留合适的侧枝，保证第一层主枝上的第一侧枝都在相同的侧面。由于梨的发枝量少，在第二年未选留出第一层主枝的部位，可利用中心枝抽生的枝条再选留合适的主枝。注意其着生的角度和延伸的方向，并注意开张角度，多行拉枝、坠枝、压枝等技术手段。

④第四年修剪。主要是根据不同的品种、不同的地力、不同的树形、不同的管理技术水平等因素来处理中央领导枝。若该品种枝条直立、生长势较旺，如绿宝石、华山、新高等，则将中央领导枝从基部疏除，留下面角度合适的枝条作中央领导枝的延长枝，以缓和树体的生长势。枝条比较开张的品种，如秋黄、玛瑙、圆黄等，要继续保留原来的延长枝，可以剪留 50 cm 左右，在其下选留出第二层的主枝，并对选留的第二层主枝留 30～40 cm 进行短截。疏除不宜保留的病虫枝、枯死枝、徒长枝、并生枝、较旺的竞争枝、较旺的背上枝以及较旺的直立枝等。保留的中庸枝或短枝可缓放或轻短截，以便及早形成较多的花芽，提高产量。

⑤第五年修剪。对中央领导干上的延长枝修剪方法与上一年相同。树冠在形成 5～6 个主枝以后，中心领导枝的高度已符合要求，可剪去中心枝的直立部分，使枝头倾斜，控制树体的高度，以增强下部枝组的结果能力。对主枝的剪留长度要比上一年稍短一些，一般可以留 40～50 cm，主枝延长枝可采用里芽外蹬和背后枝换头的修剪方法来处理，以开张角度。侧枝延长枝仍然要短截，一般可留 40 cm 左右。第二层主枝也要留侧枝，因为这一层的主枝较少，故在选留侧枝时不宜太多，要求也不是太严格。对以前所留的辅养枝也要适当地处理，在主枝和侧枝上的各个辅养枝，应缓放和轻截，使其尽快地形成结果能力。

(2)盛果期树的修剪　梨树进入盛果期以后，修剪的任务是调节营养生长与生殖生长的矛盾，控制结果量，保持一定的新梢数量，维持一定的长枝、中枝、短枝的比例，以及发育枝和结果枝的比例，维持结果枝组的稳定性，调节主枝的角度和数量。在盛果期，主枝、侧枝的延长枝向上生长，易造成外强内弱。修剪时要对其延长枝重剪或用背后枝换头，以控制其延长枝的上翘和旺盛生长。如果外围枝条过多，则宜疏去过多的枝条，尤其是旺枝、背上枝和直立枝。若外围结果过多，则宜疏除多余的结果枝和花芽，并留主枝延长枝上的芽，以防止树体外围过弱。主枝上的背上枝组，要适当控制，防止成为“树上树”，控制不了的要锯掉。疏除树膛内的徒长枝，回缩辅养枝，辅养枝无法控制的要从基部疏除。

(3)衰老期树的修剪　梨树生长结果到一定的年限后，必然会出现衰老。衰老期修剪的基本原则是衰弱到哪里，就缩到哪里。注意抬高枝干和枝条的生长角度，回缩时应用背上枝换头。对结果枝组，要利用强枝带头，强枝要留用壮芽。回缩时要分期、分批地轮换进行，不可一次回缩得太急、太快。在进行回缩前，通过减少负载量来改善树体的营养状况，使其生长势转强。对回缩后枝组的延长枝一定要短截，相邻和后部的分枝也要回缩和短截。全树更新后要通过增施有机肥和配方施肥来加强树势，并认真防治病虫害，同时也要注意控制树势的返旺，待树势变稳后，再按正常结果树来进行修剪。

模块巩固

1.简要说明我国四大主要苹果产区。
2.简要说明苹果的主要种类。
3.简要说明苹果生长发育要求的生态条件。
4.简要说明苹果定植的方法。
5.简要说明苹果施肥时期。
6.简要说明苹果灌水时期。
7.简要说明梨的主要种类。
8.举例说明梨的主要品种。
9.简要说明梨对环境条件的要求。
10.简要说明梨定植后的管理。

模块六
核果类果树栽培技术

【知识目标】

了解核果类果树主要种类及优良品种；明确核果类果树生长结果特性以及对环境条件的要求，掌握桃、杏、李的栽培管理技术要点。

【能力目标】

能够独立制定核果类果树的周年管理作业历；具备桃、杏、李栽培管理能力，并能够根据果树的物候期，开展主要的生产管理。

项目一 桃

桃原产我国，已有 4 000 多年的栽培历史，在我国被视为吉祥之物，素有“仙桃”“寿桃”之称，是我国主要的栽培果树之一。桃果不仅外观艳丽，汁多味美，而且营养丰富，含糖量 7%～15%，蛋白质 0.4%～0.8%，还含有脂肪、多种维生素及微量元素。既可以鲜食，也可以制作罐头、果脯、果酱、果汁、果干等多种加工品。桃在我国分布区域广，其中以华北和华东地区栽培较多。桃从 5 月下旬至 12 月均有上市，供应期达半年以上，对调节果品市场和周年供应有积极的作用。

一、桃主要种类

桃为蔷薇科桃属，包括普通桃、山桃、甘肃桃、光核桃、新疆桃、陕甘山桃 6 个种。

1.普通桃

普通桃又称毛桃，目前世界各国栽培的品种均来源于此种，有蟠桃、油桃和寿星桃三个变种，我国栽培品种都属于此种及其变种。根据形态、生态和生物学特性，将桃品种分为北方品种群、南方品种群、黄肉品种群、蟠桃品种群和油桃品种群等。

(1)北方品种群　原产于西北、华北等地，其特点是树性直立或半直立，成枝力弱，中短果枝和花束状果枝比例大且结果好。果形大，果实顶端有突尖，缝合线深，果肉硬质。代表品种有山东肥城桃、河北深州蜜桃、北京五月鲜、陕西渭南甜桃等。

(2)南方品种群　形成于长江流域的华东、华中地区，其特点是树性开张或半开张，成枝力强，中、短果枝比例大且结果好。果实圆形或长圆形，果顶圆或微凹，果肉柔软多汁。代表品种有上海水蜜、奉化水蜜、大久保、岗山白等。

(3)黄肉品种群　本品种群树性较直立或半开张，生长势强，成枝力较北方品种群稍强，中、长果枝多。果皮与果肉为黄色，肉质紧密强韧，是加工罐头的优良品种。代表品种有晚黄金、菲力浦、甘肃灵武黄甘桃、黄露桃等。

(4)蟠桃品种群　本品种群树性开张，成枝力强，中、短果枝多。果实扁圆形，果肉柔软多汁。代表品种有早露蟠桃、白芒蟠桃、黄金蟠桃等。

(5)油桃品种群　本品种群果皮光滑无毛，果硬脆，果汁少，味稍酸。代表品种有艳光、曙光、瑞光等。

2.山桃

分布于我国华北、西北山岳地带。为小乔木。果实圆球形，成熟后干裂，不能食用。耐寒，抗旱性强。为北方桃嫁接的主要砧木。

3.甘肃桃

产于陕西、甘肃。冬芽无毛。叶片卵圆披针形，叶缘锯齿较稀。桃核表面有沟纹，无刻点，花柱长于雌蕊。

4.光核桃

产于西藏高原及四川等地。为乔木，枝细长，小枝绿色。花白色，单生或两朵齐出。果近球形，稍小。核为卵形，扁而光滑。果可供鲜食或制果干。光核桃寿命长(可达 1 000 年以上)，树冠高大(可达 20 m)，是培育长寿品种的优良种质资源。

5.新疆桃

产于新疆，有不少栽培品种。叶片侧脉直出至叶缘时不结成网状。核的表面有沟纹。多数甜仁桃属于该类。

6.陕甘山桃

产于西北地区。叶片基部呈圆形，叶缘锯齿圆钝，果核为椭圆形。

二、主要优良品种

桃的品种很多，全世界有 3 000 个以上，我国有 1 000 个以上。我国北方桃主产地主要是山东、河北、辽宁、河南、北京、陕西、甘肃、新疆、天津、宁夏；南方桃主产地主要是四川、湖北、江西、浙江、江苏、云南、上海。根据各地的生态条件和桃分布现状及其栽培特点可将我国桃产区划分为 7 个栽培区，即西北高原桃区、华北平原桃区、长江流域桃区、云贵高原桃区、青藏高寒桃区、东北高寒桃区和华南亚热带桃区。

1.早美

北京市农林科学院林业果树研究所育成，亲本为庆丰×朝霞。果实近圆形，果形整齐，色泽鲜艳；果顶圆平，缝合线浅，两侧较对称。平均单果重 97 g，最大果重 168 g。果皮底色黄白，果皮不易剥离。果面 50%～90%着红色点状晕。果肉白色，果肉硬溶质，完熟多汁，味甜，有香气，无涩味，可溶性固形物含量 9.5%，品质上等。黏核，核较小，硬核但有裂核。成熟期 6 月中旬，果实发育期 50～55 d。西安地区保护地栽培 5 月中下旬即可成熟上市。树势强健，树姿半开张，花芽起始节位低，在 1～2 节就能形成花芽。丰产。

2.早凤王

河北省固安县实验林场从早凤桃选出的自然芽变。果实近圆形，稍扁，平均单果重 240 g，最大可达 620 g，果顶圆平稍凹，缝合线浅。果皮底色白色，果面着粉色片状彩霞或红晕、果肉白色，溶质，味甜，可溶性固形物11.2%，品质上等。在河北省固安县6月底、7月初成熟，果实生育期75 d，在秦皇岛地区7月中旬成熟，保护地栽培在4月中下旬成熟上市。树势强健，树姿半开张。丰产。属于早熟特大型品种。

3.美硕

河北省农林科学院石家庄果树研究所育成，为京玉桃的实生后代。果实圆形，平均单果重237 g，最大果重387 g，果顶凹陷，缝合线浅不明显，果皮底色黄绿，鲜艳玫瑰红色，着色面积70%以上。果皮中厚，不易剥离，茸毛中密。果肉白色味甜，有微香，汁中多，纤维中等，无涩味，含可溶性固形物12%～14%。果实硬度大，较耐贮运，无裂果，黏核。在石家庄地区3月中下旬萌芽，4月上中旬开花，6月上旬以后着色，6月下旬果实成熟，果实发育期75 d左右。可用于保护地栽培。萌芽率中等，成枝力强，花粉量大，无生理落果和采前落果，丰产性强。

4.大久保

日本品种，系偶然实生种。果个135～272 g，最大可达500 g，平均单果重260 g。果实近圆形，果顶圆微凹、缝合线浅。果面绿黄色，阳面有鲜红晕，外形美观。果肉乳白色，肉质细密，可溶性固形物含量10%～14%。完熟时易剥离，近核处稍有红色。果肉硬溶质，耐贮运，味香甜，品质上等，为目前鲜食与加工兼用品种。在北京地区8月初成熟。树势中等偏弱，树姿开张，枝较柔软，易下垂，以长果枝结果为主，丰产性好。

5.曙光

中国农业科学院郑州果树研究所育成，亲本为丽格兰特×瑞光2号。果实近圆形，果顶圆平稍凹，两部较对称。平均单果重80～90 g，果皮底色浅黄，果面90%鲜红色，着色均匀。果肉黄色，肉质脆，硬溶质，汁多，风味甜，香气浓郁。完熟后变软，黏核，含可溶性固形物14.7%，品质佳，耐贮运。果实6月下旬成熟，果实生育期65 d。树体生长势较强，丰产，是优良的早熟油桃品种，适合保护地栽培。

6.重阳红

河北昌黎县林业局两山乡技术站发现的一自然变异株。果实圆形，果顶圆平，缝合线浅，较对称。平均单果重250 g，最大果重850 g。底色黄白，70%着红晕，有条纹，茸毛较短而少。果肉白色，近核处有红晕，离核，肉质细，硬溶质，风味甜，可溶性固形物含量13.9%，品质上等。果实8月下旬成熟，极耐贮运，常温下可存放15 d左右。树势强，半开张，各类结果枝都能结果，易成花，丰产，是晚熟、大果、耐贮运的优良品种。花粉量小，生产中必须配置授粉树且以人工辅助授粉为宜。

7.早露蟠桃

北京市农林科学院林业果树研究所育成，亲本为撒花红蟠桃×早香玉。果实扁平，平均单果重113 g，最大果重140 g，果顶凹入，缝合线浅。果皮底色黄白，具玫瑰红晕，茸毛中等多，易剥离。果肉乳白色，近核处有红色，溶质，质细，风味甜，有香气，含可溶性固形物9%～11%，品质上，黏核，裂核少。果实成熟期6月中下旬，果实生育期67 d。树势中庸，树姿较开张，花芽起始节位1～2节，花粉量大，结果早，极丰产。易栽培管理，适合保护地栽培。

8.瑞蟠13号

北京市农林科学院林业果树研究所育成，果实扁平形，果个中大，平均单果重133 g，最大果重 183 g。果面底色为黄白色，果面近全面玫瑰红色晕，茸毛中等，果顶凹入，缝合线浅。果皮中等厚、易剥离，果肉黄白色，皮下的果肉有少量红色素，肉质较硬，汁液多，纤维少，风味甜，有淡香味，耐运输。核较小，黏核。含可溶性固形物 11%，可溶性糖 9.30%，可滴定酸 0.24%。树势强健，树冠较大，各类果枝都能结果，易成花，结果早，丰产。在北京地区，4 月中旬盛花，6 月底果实成熟，果实发育期 78 d 左右，10 月下旬落叶，年生育期 210 d 左右，适合保护地栽培。

9.艳光

白肉油桃，果实椭圆形，平均单果重 100 g，大者可达 130 g 以上。果皮底色发白，80%着玫瑰红色，外观美丽。果肉脆，风味甜，有芳香，品质优良，丰产性强。

10.中油 5 号

中国农业科学研究院郑州果树所选育，果实近圆形，果个大，平均单果重 120 g，最大 180 g，着玫瑰红到鲜红色，艳丽美观。果肉白色，硬溶质，耐贮运，浓甜有香气，黏核。

11.瑞光 19

北京市农林科学院林业果树研究所 1997 年选育的中熟油桃品种。果实发育期 97 d，果实近圆形，果皮底色黄色，果面为玫瑰红色，果肉白色，硬溶质，风味香甜，含可溶性固形物 8.5%～12%，半离核，平均果重 150 g，最大可达 220 g。北京地区 7 月中下旬成熟。

12.中油桃 8 号

中国农业科学院郑州果树研究所育成的中晚熟甜油桃新品种。果实近圆形，平均果重 190 g，最大果重 250 g，外观艳丽美观。果肉黄色，肉质细，硬溶质，味浓香甜，含可溶性固形物 13%～16%。品质佳，黏核。在郑州地区 8 月上、中旬成熟。该品种树势强，有花粉。果个大，外观美，风味佳，是优良晚熟油桃品种。可作为出口主栽品种发展。

三、生物学特性

(一)生长结果习性

桃为落叶小乔木，干性弱，树冠开张。幼树生长旺盛，树冠成形快。开始结果早，定植后第二年就可以结果，在密植情况下，第三年就可以进入盛果期，15 年后进入衰老期。桃的经济寿命较仁果类果树短。

1.根

桃根分布较浅，主要分布在 10～40 cm 的土层中。其水平根较发达，分布范围为树冠直径的 2～3 倍，但主要分布在树冠外围附近。在年周期中，桃根系在早春生长较早。当地温达到 5 ℃左右时开始生长新根，20 ℃时生长最为旺盛。桃根系在一年内有两次生长高峰，第一次在 7 月中旬以前，之后生长速度迅速下降，8 月初当土温达 26 ℃时新根停止生长。10 月上旬，当土温稳定在 19 ℃左右时根系进入第二次生长高峰，但生长期较短，生长势较弱，到 11 月上旬，土温下降到 10 ℃时，根系停止生长，进入冬季休眠。

2.芽

桃花芽肥大，呈长卵圆形；桃叶芽瘦小而尖，呈三角形。桃的顶芽都是叶芽，花芽为侧芽。根据芽的着生状态可分为单芽和复芽。复芽是桃品种的丰产性状。最常见的复芽组合是一个花芽与一个叶芽复生的双芽和两侧为花芽、中间为叶芽的三芽复生。桃叶芽具有早熟性，当年形成的芽当年能够萌发，生长旺的枝条一年可萌发二次枝或三次枝，甚至可抽生四次枝。桃萌芽力和成枝力强，只有少数芽形成潜伏芽，潜伏芽少且寿命短，不易更新。树冠下部枝条易光秃，结果部位上移(图 6-1)。

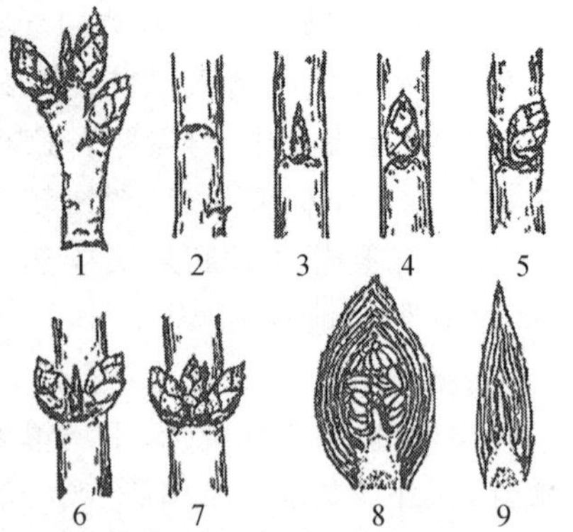

1.短果枝上的花芽；2.隐芽；3.单叶芽；4.单花芽；5～7.复芽；8.花芽剖面；9.叶芽剖面

图 6-1 桃树的芽

3.枝

(1)发育枝 长度 60 cm 左右，粗度 1.5～2.5 cm，生长势较强，其上多叶芽，有少量花芽，有二次枝，一般着生在树冠的外围，主要功能是形成树冠的骨架。

(2)徒长枝 由多年生枝上的潜伏芽萌发而成，多发生在树冠内膛，直立性强，生长强旺，粗度 2 cm 左右，长度在 80 cm 以上；节间长，组织不充实，其上多发生二次枝，甚至三、四次枝。

(3)叶丛枝 只有一个顶生叶芽的极短枝，长 1 cm 左右，多发生在弱枝上，当营养条件和光照条件好转时，也可发生壮枝，可用作更新。

(4)结果枝 据其形态和长度可分为徒长性果枝、长果枝、中果枝、短果枝和花束状果枝。徒长性果枝长 60 cm 以上，生长较直立，枝条的先端有少量二次枝，枝上有花芽，一般花芽质量较差，坐果率低，通过修剪可用于培养结果枝组；长果枝长 30～60 cm，一般不发生二次枝，复花芽多，生长充实，坐果率高，是主要的结果枝条，通过适当修剪，可保持连续结果的能力；中果枝长 15～30 cm，单芽、复芽混生，也是较好的结果枝条，结果后还能抽生中、短果枝，具有连续结果能力；短果枝长 5～15 cm，单芽多，复芽少，在营养良好时能正常结果，多数短果枝坐果率低，更新能力差，结果后易衰弱甚至枯死，连续结果能力差；花束状果枝长 5 cm 以下，寿命短，多单芽，只有顶芽是叶芽，其侧芽均是花芽，结果能力差，易于衰亡(图 6-2)。

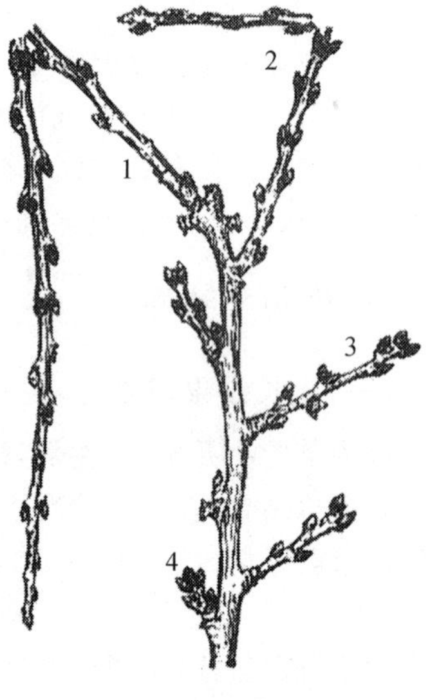

1.长果枝；2.中果枝；3.短果枝；4.花束状果枝

图 6-2 桃的结果枝类型

4.花芽分化

桃多数品种容易形成花芽。桃品种不同，花芽开始分化的时期也不同，但多数集中在 6 月中旬和 8 月上旬。成年树比幼树花芽分化早，山坡地比平地分化早，中、长果枝比徒长性果枝和副梢果枝早。在花芽分化前施氮、磷肥有利于花芽分化。通过夏季修剪控制新梢生长，改善光照条件，也是促进花芽分化的有效措施。

5.开花与坐果

桃多数品种为完全花，具有正常的雄蕊和雌蕊，大多数品种为花粉能育类品种，自花授粉结实良好。但也有的品种雄蕊败育而无花粉，如重阳红、深州蜜桃、五月鲜、砂子早生、岗山白等。这类品种在栽培时要配置授粉树。

桃开花期平均温度在 10 ℃以上，适宜温度为 12～14 ℃。开花早晚与品种、花的着生位置有关。同一果枝上，上部花先开，基部花后开。桃落花落果的主要因素是授粉受精不良。授粉受精与花期气候条件密切相关，开花期气候稳定，有利于授粉和昆虫传粉；若花期气候出现异常，就会影响授粉受精。如果发生倒春寒，温度降到－1 ℃左右时，花器会发生冻害。所以，在花期遇雨及低温天气，或在温室栽培时，有必要进行人工辅助授粉。

6.果实生长发育

桃果实生长曲线属双S形，果实发育阶段可分为3个时期，即幼果迅速生长期、果实缓慢生长期和果实迅速膨大期。

（1）幼果迅速生长期　又叫细胞分裂期，出现在授粉受精后从子房膨大开始到果核开始木质化之前。该期果实体积和重量迅速增加，果核也迅速增大并达到应有大小。此期所用的时间和增长速度，不同品种大致相似，在北方大约到5月下旬或6月上旬为止，需要50～53 d。

（2）果实缓慢生长期　又称硬核期，此期果实增大缓慢，果核开始逐渐木质化。硬核期时间的长短因品种而异，有些极早熟品种仅需5 d，一般早熟品种需2～3周，中熟品种需4～5周，晚熟品种需6～7周或更长。

（3）果实迅速膨大期　此期果实体积和重量增大很快，直到成熟。这一时期的长短因品种而异，早熟品种很短，35 d左右，20 d内增长量最大，成熟前7～14 d横径增长迅速，果实呼吸强度、内含物、硬度、底色、彩色等明显改变，标志着成熟期的到来。

（二）对环境条件的要求

1.温度

桃喜温耐寒，北方品种群以年平均气温8～14 ℃为宜。桃具有一定的耐寒能力，一般品种可耐－25～－22 ℃的低温。但品种间的耐寒力有一定差异，如满城雪桃耐寒力差，在华北地区，过冷年份易受冻害。

桃树的花芽在休眠期能耐－16～－14 ℃的低温。北方2月份温度骤降或温度较低时，花芽容易受冻，有些品种会产生僵芽现象；花蕾期气温在－17～－6.6 ℃即受害，花期为－2～－1 ℃即受害，幼果－11 ℃即受害。花期温度过低影响授粉，授粉最适温度为20～25 ℃。

2.水分

桃耐旱不耐涝，要求较低的空气湿度和土壤湿度。生长期土壤含水量在20%～40%时就能正常生长，当降至15%～20%时叶片萎蔫，低于15%时才会出现严重旱情。桃树耐旱，但不等于说桃树不需要补充水分，生产中要实现高产优质，必须根据桃的需水规律适时浇水。

3.光照

桃原产地海拔高、光照强，形成了桃树喜光的特性，光照不良会造成枝叶徒长，花芽分化少且质量差，落花落果严重，果实着色不好，风味差，树冠下部小枝易枯死。所以，在生产中要合理密植，选择合理树形，正确运用修剪技术，改善通风透光条件。

4.土壤

桃宜栽在土质疏松、排水良好、土层深厚的沙质壤土上。土壤不能过于黏重或过肥，否则树体徒长不易控制，易得流胶病、颈腐病。桃在微酸至微碱的土壤中均可栽培，pH在4.5～7.5均可生长良好，但在碱性土壤上栽培易得黄叶病。桃园重茬常表现为生长衰弱、产量低或生长几年后突然死亡等异常现象，故桃树最忌重茬。

四、栽培管理技术

（一）桃整形修剪技术

1.主要树形

桃树干性弱，萌芽成枝力强，喜光，所以在生产中多采用开心形树形。目前，在我国应用较多的有三主枝开心形、三主枝六头开心形、二主枝开心形等。具体树形应根据品种、密度和立地条件等确定。

(1)三主枝开心形　其主干高 30～50 cm,在主干顶端分生邻近或错落排列的 3 个主枝,主枝与垂直方向的夹角为 45°～60°。各主枝直线延伸,每个主枝两侧配置 2～3 个侧枝,侧枝的分生角度是 60°～70°。第一侧枝距主干 60 cm,各侧枝之间距离 40～50 cm。全树有 6～9 个侧枝,在主侧枝上着生大、中、小型结果枝组。这种树形主枝少,侧枝强,骨干枝之间间距大,光照好,枝组寿命长,成形快,修剪量轻,结果早,丰产。

(2)三主枝六头开心形　其主干高 30～50 cm。在主干顶端分生邻近或错落排列的 3 个一级主枝,在一级主枝 50 cm 左右处,按二叉式分枝形成 6 个二级主枝头,6 个二级主枝按 45°～60° 的开张角度直线延伸,每个二级主枝上各培养两个固定的小侧枝。

(3)二主枝开心形　又称为"Y"形,适用于宽行密株的果园,一般株行距为(1～2)m×(4～5)m,每 667 m^2 栽 111～166 株。该树形干高 40～60 cm,两主枝基本对生,夹角 80°～90°,即主枝开张角度 45°左右,向行间延伸,每个主枝上培养 2～3 个侧枝,侧枝间距 50～60 cm。这种树形成形快,光照好,结果早,产量高,品质好。

2.不同年龄时期的修剪特点

(1)幼树期的整形修剪特点　桃幼树期,即 1～3 年生,其生长旺盛,果枝少,花芽节位高,坐果率低。修剪的主要任务是尽快扩大树冠,加速成形,同时培养各类结果枝,促使早结果、早丰产。因此修剪量要轻,除骨干枝按要求适当剪截,树冠外围适当疏枝外,其他枝条一般轻剪或缓放。

(2)初果期树的修剪特点　初果期,即 4～5 年生,虽然果枝大量出现,但生长仍较旺盛;虽然树形已基本成形,但树冠继续扩大。这一时期修剪的主要任务是继续培养好各级骨干枝,培养好结果枝组,多留、轻剪结果枝,从而尽快进入盛果期。此期容易出现树体紊乱、主从不分的现象,所以在修剪时要注意疏除过密的大枝,严格控制徒长枝和竞争枝,注意开张角度,保持树体平衡。

(3)盛果期树的修剪特点　盛果期,即 6～15 年生。桃进入盛果期,主枝逐渐开张,树势缓和,树冠稳定,各类枝组配备齐全,徒长枝和副梢逐渐减少,短果枝比例上升,生长和结果的矛盾突出,内膛下部小枝枯死渐多。此期修剪重点是调节生长与结果的关系,兼顾结果与抽梢的双重要求,延长盛果期年限。同时要注意控制枝量,改善通风透光条件,一般盛果期树冬修剪后每 667 m^2 保持枝量在 8 万条左右为宜,夏季修剪后每 667 m^2 保持枝量在 10 万～12 万条为宜。

(4)衰老树的修剪特点　一般 15～20 年后桃树进入衰老期,此期的特点是生长量小,长、中果枝比例下降,短果枝和花束状果枝大量增加,大型结果枝组生长衰弱,小型结果组大量衰亡,树冠内出现不同程度的光秃,结果部位外移,产量明显下降。此期修剪一般是采用重剪、回缩,更新骨干枝,同时多留背上枝组,充分利用徒长枝更新树冠,维持结果并稳定产量。

(二)桃花果管理技术

1.授粉树配置

对自花结实的桃品种,异花授粉可提高坐果率。一般应配置 1～2 个授粉品种,数量控制在 10%～20%。对自花不结实或无花粉的品种,一般应配置 2～3 个授粉品种,数量不低于

30%。桃是虫媒花，必要时需要放蜂提高授粉率。

2.人工辅助授粉

栽培无花粉或花粉少的品种，或花期遇自然灾害或缺乏昆虫辅助授粉时需要进行人工辅助授粉。人工辅助授粉一般每公顷授粉树需 1～2 kg 花蕾，选用花粉较多的优良品种采集花蕾，收集花粉后即可进行人工辅助授粉，人工授粉方法有人工点授、机械喷粉、鸡毛掸子授粉和液体喷粉等。

3.疏花疏果

(1)疏花疏蕾　疏蕾一般在开花前 3 周，尤其花前 1 周至始花前是疏蕾的关键时期；疏花在始花到终花期间均可进行，方法以人工疏花疏蕾为主。

具体疏花疏蕾的方法是对幼树主枝及侧枝延长枝先端 30～50 cm 的花蕾全部疏除，对成年树主要是疏除结果枝背上和基部、花束状果枝和无叶芽枝条的初蕾；长果枝由于疏花疏蕾后易促进新梢徒长，一般不疏花。疏花疏蕾量为总花量的 20%～50%。幼树、旺树可轻疏，老树、弱树可重疏；坐果率低、有生理落果的品种轻疏，坐果率高的重疏；易受晚霜危害的地区轻疏或不疏。

(2)疏果　依树龄、树势、品种和管理水平确定留果量。依据叶果比应该是(20～40)：1，一般早熟品种(20～30)：1，中熟品种(25～35)：1，晚熟品种(30～40)：1；按枝定果则是一般长果枝上大型果留 1～2 个，中型果留 2～3 个，小型果留 4～5 个；中果枝上大型果留 1 个，中型果留 1～2 个，小型果留 2～3 个；短果枝上大型果每 2～3 个短果枝留 1 个果，中型果留 1 个果，小型果留 1～2 个果；预备枝不留果。根据期望产量和果实大小，一般将每亩产量控制在 2 000～3 000 kg。确定期望产量应考虑管理水平，管理水平高可适当多留，否则应少留。确定了期望产量后，将任务按树体生产情况分配到每株树，再根据品种固有果实大小，确定每株树的留果数。疏果时要比确定的留果量多出 5%左右，以防止落果和病虫为害等。

(3)疏果时期与方法　第一次疏果于盛花后 20～30 d 进行，无花粉的品种在盛花 30 d 后进行，疏果时按自上而下、自内向外的顺序疏除小果、畸形果、病虫果和着生在背上、果枝基部、顶部、花束状果枝和无叶芽果枝上的位置差的果，疏除量为总疏除量的 60%～70%。盛花后 40 d 左右定果，留结果枝中上部果、叶片数多的部位的果、上部及外围结果枝斜向下生长的果，以及斜向上生长的果。一般早熟品种要一次完成疏果，晚熟品种疏 2～3 次。

4.果实套袋

(1)果袋种类与选择　目前桃果用袋有报纸袋、专用纸袋和塑膜袋，分为有底和无底两种，颜色多为白色、黄色、橙色。一般早熟品种或设施栽培采用无底浅色袋，中晚熟品种使用有底深色袋。生产精品红色果实，则应选择双层袋。套双层袋果实着色好，果面洁净、色泽鲜艳，品质优良，但成本较高，费工费时。北方产区主要在中晚熟品种上应用套袋。

(2)套袋时期　套袋在定果后进行，一般在花后 30 d 开始套袋。

(3)套袋方法　袋应先套坐果可靠的品种、早熟品种及大树，后套落果率高的品种、晚熟品种及幼树。套袋前应先喷 1 次杀虫剂和保护性杀菌剂。套袋时选择侧生或下生、果形长、果面光洁、果色正、无机械伤和无病虫害的健壮果，按照先上后下、从内向外的顺序进行套袋。

(三)土肥水管理技术

1.幼树的土、肥、管理

(1)土壤管理　秋季落叶后至土壤封冻前进行桃园土壤翻耕，深度为 15～20 cm，深翻后耙平，保持土壤水分。对质地不良的土壤进行改良。黏重土壤掺沙土，粗沙土壤掺黏土。山区丘陵地逐年扩穴换土。生长季节尤其是雨季，树盘应及时中耕除草，松土保墒。幼树期间，行间可间作矮科作物、绿肥或生草，但忌间作有害桃树的蔬菜和高秆作物。成年树树盘内可用作物秸秆等覆盖，厚度 15～20 cm。

(2)肥管理

基肥是土壤补充给桃较长时间内使用的肥料，以迟效性有机肥为主，适于秋季施用，可于9—10 月结合桃园深翻施入。

桃幼树追肥的基本原则是“淡肥勤施，前促后控”。追肥一般可分为 3 次：①萌芽期追肥，2 月上旬萌芽前施入，以速效氮肥为主；②硬核期追肥，幼果停止脱落即核硬化前进行，约 5 月中旬，以速效钾、氮肥为主，辅以适量的磷肥；③采果后追肥，采果后施，以氮肥为主，且可以与秋季基肥一并施入。

根外追肥即叶面喷肥，在开花期喷施 0.2%～0.5%的硼砂，生长期喷施 0.1%～0.4%的硫酸锌。整个生长季可以喷 0.3%～0.4%的尿素 3～4 次和 0.2%～0.4%的磷酸二氢钾。过磷酸钙宜在果实生长初期和采果前喷施，可喷 2～3 次。

2.成龄桃园的土肥管理

(1)改善土壤结构　成龄桃园土壤管理的目的是增加有机质，改善土壤结构，可采用生草制、覆盖制等。桃园覆盖可抑制杂草生长，减少水分蒸发，提高土壤湿度，同时增加土壤有机质，改善土壤团粒结构，提高土壤肥力，并可保持水土，有利于桃树生长。

(2)施肥　施肥方式有基肥、土壤追肥和叶面喷肥 3 种。施肥方法可采用沟状施、条施或穴施。基肥以腐熟的农家肥为主，适量加入速效化肥，如过磷酸钙、硼砂、硫酸亚铁等。基肥应尽早施入，可在 9 月下旬至 10 月上旬施入；土壤追肥时期为萌芽前、开花前、果实迅速膨大期和采收后。生长前期以氮肥为主，生长中后期以磷钾肥为主；在生长前期可喷两次 0.3%～0.4%的尿素，后期喷 0.3%～0.4%的磷酸二氢钾，缺铁黄化时可喷 0.3%硫酸亚铁。有条件的可进行平衡施肥法。

3.灌水和排涝

萌芽前、开花前、硬核期、果实膨大期和土壤封冻前各浇水一次。雨水多时注意及时排涝。

项目二　杏

杏原产于我国，栽培历史悠久，在 3 500 年以上。世界上生产杏较为集中的地区为东亚、中亚、小亚细亚和地中海沿岸各国。杏果实营养丰富，既可鲜食又可以加工，还有医疗价值。杏仁含油 50%～60%，蛋白质 23%～25%，糖类 10%，此外还含有人体不可缺少的矿质元素。杏的适应性强，耐瘠薄，在平原、高山、丘陵、沙荒盐碱地、黏壤土、壤土、沙壤土、沙砾土上都能正常生长。杏还是很好的绿化和观赏树种。

一、杏主要种类与品种

杏为蔷薇科、杏属植物。我国现有杏属植物有 9 种，即普通杏、西伯利亚杏、东北杏、藏杏、紫杏、梅杏、志丹杏、政和杏、李梅杏。

(一)我国杏分类及分区

1.我国杏分类

我国杏属资源有2 000余个品种，生产上按用途常将杏品种分类为鲜食、加工、鲜食加工兼用、仁用和仁干兼用5大类型。

(1)鲜食品种　果实大，外观艳丽，果肉肥厚多汁、纤维细、酸甜适口，浓香。

(2)加工品种　包括制脯、制罐、制干品种。制脯品种，果实中等大小，果肉黄色或橙黄色，果肉色泽一致，汁液少，硬而致密、纤维少而细，含酸量高，离核；制罐品种，果实果胶和果酸含量高，果肉黄色、橙黄色或白色；制汁品种，汁液多、出汁率高，果肉黄色、橙黄色或白色，不易褐变。

(3)鲜食加工兼用品种　我国大部分品种属于此类。果实含糖量高，汁液中等，果肉厚，酸甜适口且有香气，既可加工，又可鲜食。

(4)仁用品种　仁大、饱满、味甜，富含脂肪和蛋白质等多种营养成分，出仁率高。

(5)仁干兼用品种　果型小，果肉厚，含糖量高，离核，仁大香甜，既可制干，又可取仁。

2.我国杏分区

我国杏鲜果及杏仁的栽培面积及产量在世界上占有重要地位，并且分布范围很广，除南部沿海及台湾地区外，大多数省区皆有，并形成了5个特色地理分布区。

(1)华北温带杏区　主要包括河北、河南、山东、山西、陕西、北京、天津、甘肃兰州以东、辽宁沈阳以南及安徽江苏北部地区。栽培品种类型1 400个。此产区以鲜食品种为主。

(2)西北干旱带杏区　主要包括新疆、青海，甘肃兰州以西及宁夏等大陆干旱气候区。栽培品种类型350个。本产区果实个小、含糖量高，多为离核甜仁。

(3)东北寒带杏区　主要包括内蒙古包头以东、辽宁沈阳以北及吉林、黑龙江等地。栽培品种类型350个。此区以苦杏仁品种占多数。

(4)热带亚热带杏区　主要包括江苏与安徽两省中部、上海、浙江、江西、福建、湖北、湖南、广东、广西、海南等地，栽培品种类型100个。本产区的果实个大、鲜食品质优。

(5)西南高原杏区　包括云南、贵州、四川、重庆、西藏等地。栽培品种类型40个。

(二)主要品种

1.金太阳杏

美国鲜食品种。果实近圆球形，两半部对称，平均单果重66.9 g。果面光洁，底色金黄，阳面着红晕。果肉黄色，可溶性固形物含量14.7%，总酸1.1%，可食率96.8%。离核、肉质细嫩、汁较多、有香气，风味浓甜，抗裂果，较耐贮运。果实发育期59 d，一般5月下旬成熟。树势较强，树姿半开张，萌芽力、成枝力强，以短果枝结果为主，坐果能力强。极丰产，具有较强的抗霜和抗病能力，不仅适合露地栽培，而且非常适合保护地栽培。

2.凯特杏

美国鲜食品种。果实阔椭圆形，果顶平圆，缝合线浅，两半部对称。果个大，平均单果重80～100 g，最大果重130 g。果皮较厚、光洁，底色橘黄色，阳面着红晕，不易剥离。果肉完熟时橙黄色，硬溶质，纤维少，汁多、风味酸甜，有香气，品质上等。可溶性固形物含量12.7%。果核小，离核，苦仁。果实发育期70～75 d，成熟期6月上中旬。树势强健，干性较强，树姿半开张，萌芽力中等，成枝力强，幼树以中长果枝结果为主，盛果期以短果枝结果为主，二次枝和秋梢花芽质量好，坐果能力强。能自花结果，丰产性能好。抗逆性强，抗旱、抗寒、抗盐碱、抗病，耐贮运。露地和保护地均可栽培。

3.甘玉

河北省农林科学院石家庄果树研究所选育。果实圆形，平均单果重 49.5 g，最大果重 65 g，果皮底色黄白，阳面着鲜红晕，外观亮丽，洁净，果顶圆平。果肉黄白色，肉质细，纤维少，充分成熟后柔软多汁，风味酸甜，香气浓，鲜食品质上等。含可溶性固形物 13.04%。常温下果实可贮藏 5 d。黏核，种仁苦，饱满。在石家庄地区，果实 5 月下旬成熟，果实发育期 56～60 d。树势中庸，以短果枝和花束状果枝结果为主，结果早，丰产。花芽抗倒春寒能力较强，为优质、极早熟杏品种，适合在河北省中南部及生态条件类似地区栽培。

4.串枝红

产于河北邢台的巨鹿、广宗一带。果实中大，平均重 52.5 g，最大 85 g，果实圆形，果顶稍凹。果皮橘黄色，阳面紫红色，色泽艳丽。果肉黄色，组织致密，较坚韧，汁液中等，味酸甜，品质上等。含可溶糖 5.61%，果肉硬度 17.3 kg/cm^2。离核，苦仁。为优良的鲜食和加工兼用品种。果实成熟期 6 月底至 7 月初，果实发育期 80 d 左右。树势强健，树姿开张，丰产，抗寒、抗旱、抗风力强。

5.骆驼黄杏

原产北京。果实圆形，平均单果重 51.2 g，最大单果重 78 g。果实缝合线两侧片肉对称。果实底色橙黄色，阳面有 1/3 暗红色，果肉橙黄色，肉质较细软，汁中多，味甜酸，有香味，黏核，仁甜。果实发育期 55 d 左右，5 月底至 6 月上旬成熟。常温下采收后可贮放 3～5 d，较耐运输。树势强健，适应性强，抗旱、耐寒，丰产。适合露地或保护地栽培。

6.龙王帽

又名大王帽、西口王帽、大扁，主产于河北省涿鹿、蔚县一带，仁用杏品种的典型代表。果实卵圆形，平均重 20 g；出核率高，17%左右；果肉可加工；核大，重 3 g 左右，出仁率高，30%以上；仁大，扁平，美观而整齐，单仁重 0.9 g，香甜而脆，品质极上，为我国出口甜杏仁中品位最高者。果实发育期 60 d 左右，7 月下旬果实成熟。丰产性强，树冠高大，适于中等密度栽培，宜以白玉扁为授粉树。抗寒性较差，适于在年均温 8 ℃以上地区和晚霜危害较轻地区发展。

7.兰州大接杏

又名南川大杏子、朱砂杏、麦杏等。主产区为甘肃的兰州及临夏，陕西、内蒙古、辽宁、宁夏、北京等地也有栽培。树势强，花芽萌芽期在 3 月下旬，开花期在 4 月上旬，果实发育期 75～85 d，平均单果重 85 g，最大果重 200 g 以上。果皮黄色，果肉橙红色，质柔软，味甜多汁，质优。离核，仁甜，适于生食，也可加工制脯、干及仁用。6 月下旬至 7 月上旬果实成熟。

8.兰州金妈妈杏

主产兰州，辽宁、内蒙古、山西、陕西、北京等地都有引种栽培。树势强健，花芽萌芽期在 3 月下旬，开花期在 4 月上旬，果实发育期 76～85 d。果实近圆形，平均单果重 46.3 g，最大 85 g，果实底色橙黄色，阳面鲜红，艳丽。果肉橙黄色，味甜多汁，质优。核半离，仁甜。丰产，抗寒、耐旱，适应性强，为品质优良的早熟品种。宜生食又可制罐及仁干兼用。6 月下旬至 7 月上旬果实成熟。

9.崂山红杏

原产山东崂山。树姿开张，树势强健。4 月上旬开花，生育期 75 d 左右，果实椭圆形，平均单果重 50 g。果皮底色黄绿，皮厚有光泽。果肉黄色，质细嫩，汁中多，酸甜适度，有香味，品质优良，离核。适于生食，又可加工，是鲜食和加工兼用的优良品种。6 月下旬果实成熟。

10.华夏大接杏

主产陕西华县。树势强健，4 月上旬开花，果实平均单果重 80 g，最大 150 g 以上。果实扁圆形，果肉橘黄色，质柔软，多汁，纤维细，味甜，有香气，半离核，是优良的鲜食品种。7 月上旬成熟。

二、生物学特性

杏为高大落叶乔木，树高达 10 m 以上。在核果类中，具有结果早、寿命长的特点。嫁接苗 2～3 年结果，实生苗 4～5 年结果。经济寿命一般长达 40～50 年，如条件适宜，盛果期可延续百年以上。

1.根系

杏根系强大，在土层深厚的地方，垂直根分布可达 7 m 以上，主要集中在 20～60 cm 土层内，水平分布可达树冠的 3～5 倍。因此，杏树抗旱能力极强，它可以充分利用自然降水，特别是深层土壤水分。根系没有自然休眠，若温度、水分和空气适宜，全年均可生长。土壤温度达 5 ℃时开始活动。在年周期中根系生长一般有两次生长高峰，一次是在 6 月下旬至 7 月中旬，当土温高于 20 ℃时，生长量最大；9 月份，土温 18～20 ℃时，出现第二次生长高峰。

2.芽、枝

(1)芽　杏的芽具有早熟性，在生长良好的情况下，一年可发生 2～3 次分枝。利用这一特性，可以早成形，早结果。杏树的新梢有自枯现象，有的顶芽为伪顶芽。每节叶腋处有侧芽 1～4 个，为并列复芽。杏树的萌芽力和成枝力在核果类果树中是较弱的，树冠较稀疏。尤其在山地或瘠薄土壤条件下，芽的萌发力很弱，形成潜伏芽，因此潜伏芽多，寿命也较长，可达 20～30 年，有利于更新复壮。因此，杏树远比其他核果类树种更新能力强。

(2)枝　杏的生长势次于桃，但幼龄时期枝条生长特别旺盛，栽后 5～7 年内，新梢年生长量可达 2 m 以上。因此，短时期可形成树冠，为提早结果奠定了基础。随着树龄的增长，生长势变弱，在整个生长期内一般可出现 2～3 次生长高峰。

杏的结果枝按其长短可分为长果枝、中果枝、短果枝和花束状果枝。长果枝花芽质量差，坐果率低；中果枝生长充实，花芽质量好，且多复花芽，是主要结果枝，结果枝在结果的同时，顶芽还能形成长度适宜的新梢，成为第二年的新结果枝，并具有连续结果能力；短果枝和花束状果枝，多为单花芽，结果和发枝能力都比较差，寿命也较短。幼树和初果期树，中、长果枝较多；老树和弱树，短果枝和花束状果枝较多，但寿命短，一般不超过 5～6 年(图 6-3)。

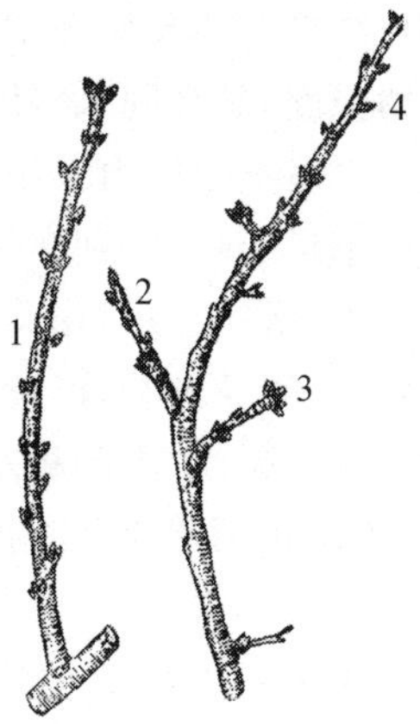

1.长果枝；2.短果枝；
3.花束状果枝；4.中果枝

图 6-3　杏的结果枝类型

3.花

花芽分化温度为 20 ℃左右。盛花期平均温度为 7.5～13 ℃。杏为虫媒花，大多数品种自花不实或结实率很低，主要原因是自花不亲和，不是花粉败育。例如，大红杏、银白杏、媳妇杏自花授粉不能结实；串枝红杏自花结实率仅 0.48%，二红杏 3.65%；山黄杏花粉发芽率达 23.5%，但自花不结实。因此需要配置足够的授粉树，一般主栽品种与授粉品种的比例为3∶1至4∶1,开花期要放蜂或人工辅助授粉。

杏的花为两性花。根据花器官的发育程度可分为4种类型:①雌蕊长于雄蕊;②雌、雄蕊等长;③雌蕊短于雄蕊;④雌蕊退化。前两种花,可以授粉、受精、坐果,称为完全花;第三种类型的花,有的也可以授粉,但不一定能受精,坐果能力很差,有的在盛花期便开始萎缩,失去受精能力;第四种花,不能授粉、受精,也不能坐果,称为不完全花。

杏一般表现为三次落花落果高峰。第一次落花高峰出现在盛花后7 d,集中在盛花后3~4 d,落花原因是花本身发育不完全,不能受精;第二次是落果,高峰出现在盛花后8~20 d,集中在盛花后9~11 d,此时果实正脱萼,子房开始膨大,未膨大者陆续脱落,造成这次落果的原因主要是授粉受精不良;第三次落果高峰出现在盛花后20~40 d,集中在盛花后30 d左右,落果原因是营养不良和病虫为害。

4.果

果实生长与桃类似,呈双S形。品种间果实发育期差异较大,早熟品种60 d左右,中熟品种80 d左右,晚熟品种90 d左右。

三、对环境条件的要求

1.光照

杏是喜光树种,光照充足,树冠开张,新梢生长充足,枝组寿命长,花芽发育好,结实率高;栽植过密或放任生长的杏树,容易树冠郁闭,导致光照不足,导致花芽分化不良,雌蕊败育花增多,影响果实品质和产量。

2.温度

杏能抵抗较低的温度,要求年平均气温6~12 ℃,大于10 ℃积温在2 500 ℃以上。落叶期在10月下旬至11月上旬,落叶期温度为1.9~3.2 ℃,休眠期可耐−40~−30 ℃低温。但在花芽萌动或开花期,花器抗低温的能力大减,若低于临界温度就有受冻危险。花期冻害临界温度一般蕾期−5 ℃,初花期−2.8 ℃,盛花期−2.5 ℃,落花期−2.8 ℃,幼果期−1 ℃。

3.水分

杏是抗旱、耐贫瘠、怕涝的深根性树种。年降水量400~600 mm,不进行灌溉,仍可正常生长结果。主要原因是根系发达、分布深广,可以从土壤深层吸收水分;叶片在干旱时可降低蒸腾强度,延缓脱水,具有良好的保水性能,且叶片中束缚水和自由水的比值较高,有耐脱水特性。一般抗旱能力大小依次为西伯利亚杏、普通杏、辽杏,仁用类和制干类品种最抗旱。

干旱年份,特别在枝条迅速生长和果实膨大期,土壤如果过于干旱,则会导致树势削弱,落果加重,果实变小,花芽分化减少,易出现大小年现象。杏对水分也敏感,雨量充沛、分布合理的年份,生长健壮,产量高、果实大,花芽分化充实;果实成熟期湿度过大,会引起裂果,品质下降。杏不耐涝,杏园积水3 d以上会引起叶黄、落叶,时间再长则引起死根,以致全树死亡。因此,杏园在雨季应及时排水、松土。

4.土壤

杏树对土壤要求不严,除积水涝洼地外,各类土壤均可栽培,甚至在岩石缝中也可生长。丘陵、山地、平原、河滩地、海拔400 m左右的高山都能适应。最适于土层深厚、肥沃、疏松、透气且排水良好的壤土或沙壤土。要求的土壤pH为6.5~8.0。杏树的耐盐力较苹果、桃等强,在总含盐量为0.1%~0.2%的土壤中生长良好,超过0.24%则发生伤害。杏树重茬易得再植病，应避开老杏园或核果类果园种植，否则，要进行土壤改良。

四、栽培管理

（一）土肥水管理

1.土壤管理

（1）深翻熟化 新开地建园前要进行深翻熟化，深翻 80～100 cm 并施足底肥。山坡地应修整成鱼鳞坑、等高壕或梯田，以利保持水土。

（2）间作 杏园中常用的间种作物有花生、绿豆等，以及叶菜类蔬菜、根菜类蔬菜、荞麦等。

（3）果园覆草 树盘覆草能保墒，稳定土壤温度，增加有机质，防止杂草滋生，改善根系活动的土壤环境，增强树势，提高产量和品质，是行之有效的增产措施。杏园覆草后由于早春地温稳定，还能推迟开花期，避免晚霜危害；覆草面积应以树冠大小为基准，草厚 15～20 cm，上面压 2～3 cm 厚的土防风，逐年补充，4～5 年刨翻一次。

（4）覆盖地膜 覆盖地膜有与覆草大致相近的效果，同时还可以有效地防治桃小食心虫和杏仁蜂。覆膜面积以盖住树盘即可。但覆膜过早可以使早春土壤温度上升而提早开花。因此，杏园覆盖地膜宜在开花后进行。

2.合理施肥

（1）基肥 为使杏提早结果，栽植前要施足底肥。基肥以厩肥、堆肥、人粪尿为主，混施速效氮素化肥。用量一般为盛果期的大树施厩肥 50 kg/株或鸡粪 10～15 kg/株，缺铁时基肥中加硫酸亚铁 0.8～1 kg/株。基肥可结合秋耕进行，一般在 9 月中下旬深翻时施入。

（2）追肥 杏树喜钾，黄土高原及大西北土质中富含钾肥，不必单独增施钾肥，但东北、河北东部、山东、河南等地土质中缺钾，必须单独增施，最好施用硫酸钾。追肥能快速发挥肥效，及时满足生长发育对养分的要求。夏天可进行根外追肥，结合病虫害防治可进行 2～3 次叶面喷肥。常用的是尿素 0.2%～0.4%、过磷酸钙 0.5%～1.0%、磷酸二氢钾 0.3%～0.5%、硼砂 0.1%～0.3% 等。

3.灌水

一般全年浇 4 次水。第一次花前水，在初花前 10 d 进行，这次浇水可减少败育花，提高花芽质量，增强树势，预防晚霜危害；第二次花后水，在花后 20～30 d，果实进入硬核期进行，为需水临界期，浇足水有利于果实膨大，减少落果，具有增产及壮树的作用；第三次，在采果后进行，可恢复树势，提高花芽分化质量；第四次是浇封冻水，在落叶后进行。

4.穴贮肥水

山丘地杏园一般推广穴贮肥水技术，即绕树干均匀挖 5～6 个树穴，直径 30～40 cm，用草把填充，草把上覆盖地膜，中间留灌水孔，膜的四周稍高，并用土压严；水通过膜孔进入树穴，化肥随水施入，浇完水将膜孔封严，防止水分蒸发，可节水节肥，改善根系生长条件，增产壮树。

（二）杏树整形修剪技术

1.杏树树形

生产上杏树的树形有自然圆头形、自然开心形和延迟开心形等。

（1）自然圆头形 这种树形是顺应杏树的自然生长习性，人为稍加调整而成。其特点是没有明显的中心干，5～6 个主枝，中央 1 枝向上延伸，其余主枝错落着生，并向斜上方延伸。每个主枝上着生3～4个侧枝，主、侧枝上着生结果枝组。自然圆头形除中心主枝外，其他主枝基部与树干的夹角为45°～50°，主干高度在80 cm左右。

这种树形修剪量小，有利于早期丰产。但后期主侧枝之间易相互重叠，造成内部枝组因光照不好而枯死，结果部位外移。所以，生产中在前期一般采用这种树形，后期则改造成自然开心形或延迟开心形。

(2)自然开心形　这种树形的特点是没有中心干，树干矮，主干高度50～60 cm，全树均匀排列着3～4个主枝，每一主枝上着生2～3个侧枝，主枝基角60°～65°，在主、侧枝上着生枝组。

自然开心形树体较小，通风透光，果实质量高，树体成形快，结果早，适于密植。缺点是整形要花费较大人力物力，幼树要拉枝，盛果期后主枝容易下垂，管理不便，寿命短。

(3)延迟开心形　该树形有明显的层次，有5～6个主枝均匀配置在70～80 cm高的主干上，最上一个主枝保持斜生。待树冠成形后，将中心干自最上一个主枝上部去掉，呈开心状。这种树形造型容易，树体中等，结果早，适于密植。

2.不同年龄时期的修剪

(1)幼树整形修剪　杏进入盛果期后主枝易下垂，同时在接近地面的地方易受晚霜危害，所以定干要高些，一般掌握在1 m左右。定干后，在整形带，即剪口下50 cm内选5～6个错落着生的主枝，除最上一个主枝向上延伸外，其余向外围延伸。当主枝长达50～60 cm时进行摘心，促生分枝培养侧枝，当侧枝长到30～40 cm时对侧枝进行摘心。冬剪时对主、侧枝延长枝进行短截，以剪去1/3～2/5为宜。杏成枝力弱，修剪时其枝条要尽量保留，以辅养树体，提早结果。

(2)结果期树的修剪　进入盛果期后，树冠容易郁闭，可采用回缩和疏除的办法清理过密枝，同时要着手对树形的改造，根据树体的具体情况，改造成自然开心形或延迟开心形。

盛果期树修剪的目的在于平衡树势，调整生长和结果的关系，防止大小年现象的发生，延长盛果期年限，实现高产稳产。盛果期杏树修剪的主要内容为延长枝的短截、各类结果枝的短截和疏剪、枝组的更新。

盛果期杏树年生长量显著减小，新的结果部位很少增加，为使每年都有新枝发出，补充因内部果枝枯死而减少的结果部位，稳定产量，要对主、侧枝的延长枝进行较重短截。一般树冠外围的延长枝以剪去1/3～1/2为宜；短果枝和花束状果枝大量增加，很容易导致大小年现象，故要适当疏除一部分花束状果枝；对其余各类果枝进行短截，去除一部分花芽。一般中果枝截去1/3，短果枝截去1/2。

结果枝组的更新对于盛果期杏树高产稳产有重要作用，而施行不同程度的回缩是维持各类枝组生命力的有效措施。枝组衰弱后要在后部的分枝处回缩，以复壮其长势。对于由于结果而造成的水平枝和下垂枝，要在背上的分枝处回缩，以抬高其高度。

(3)衰老树的修剪　衰老期树的特征是树冠外围枝条的生长量显著减小，只有3～5 cm，甚至更短，而内部枯死枝显著增加，骨干枝中下部开始秃裸，结果部位移到树冠外围，树冠内部萌生较多徒长枝。花芽瘦，不完全花增多，落花落果严重，产量锐减。衰老期树修剪的主要内容是骨干枝的重回缩和利用徒长枝培养结果枝组。

(三)保花保果技术

杏坐果低，经常出现“满树花半树果”，甚至无果现象。影响杏坐果低的主要因素是管理水平差，造成树体营养不良，营养物质积累少，花芽质量差；不完全花比例高，完不成授粉受精过程；杏树开花期早，花期和幼果易受霜冻的危害；授粉树配置不合理以及病虫为害。

1.加强管理，合理配置授粉树

加强土肥水管理，合理修剪，防治病虫害，培养健壮树势；合理配置授粉树，杏不同品种间组合，授粉结实率相差很大，有的相互亲和，有的相互均不亲和，有的部分亲和。相互不亲和及部分亲和的两个品种同地栽培时，必须配置授粉亲和的品种作授粉树才能丰产。授粉品种与主栽品种的距离不应超过 50 m。一般授粉品种与主栽品种的比例按 1：(3～4)为宜。

2.加强花果管理

(1)人工授粉　人工授粉是在铃铛花时，采集和主栽品种亲和力强的品种的花朵，取下花药阴干，然后进行逐花点授或喷粉。人工授粉的最佳时间是在开花后 4 h 内，这时授粉坐果率可达 80%左右，以后随着时间推移，坐果率降低，人工授粉的时间不能超过开花后 36 h。

(2)花期放蜂　一般每 0.5 hm^2 放 1 箱蜜蜂，或每 667 m^2 释放壁蜂 150～200 头，均可显著提高坐果率。

(3)喷硼和植物生长调节剂　盛花期喷清水，使柱头保持湿润，喷水时添加 0.1%硼砂加 0.1% 尿素，可显著提高坐果率。盛花期喷 20 μg/g 的赤霉素可提高坐果率。

3.预防晚霜危害

(1)早春浇水和树盘覆盖　早春解冻后浇两次水，间隔 7～10 d，浇水后用麦秸、玉米秸覆盖，以推迟地温上升，可推迟花期。

(2)树干涂白　用水、生石灰、石硫合剂、食盐和少量植物油配制成涂白剂，将树干和大枝涂白，既可推迟花期，又可杀死害虫。

(3)熏烟　花期注意收听天气预报，如有霜冻可在霜冻来临的夜晚，每 667 m^2 堆 5～8 堆麦秸、杂草等，点燃熏烟，防止霜冻。

项目三　李

李原产我国，栽培历史 3 000 年以上，是中国栽培最早的果树之一。其果实美丽、芳香、多汁、酸甜可口，而且有着丰富的营养物质，每百克鲜果含水 83～92 g，蛋白质 0.2～0.5 g，还含有丰富的矿物质元素，是优良的鲜食水果。李除鲜食外也可加工。李也是很好的绿化和观赏树种。

一、李主要种类与品种

(一)李主要种类

李为蔷薇科、李属植物，全世界约有 30 种，原产中国和引进中国栽培多年的有 8 种，即中国李、杏李、乌苏里李、樱桃李、欧洲李、美洲李、加拿大李、黑刺李。

我国李栽培主要产区在东北区、华东区、华南区和华中区，其中南方的广东、广西、福建、江西、湖南五省(区)和东北三省栽培较多。而华北区、西北区、西南区较少，只有河北昌黎、山东烟台是欧洲李栽培较多地区。

(二)李主要品种

1.大石早生

日本品种。果实卵圆形,平均单果重 49.5 g,最大果重 106 g。果皮底色黄绿色,成熟后果实为鲜红色,果面光滑,果粉中厚,灰白色,果点稀。果肉淡黄色,质地细密,柔软多汁,味甜酸,有微香,黏核,核小,可食率 97%,含可溶性固形物 13%。较耐贮运,常温下可贮藏 7 d 左右。果实发育期 65 d 左右,在昌黎地区 6 月下旬成熟。树势强健,树姿半开张,萌芽力强,易成花,较丰产。自花结实率低,需配置授粉树,品种以玉黄李、牛心李、七月红、盖县大李为好。大石早生适应性强,抗寒、抗旱性好,是优良的极早熟品种,适合保护地栽培。

2.黑琥珀

美国品种。果实扁圆形,果皮紫黑色,平均单果重 101.6 g,果肉淡黄色,充分成熟时果肉为红色,肉质松软,纤维细且少,味酸甜,无香气,核小、离核,可食率达 99%。常温可贮藏 20 d。果实发育期 110 d,昌黎地区 7 月中旬成熟。异花授粉,树势中庸。

3.黑宝石

美国品种。果实扁圆形,果顶平,缝合线明显,平均单果重 90 g,最大 296 g。果面呈紫黑色,果粉少,无果点。果肉乳白色,肉硬,汁多,风味甜,含可溶性固物 14.8%,品质上等。离核,核极小,果实可食率可达 98%。果实 7 月底开始变黑红色,8 月中旬转为紫黑,9 月上旬成熟。耐贮运,0~5 ℃条件下可贮存 100 d。树势强,树姿半开张,萌芽力强,成枝力弱,自花结实率低,需配置授粉树。适应性强,抗寒、抗旱,但抗细菌性穿孔病能力较差。

4.美丽李

原产美国,又名盖县大李。果实近圆形,平均单果重 87.5 g,最大 156 g;果顶尖或平,缝合线浅,果皮底色黄绿,着鲜红或紫红色,皮薄,充分成熟时可剥离;果粉较厚,灰白色;果肉黄色,质硬脆,充分成熟时变软,纤维细而多,汁极多,味酸甜,具浓香;可溶性固形物含量为 12.5%,糖 7.03%,黏核或半离核。

5.锡姆卡

美国品种。果个大,平均单果重 135 g,最大果重 190 g。果实圆形,顶部有尖,成熟后果面紫红色至紫黑色,果皮光滑,外观美丽。果粉较厚,果肉硬度大,极耐贮运,常温下可存放 50 d,冷库可贮藏 3~4 个月。果实味甜有清香,含可溶性固形物 18%,品质极上。果实发育期 120 d 左右,8 月中下旬成熟。树势强健,萌芽成枝力强,易成花,能自花结实,结果早,丰产。

6.龙园秋李

果实扁圆形,平均单果重 762 g,最大 110 g;果顶平或微凹,缝合线浅而明显;果皮底色黄绿,着鲜红色;果粉中多,果点大而明显;果肉橙黄色,质地致密,纤维少,多汁,味酸甜,微香;可溶性固形物含量为 14.8%,半离核,核小。可食率 98.2%。

7.安哥诺

美国品种。果实扁圆形,平均果重 120 g,最大可达 250 g。果实紫黑色,果肉淡黄色,不溶质,清淡上口,质地致密、细腻,经后熟汁液丰富,味甘甜,含可溶性固形物 15%,品质极上;核小,半黏核。果实发育期 160 d 左右,成熟期在 9 月下旬。耐贮运,冷库贮可至翌年 5 月 1 日前后,是目前最耐贮藏的晚熟品种。树势强壮。

二、生物学特性

李为小乔木。中国李的树冠高度一般为 4～5 m。幼树生长迅速，结果早。李树的寿命因种类、品种和栽培技术而异，中国李在华北地区寿命可达 30～40 年，而欧洲李和美洲李寿命较短，一般为 20～30 年。

1.根系

李是浅根性果树，根系分布浅而广，吸收根主要分布在 5～40 cm 土层内，水平根分布的范围是树冠的 1～2 倍。当土壤温度在 5～7 ℃时即可发生新根，15～22 ℃为根活动的最适温度，超过 26 ℃则根系生长缓慢，超过 35 ℃时根系停止生长。

土壤含水量达到土壤田间最大持水量的 60%～80%时，最适合根的生长。成年李树根系一年只有两次发根高峰。春季根系活动后，生长缓慢，直到新梢停止生长时出现第一次发根高峰，这是全年的发根季节；到了秋季，出现第二次发根高峰，但这次高峰不明显，持续的时间也不长。

2.芽

李多数品种在当年生枝的中下部形成单叶芽，中部形成复芽，上部接近顶端又形成单叶芽。各种枝条的顶芽均为叶芽。复芽中花芽、叶芽数目和排列规律与桃相似。李萌芽力强，成枝力中等，一般延长枝先端发出 2～3 个发育枝或长果枝，以下则为短果枝和花束状果枝，层性明显。李的潜伏芽寿命长，极易萌发，衰老期更为明显。

李的花芽为纯花芽。一个花芽内包含 1～4 朵花，其中中国李多为 3 朵，欧洲李和美洲李多为 1～2 朵。中国李和美洲李多数品种自花不结实，建园时要配置授粉树。李树开花在早春，花期易受霜害，建园时要注意选择地势和坡向。

3.枝

李幼树生长旺盛，一年可抽生新梢 2～3 次，年生长量可达 1 m 以上。但长、中果枝较少，而且结实率低。中国李以短果枝和花束状果枝结果为主，美洲李和欧洲李则以中、短果枝结果为主。

李在幼龄期，抽生的发育枝和长果枝较多，虽能形成花芽，但结实力差；初果期，则在骨干枝的中下部形成短果枝和少量中、长果枝，坐果率高，果个也大。随着树龄的增长，长、中、短果枝逐渐减少，花束状果枝大量增加，产量迅速提高，便进入了盛果期。李花束状果枝结实力强，寿命长，在营养条件好的条件下，其寿命可达 10～15 年，但在营养条件差的情况下，4～5 年即枯死。图 6-4 为李各类枝条。

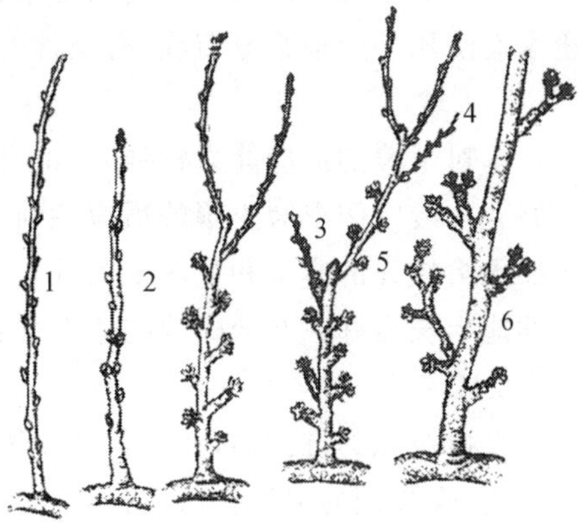

1.生长枝；2.长果枝；3.短果枝；4.中果枝；
5.花束状果枝；6.花束状短果枝群

图 6-4　李各类枝条

4.花芽分化

李的花芽分化较早，最早出现在 6 月 2 日，高峰在 7 月 7 日，分化期可延续到 7 月底。不同品种与年份分化期不同，一般花芽分化高峰出现在新梢迅速生长期之后的缓慢生长期。另外，李树花芽分化与果实生长有一个重叠期，10～20 d，出现在 6—7 月。此时应加强肥水管理，以满足花芽分化与果实生长对营养物质的需求。

5.花、果实

李的果实发育和桃、杏一样，果实生长分为 3 个时期，即幼果生长期、硬核和果实膨大期、成熟期。

李一般发生 3 次落花落果高峰。第一次落花是在花开放后，由于花器发育不完全，雌蕊退化，不能完成授粉受精，很快脱落；第二次为落果，发生在开花后 3 周左右，主要是因为某些品种自花不孕或授粉不充分造成的；第三次落果又称“六月落果”，主要是营养供应和环境条件等因素引起胚发育不良所致，多发生在 5 月下旬至 6 月上旬。

三、对环境条件的要求

1.光照

李树生长对光要求不如桃树严格，阴坡阳坡均可生长，但也是喜光树种，特别是果实要求良好光照条件，一般阳坡和外围果实着色早、品质佳。漫射光比直射光对李树有利，因漫射光含有李树所需的红光、黄光。

2.温度

李树抗寒性因品种而异，乌苏里李抗寒性最强，能耐受－40～－30 ℃的低温，美洲李较强，中国李居中。生长季节的适温为 20～30 ℃，开花最适温度为 12～16 ℃，李花期易受低温冻害，不同发育期的有害低温也不一样，花蕾期为－5 ℃，花期为－0.5～2.2 ℃，幼果期为－1.1 ℃。

3.水分

李对水分的要求范围也比较广。北方品种能耐干旱，南方品种能耐多雨潮湿。中国李对水分的适应性较强，在干旱和潮湿地区均能生长，欧洲李和美洲李对空气湿度要求较高，一般喜欢较湿润的环境。山杏砧木抗旱性较强，毛樱桃砧木不耐涝。开花季节多雨有碍昆虫的授粉，造成授粉不良而落花落果。成熟季节多雨常常造成裂果、落果。多雨潮湿还容易滋生病害。

李树的耐涝性比梨、枣、葡萄等果树差，在地下水位高或排水不良的土壤上栽培李树常因积水而涝死。李根系分布浅，有条件的地区多灌些水还是有益的。

4.土壤

李对土壤的适应能力较强，无论是北方黑钙土，还是西北高原及南方的红壤土，均能生长良好。一般中国李对土壤的适应性强于欧洲李和美洲李。但因李的吸收根分布较浅，故以保肥保水力较强的壤土和重壤土为宜。李对土壤酸碱度的适应性强，在 pH 为 4.7～7.4 的土壤上均能生长良好。对盐碱地的适应性也较强。

5.风

李树对风的抗性弱，花期若遇大风，则会吹干柱头，影响授粉；果实发育期遇大雨狂风会打落果实；生长期的强劲台风会打碎叶片，影响次年产量。

四、栽培管理特点

(一)肥水管理

李园肥水管理，基本上可参照桃园进行。唯李的花量大，数量多，较桃需更多营养物质。故加强肥水管理，尤为重要。

1.施肥

李树施肥主要有基肥、追肥和叶面喷肥等几种方式。

(1)基肥　秋施较好,秋季地温尚高,有利于有机肥料的转化,在翌年可及时供根系吸收养分。基肥用量为每株 30～50 kg,可采用穴施或环状沟施。

(2)追肥　在花芽萌动到开花前,以速效性氮肥为主;在果实生理落果后果实迅速膨大期前,追施氮、磷、钾肥,以避免养分竞争,促进幼果、新梢同时生长;在果实开始着色期追肥,以磷、钾肥为主,可促进养分运转和积累,增大果实,提高品质。

(3)叶面喷肥　用量少,见效快,利用率高。一般在花前,喷 0.3%尿素;在花期,喷 0.2%～0.5%的硼砂溶液;在果实生长期,喷 0.3%～0.5%磷酸二氢钾或 3%～5%过磷酸钙浸出液。

2.灌水

(1)萌芽开花前　早春水分充足是保证当年稳产高产的关键,在北方早春干旱地区特别重要,直接影响李树的萌芽、开花和新梢生长,也关系到坐果率高低。

(2)新梢生长和果实膨大期　一般在谢花后至生理落果前进行灌水,该时期李树生理机能最旺盛,如果水分不足,不仅会抑制新梢生长,还会争夺果实水分而导致严重落果。

(3)果实迅速膨大期　此时正进入雨季,气温偏高,雨水多,可少灌水,如果天旱缺水,也应适当灌水,以免影响果实发育。

(4)果实采收后　此时李树进入营养物质积累阶段,如天气干旱,可结合施基肥灌水,能促进根系吸收和叶片的光合效能,增加李树的营养积累,利于恢复树势,充实花芽。

(5)封冻水。寒冷干旱地区,土壤封冻前灌 1 次足水,对李树安全越冬和开春生长极为有利。

(二)李整形修剪技术

1.李树形

李的主要丰产树形有自然圆头形、自然开心形、延迟开心形和主干疏层形等。自然圆头形、自然开心形、延迟开心形参考杏树树形。

主干疏层形的主要特点是整个树体结构分 3～4 层,对干性明显、层性强的品种适用。具体方法为第一年定干,干高 60～70 cm,从剪口下长出的新梢中,选一健壮的上部直立枝条作为主干延长枝,在其下部选出 3 个长势较强、分布较均匀的枝条作为第一层的 3 大主枝。留作主枝的枝条任其充分生长,对其余的枝条进行摘心或疏除短截,控制其生长。冬季修剪时,第一层的 3 大主枝剪留 50 cm 左右,主干延长枝剪留 60 cm 左右。

第二年春,从主干延长枝的剪口下长的枝条中选留 2 个生长良好的作为第二层主枝,同时选出 1 个上部健壮枝条继续作主干延长枝。第二层主枝要求与第一层主枝相互错开不重叠。其余的枝条控制其生长,进行摘心、短截或疏除。第二年冬季,修剪时对第一层主枝还是剪留 50 cm 左右,第二层主枝剪留 40～50 cm,主干延长枝剪留 50～60 cm。其余的枝条生长中等的或弱的不剪,长势强的轻剪,过强的疏剪或重短截,保持整个树体上部较弱些,下部强些。照此办法,层间保持 50～60 cm 距离,再留出第三层和第四层各 1 个主枝。

2.不同年龄期果树修剪

(1)幼树整形修剪　幼树期主要是根据树形进行定干和骨干枝的选留,苗木定植后要及时定干,定干高度一般掌握在 60～80 cm,第一年冬剪,要根据树形要求,选留 3～4 个枝条作主枝并进行短截,剪留量一般掌握在枝条长度的 2/3。生长旺盛的植株,可在新长到 50 m 时进行摘心。第二、三年要根据树形的要求选留侧枝。第二年冬剪，对于发枝多的品种和植株，骨干枝不必短截，但对于枝力弱、少的品种和植株，如绥李三号，中长果枝坐果率高，但萌芽成枝力弱，结果后条下垂，这类品种还应进行短截，以促生分枝，增加枝量。生长旺盛的骨干枝要注意开张角度。李幼树期要多留辅养枝，以尽快填补空间，增加短枝量，分散养分，缓和树势，尽快结果。对辅养枝处理，以不影响主枝为度，如影响主枝生长量，可通过回缩、疏间进行处理，影响多少去多少，以至将辅养枝疏除，为骨干枝让路。

(2)盛果期树的修剪　首先控制树冠大小，一般采用骨干枝经常换头的方法，控制树体大小，调整先端角度，维持其适宜的生长势；针对上层枝和外围枝处理应"疏、放、缩"相结合，即疏密留稀，去旺留壮，保留的枝条缓放，下年再在适宜的分枝处回缩；为维持枝组中下部的结实力，发育枝以缓放1～2年后及时回缩为宜。回缩后先端发出的新梢，可选留一个中庸枝作延长枝，将其余的疏除，以削弱先端优势，延长下部花束状果枝的结果能力；结果枝组的修剪时，如若要疏除枝组上的强旺枝条，可对先端旺枝进行回缩，回缩时可用中、短果枝作剪口枝，以缓和先端长势。对生长弱的枝组，应疏弱留壮、去老留新，并进行回缩以更新复壮；对徒长枝没有空间时要疏除，有空间时可改造成结果枝组。对由于结果而下垂的枝条，在回缩时注意留上枝或上芽，抬高角度，以恢复其长势。

(3)衰老树的修剪　衰老树修剪的主要内容是对骨干枝进行回缩和更新复壮。回缩部位最好在有较大分枝处。注意，回缩后保持大枝之间的从属关系。过长过老的枝组，也应及时回缩。中国李回缩后，一般都能萌发较多的壮枝，可利用其培养新的骨干枝和枝组，构成新树冠。

(三)花果管理

1.提高坐果率

(1)改善授粉条件　配置授粉树、放蜂及人工授粉，均能提高坐果率。

(2)花期喷施0.4%～0.5%的硼砂，或喷施100 mg/L赤霉素等能提高坐果率。干燥年份，花期喷施清水，也可提高坐果率。

(3)延迟开花期　北方花期在3月下旬至4月上旬，花期低温使花粉管生长慢而授粉不良，可通过推迟花期来提高坐果率。具体措施：选育晚花品种；春季灌溉与枝干喷布涂白剂，降低土壤和树体温度。

(4)防霜　在花期熏烟防霜，减轻冻害，提高坐果率。一般每667 m^2放烟堆10个左右，可提高气温1～2 ℃。

2.疏果

疏果的目的是减少营养竞争，有利于留下的果生长良好。疏果的时间：第一次，落花后20～25 d，疏掉各类不良果；第二次，落花后40～45 d。疏果方法是短果枝，小果型品种留1～2个，大果型品种留1个；中长果枝，小果型品种4～5 cm留1个，大果型品种6～8 cm留1个。

3.采收

着红色或紫红色品种，果面彩色达1/3～1/2为硬熟，黄色品种，当果面绿色完全转变为白色时为硬熟；着红色或紫红色品种，果面彩色达4/5为完熟，黄色品种，当果面绿色完全转变为淡黄色时为完熟。采收时期应根据果实用途而定，一般用于鲜食与罐藏的果实在接近完熟期(九成熟)采收；用于长途运输或制干用果在硬熟期(七八成熟)采收；用于制作果酱的果实应在充分成熟时采收。

模块巩固

1.简要说明桃的营养价值。

2.简要说明桃的主要种类。

3.简要说明桃生长发育要求的生态条件。

4.简要说明桃的主要树形。

5.简要说明杏的营养价值。

6.简要说明杏的主要种类。

7.简要说明我国杏的分布。

8.简要说明杏生长发育要求的生态条件。

9.简要说明杏的土肥水管理。

10.简要说明李的营养价值。

11.简要说明李生长发育要求的生态条件。

12.简要说明李的土肥水管理。

模块七
浆果类果树栽培技术

【知识目标】

了解浆果类果树生长结果特性、栽培概况和主要优良品种；掌握葡萄与草莓的优质高产栽培技术；了解当地设施栽培的设施类型，掌握葡萄与草莓的设施栽培技术要点。

【能力目标】

能够识别葡萄主要品种；具备进行葡萄园周年管理的能力；能够根据物候期进行草莓促成栽培、半促成栽培的生产管理。

项目一　葡萄

葡萄是世界四大水果之一，栽培面积遍及世界五大洲。从 40 ℃的热带到－40 ℃的寒带，都有葡萄栽培，但多数集中在北纬 20°～52°及南纬 30°～45°。欧洲是世界上最大的葡萄产区，栽培面积和产量均居世界首位，分别占 55%和 50%以上。我国有 2 000 多年的葡萄栽培历史，新中国成立前栽培面积很小，新中国成立后葡萄栽培开始有所发展。2019 年全国葡萄栽培总面积 726.20 万 hm^2，2020 年全国葡萄总产量 1 431.41 万 t。葡萄是利用价值极高的植物，除鲜食外，还可制干、制汁、制酒、制罐头等。其中葡萄酒，具有保健功能，已成为世界性的软饮料。

一、主要种类和品种

(一)主要种类

葡萄属于葡萄科葡萄属真葡萄亚属。按地理起源分 3 个种群。

1.北美种群

起源于北美洲大西洋沿岸，也就是美国和加拿大东部，约有 28 个种。经济价值较高的种有美洲葡萄、河岸葡萄和沙地葡萄。植株生长旺盛，抗旱、抗寒、抗病、抗湿性强，对葡萄根瘤芽抗性强。目前广泛栽培的康拜尔、巨峰、白香蕉等均为美洲种与欧亚种的杂交种。

2 东亚葡萄

分布于中国的东北、华北，日本，朝鲜和俄罗斯的远东，有 40 多个种，起源于我国的有 27 种，其中最有价值的有 10 多种，主要有山葡萄，最抗寒，根系可耐－16 ℃，成熟枝条能抗－40 ℃的低温。从中选育出的优良株系有长白山 9 号，通化 1 号、2 号、3 号等；经与欧亚种杂交培育的品种有北醇、北红、北枚、公酿1号、公酿2号等。

3.欧亚种群

源于欧洲、西亚和北非，现只有一个种和两个亚种，即野生森林葡萄和栽培种欧洲葡萄(由野生森林葡萄经人工和自然选择进化而来)。世界上栽培的鲜食和加工品种多属于这个种，其产量占世界葡萄总产量的90%以上。根据其亲缘关系和起源地不同可分为3个生态地理品种群。

(1)东方品种群　原产中亚和东亚各国，主要为鲜食和制干品种。特点是树势旺，生长期长，叶面光滑，穗大松散，果肉无香味，果枝率低，每个果枝多为一果穗；抗热、抗旱、耐盐碱，但抗寒性、抗病性较弱，适合于雨量少、气候干燥、日照充足、有灌溉条件的地区栽培和棚架管理。代表品种有无核白、无核黑、牛奶、龙眼、白鸡心等。

(2)西欧品种群　原产西欧各国，大部分为酿造品种。树势中等或较弱，生长期短，叶背有茸毛，较抗寒。果穗小，果粒紧密，中大或小，果肉多汁。果枝率高，果穗多，产量中等或较高。代表品种有赤霞珠、贵人香、意斯林、雷司令、黑比诺、法国蓝等。

(3)黑海品种群　原产黑海沿岸和巴尔干半岛各国。果穗中大，多紧密，果粒中大，多圆形，果肉多汁；树势中庸或旺盛，抗寒性较强。多数品种适于酿酒，代表品种有白羽、晚红蜜、白雅等；少数适于鲜食，如花叶白鸡心等。

(二)主要品种

1.无核白鸡心

欧亚种。果穗圆锥形，平均穗重500 g以上，最大1 300 g。果粒长卵形、略呈鸡心形，平均粒重6 g左右，果皮底色绿，成熟时呈淡黄绿色，极为美丽，皮薄而韧，不裂果。果肉硬而脆，略有玫瑰香味，甜，可溶性固形物16%，无种子，品质极上。植株树势强，丰产，较抗霜霉病，果粒耐拉力、抗压力均较强，耐运输。目前已成为我国各地葡萄品种更新换代较理想的无核早熟品种之一，适合鲜食。

2.里扎马特

欧亚种。果穗圆锥形，平均穗重850 g，大的可达2 500 g。果粒长椭圆形，平均粒重10 g，大的可达20 g，其纵径可达6 cm、横径3 cm，成熟时由蔷薇色到鲜红色，最后紫红色，外观艳丽，非常诱人。果皮薄，肉质脆，味甜，可溶性固形物15%，品质上。树势强旺，丰产，抗病性中等。在半干旱、干旱地区栽培，表现更好。中熟品种，适合鲜食。

3.金星无核

欧美杂交种。果穗圆柱形，紧密，平均穗重350 g。果粒近圆形，平均粒重4.1 g，果皮蓝黑色，果粉厚，美观；果肉较软，多汁，甜，可溶性固形物15%，无种子。抗病及抗寒性均较强，能适应高温、多湿的气候。丰产性强，不裂果，不脱粒，耐运输。早熟品种，适合鲜食。

4.巨峰

欧美杂交种，四倍体。果穗中等大，平均重300～350 g。圆锥形，果粒极大，平均重10～12 g，外观美丽，近圆形，紫黑色，肉质肥厚，汁多味甜而清香，含可溶性固形物15%～16%。品质上，7月下旬成熟。树势强。采用长、中、短梢混合修剪，花前及时摘心。本品种适于棚架栽培，采用大棚避雨栽培，品质显著提高。中熟品种，适合鲜食。

5.夏黑

果穗圆锥形，无副穗。果穗大，穗长16～23 cm，穗宽13.5～16 cm，平均穗重415 g。粒重3～3.5 g，处理后平均粒重7.5 g，最大粒重12 g，平均穗重608 g，最大穗重940 g。果粒着生紧密，果穗大小整齐。挂果时间长，可达一个多月。着色一致，成熟一致。果皮厚而脆，果肉无涩味，果皮微酸涩。果粉厚。果肉硬脆，无肉囊，果汁紫红色，味浓甜。黑龙江地区保护地栽培7月末成熟。

6.红巴拉多

日本育成，极早熟，鲜红色，长势偏旺，易形成花芽，抗病，丰产，粒长椭圆形，重9～12 g，肉质爽脆甜，含糖量高，可达23%，品质极上，无香味，穗重750 g以上，成熟后果实挂树时间长，可达1个月，风味品质更佳。无裂果、脱粒现象，易形成二次果，着色为紫红色。该品种在生产上省工、省时，不用人工疏粒，坐果均匀而稀松，可节省大量劳动力。红巴拉多在北方8月初成熟，在南方7月底成熟。成熟后挂树上一个月，无裂果，落果耐贮运。

7.火焰无核

美国育种家杂交育成，该品种表现为粒匀，色艳，品质好，果穗中等大小，有副穗，圆锥形，穗重350～550 g，果粒近圆形，经膨大剂处理单粒4～5 g。鲜红色，整齐度好，果肉较硬，果皮中厚，不易与果肉分离，风味甜，可溶性固形物20%以上。由于在温室内成熟较早，丰产性好，辽宁露地8月上旬成熟，适合保护地栽培，黑龙江地区保护地栽培8月上旬成熟。

8.红地球

又名晚红、红提、红提子，商品名称红提，属欧亚种，果穗大，整齐度好，平均单粒重10 g，最大单粒重13 g，红色或紫红色，果皮中厚，易剥离，肉质坚实而脆，细嫩多汁，硬度大，刀切而不流汁，香甜可口，风味独特。7月下旬开始着色，9月下旬成熟。红地球葡萄不易掉粒，耐贮运，冷藏可至2～3个月，货架期长。丰产性好，一般亩产1 750～2 000 kg。

9.克瑞森无核

克瑞森无核又称为绯红无核，欧亚种。果穗偏大，单歧肩，圆锥形。果皮呈玫瑰红色，色泽美观，味道清香甜，口感细且脆。果实耐拉，不裂果，耐贮运性较强。植株长势强，果实采收成熟期10月中旬左右，适应性和抗性都比较强，适于小架棚培栽。

10.红宝石无核

嫩梢呈绿色，带些紫红色的条纹，没有茸毛。红宝石无核葡萄果穗大，平均果穗质量650 g，大者可以达到1 500 g以上。果皮为紫红色，果皮薄，肉脆，味道甜且可口。植株长势强，特别易丰产。萌芽到果实成熟期为4～5个月，通常9月上旬充分成熟。抗病性强，但容易得黑痘病。容易裂果，需要多注意土壤的保湿。

11.金手指

欧美杂交种，果穗巨大，长圆锥形，松紧适度，平均穗重750 g，最大穗重1 500 g。果粒形状奇特美观，长椭圆形，略弯曲，呈弓状，黄白色，平均粒重8 g，疏花疏果后平均粒重10 g，果皮中等厚，韧性强，不裂果。果肉硬，可切片，耐贮运，含糖量20%～22%，甘甜爽口，有浓郁的冰糖味和牛奶味。果柄与果粒结合牢固，捏住一粒果可提起整穗果。9月上旬成熟。抗逆性、适应性 抗寒性强，为唯一的高糖度早熟欧美杂交种。

12.茉莉香

又名着色香等，欧美杂交种，二倍体，雌能花，鲜食和酿酒两用品种。用于鲜食栽培的需要激素膨大处理才具有商品优势。果穗圆筒形，带副穗，穗重300～400 g，果粒着生极紧密。果粒椭圆形，粉红色至紫红色，粒重7 g。果肉无肉囊，肉软，可溶性固形物含量18%～22%，有浓郁的茉莉香味。树势中庸，抗病性、抗寒性极强，极丰产。为极早熟品种，适合设施促早栽培。

二、生物学特性

(一)生长结果习性

1.根系

葡萄的根系非常发达，为肉质根。从形态和作用上又可分为骨干根和吸收根两部分。但是，因为葡萄的繁殖方法不同，根系有两种不同类型。由种子播种繁殖的葡萄植株，称实生苗，具有实生根系特点。扦插、压条繁殖的植株没有明显的垂直主根，只是在埋于地下的插条或压条上直接分生出各级侧根，这部分生出侧根的插条叫作根干，由根干、各级侧根构成骨干根(图7-1)。

葡萄多年生骨干根除具有固定的作用外，还有贮藏营养物质的作用，被称为葡萄的营养库。70%左右的根系分布在20～80 cm的深度范围，水平分布在3～5 m的范围间。根系生长的最适温度为21～24 ℃，超过28 ℃或低于10 ℃，根系停止生长。因此葡萄的根系在6月下旬至7月间和9月下旬，会各出现一次生长高峰。

2.枝蔓

葡萄为藤本果树，它的茎通称为枝蔓，包括主干、主蔓、侧蔓、结果枝组、结果母枝、新梢、各级副梢等。从地表面以上到第一个主蔓间的这段树干称为主干，下连根部，上接主蔓；主蔓是主干上的分枝，侧蔓是着生在主蔓上的分枝。主干、主蔓、侧蔓和结果母枝构成葡萄的树冠骨架。

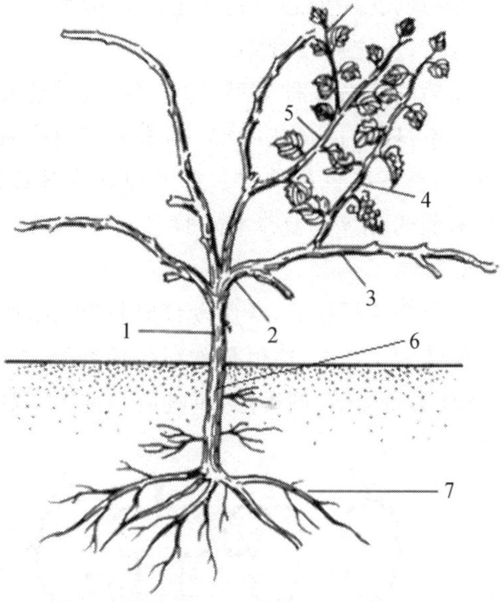

1.主干；2.主蔓；3.结果母枝；4.结果枝；
5.发育枝；6.根干；7.侧根

图7-1　葡萄植株的组成部分

冬季修剪时留作次年结果的一年生枝称为结果母枝。新梢是指从结果母枝上当年抽生的枝条，其中带有花序的称为结果新梢，不带有花序的称为发育新梢或营养枝。新梢叶腋中由夏芽发出的二次枝称为夏芽副梢，由当年冬芽发出的二次枝称为冬芽副梢。葡萄新梢在年周期内有2～3个生长高峰，分别在5月中旬和下旬、7月下旬至8月上旬和9月份。生长速度虽有快慢之分，但无停止生长之时。

3.芽

葡萄的芽为混合芽，着生在叶腋之间，新梢叶腋之间的芽分为两种，即冬芽和夏芽。冬芽较大而饱满，外部有一层鳞片包裹，起保护作用。芽鳞内有一个主芽和2～8个副芽，主芽着生在冬芽的中部，副芽着生在主芽两侧。正常情况下，来年春天主芽最早萌发，副芽则很少萌发，只有在主芽受到伤害刺激时副芽也能萌发成新梢，但很少有花序着生；也可能同时萌发抽生2～3个新梢。当年形成的冬芽如果受到刺激，如强摘心或主梢受伤时，也可当年萌发形成二次结果。

夏芽着生在冬芽的旁边，没有鳞片，故称裸芽。夏芽当年形成，当年萌发成副梢。在生产上对某些品种常利用夏芽抽生的副梢进行二次结果或幼树的提早成形。

葡萄的花芽一般位于结果母枝的第 3～12 节，以 5～7 节最多。结果枝多在第 3～7 节着生花序结果。一般每结果枝着生 1～3 个花序。

4.叶

葡萄叶的形态多种多样，是鉴别品种的主要依据。一般从新梢基部向上的第 6～10 片叶具有代表性。品种不同，则叶片的形状、叶缘锯齿、叶片的裂数、裂的深度和叶柄洼的形状也不同。一片叶从出生到全大，一般需要 30～40 d，光合强度随叶片的扩大而增加，当叶片长到全大时，光合作用速度达最大，而后逐渐降低。

5.花和花序

葡萄的花由花梗、花托、花萼、花冠、雄蕊、雌蕊 6 部分组成。雌蕊由子房、花柱和柱头组成。葡萄的花序形态及花序上的花蕾数与营养条件有关，营养条件好，花序发育完全，花序大，花蕾也多，反之则发育不良。

葡萄的花有 3 种类型，即两性花、雌能花和雄能花。多数栽培品种是两性花，雌能花是雄蕊发育不良，不能自花结实，必须由其他品种授粉才能结实；雄能花往往是雌蕊发育不完全或无雌蕊，也不能自花结实。野生种葡萄多数是雌雄异株，雄株上的花都是雄性花。

葡萄的花序为复伞状花序。

6.果实

葡萄开花授粉后，子房发育成浆果，花序变成果穗。品种和栽培条件的不同，果穗的大小、形状和松紧度也不同，这也是鉴别品种的标志。果穗的形状有圆柱形、单歧肩圆柱形、双歧肩圆柱形、圆柱形带副穗、圆锥形、单歧肩圆锥形、双歧肩圆锥形、圆锥形带副穗、分枝形等(图 7-2)。

1.圆柱形；2.单歧肩圆柱形；3.双歧肩圆柱形；4.圆柱形带副穗；5.圆锥形；
6.单歧肩圆锥形；7.双歧肩圆锥形；8.圆锥形带副穗；9.分枝形

图 7-2 葡萄的果穗形状

葡萄的果粒含有丰富的汁液，称浆果。果粒的颜色有黄、绿、紫等，形状有扁圆形、圆形、椭圆形、短椭圆形、长圆形、弯形、鸡心形等。葡萄果实的生长可划分为 3 个时期，即幼果膨大期、缓慢生长期、果实成熟期。葡萄一般有两次生理落果高峰，花后一周左右为第一次生理落果高峰，在果实直径约 4 mm 时出现第二次生理落果高峰。

(二)对环境条件的要求

1.光照

葡萄是喜光植物，对光照非常敏感。光照不足时，节间变得纤细而长，花序梗细弱，花蕾黄小，花器分化不良，落花落果严重，冬芽分化不好，不能形成花芽。同时叶片薄，黄化，甚至早期脱落，枝梢不能充分成熟，养分积累少，植株容易遭受冻害或形成许多“瞎眼”，甚至全树死亡。

所以建园时应选择光照良好的地方，并注意改善架面的通风透光条件，正确决定株行距、架向，采用正确的整枝修剪技术等。

2.温度

温度是葡萄主要生存条件之一。当日平均气温达到10 ℃左右时，欧亚种群的葡萄开始萌芽，东北山葡萄和美洲种及其杂种后代所需温度略低。随着气温的逐渐提高，新梢迅速生长。当气温达28～32 ℃时，最适于新梢的生长和花芽的形成，这时新梢每昼夜生长可达6～10 cm。气温低于14 ℃时，不利于开花授粉。浆果成熟期间，当气温在28～32 ℃、土壤水分适当减少的情况下，有利于提高浆果的品质。气温高于38 ℃以上对葡萄发育不利。

低温对葡萄的生长发育是不利的。刚萌动的芽可忍受－4～－3 ℃的低温，但嫩梢和幼叶在－1 ℃时即受冻害，而花序在0 ℃时就受冻害。在冬季休眠期间，欧亚种群品种的充实芽眼可忍受短时间－20～－18 ℃的低温，充分成熟的新梢可忍受短时间的－22 ℃的低温，多年生枝蔓在－20 ℃左右即受冻害。根系更不耐低温，欧亚种群、欧美杂交种的一些品种的根系在－6 ℃左右时即受冻害，在－10 ℃时即可冻死。因此，在北方栽培葡萄时，要特别注意对葡萄根系的越冬保护工作。

东北山葡萄和某些美洲系统的葡萄品种的抗寒能力较强。如贝达葡萄的根系可忍耐－11 ℃的低温，其致死临界温度为－14 ℃。东北山葡萄的枝蔓可忍受－50～－40 ℃的低温；根系可忍受－16 ℃以下的低温，其致死临界温度为－19～－18 ℃。

根开始活动的温度是7～10 ℃，在25～30 ℃时生长最快。所以育苗催根时要创造这样的温度条件。在春季要保持土壤疏松，以提高地温和促进植株的生长发育。昼夜温差对养分积累有很大影响，昼夜温差大的地方浆果含糖量往往较高，品质较好。夜温太高会使白天积累的养分大量消耗于呼吸作用，因而浆果的品质往往受到不良影响。

3.水分

葡萄根系发达，吸水力强，具有极强的抗旱性。春季，在萌芽期、新梢生长期有充足的水分供应，对花的形成和新梢生长有利。在开花期，阴雨或潮湿的天气则影响受精，引起落花落果。成熟时雨水过多，会加重病害，引起裂果，降低品质。在秋季多雨或水分过多，则新梢成熟不良，不利于越冬。

4.土壤

葡萄对土壤的适应能力较强，除了极黏重的土壤、强盐碱土壤外，能在多种土壤上栽培，适应的pH范围为5～8，但以土质疏松、通气良好的砾质壤土和沙质壤土最好。欧洲葡萄喜富钙土壤，而美洲葡萄在含钙多的土壤上易得失绿症，应选砾质壤土及排水好的沙质土。

（三）葡萄的物候期与相应的管理措施

葡萄的年生长发育周期分为两个阶段，即生长期和休眠期。生长期是以早春根部开始活动、地上部萌芽时起，直到秋天日均气温降到10 ℃以下，叶片脱落为止。休眠期从秋天落叶开始，到早春开始活动之前结束。

随着外界环境条件的变化，葡萄植株在外部形态和内部生理上也呈现出有规律的阶段性变化，称为物候期。葡萄生长期和休眠期可分为7个物候期。掌握各物候期的特性及相互关系，就可以采取相应的管理措施，获得好的栽培效果。

1.伤流期

春天，当葡萄根际地温达到7～10 ℃时，葡萄根系开始从土壤中吸收水分和矿物质营养。此时，地上枝蔓若有伤口，树液便会从伤口向外流出，称为伤流。伤流开始的早晚与当地的温度、湿度及栽培的葡萄品种有密切关系。少量伤流对植株影响不大，如伤流过多则会影响植株生长。伤流期一般为 7～10 d，在此期尽量注意不要给葡萄枝蔓造成伤口。伤流期应注意松土，提高地温和保墒。如上年没进行冬灌，土壤比较干旱，应及时追肥浇水，改善根系生长的环境。

2.萌芽和新梢生长期

当昼夜平均气温稳定在 10 ℃左右时，芽眼膨大、鳞片裂开露出绒毛，花序原始体继续分化，在芽的顶端呈现出绿色，称为萌芽。两周后，新梢生长速度加快，开花期达到生长高峰，最快时一昼夜新梢生长量可达到 5～6 cm。此期气温已达到 10～15 ℃，葡萄各器官均处在旺盛的生长发育阶段。葡萄展叶后，花序原基依次分化出花萼、花冠、雌蕊、雄蕊，同时也形成第二和第三花序，是花芽分化的临界期，对水肥的需要量很大，是奠定当年生长、结果的准备阶段，所以应加强肥水管理。为防止养分浪费，应及时除萌、抹芽、定枝和绑蔓等，促进新梢健壮生长。

3.开花期

开花期的早晚、延续时间的长短，与当地气候条件和品种有关，气温高开花就早，花期也短；气温低或阴雨天气，开花晚，且花期也长。当气温上升到 20 ℃左右时，葡萄进入开花期，一般品种的花期为 7～10 d，葡萄的开花期也正值第二年花芽的分化期。由于开花、花芽分化和枝叶生长均消耗大量营养物质，所以此期是葡萄管理的关键期，称水肥临界期。为了提高坐果率，花前花后必须追施速效肥料，及时摘心、绑蔓、控制副梢，改善通风透光条件。对雌能花品种或授粉不良的品种要进行人工辅助授粉。对落花落果严重的品种如巨峰、峰后、玫瑰香等应在花前 3～5 d 摘心，并进行花期喷硼。

4.果实生长期

从子房开始膨大到浆果着色前称为浆果生长期。此期延续时间差异较大，为 35～100 d，其中早熟品种需要 35～60 d，中熟品种为 60～80 d，晚熟品种需 80 d 以上。

当葡萄浆果长至 3～4 mm 大小时，一部分营养不足或授粉、受精不良的幼果开始脱落，这种现象称为生理落果。在浆果生长的同时，新梢也在加粗生长，芽眼进行花芽分化。当浆果长到本品种固有的大小时，生长趋于缓慢，此时新梢和副梢进入第二个生长高峰，所以要对新梢和副梢及时控制，摘除部分老叶，改善通风透光条件，加强病虫防治，加强肥水管理，增施磷、钾肥，保护叶片正常生长，对提高果实品质、保证花芽分化和枝条的成熟有明显的促进作用。

5.浆果成熟期

此期从有色品种开始着色、无色品种开始变软起到果实完全成熟为止。早熟品种需要 20 d 左右，中熟品种需要 30 d 左右，晚熟品种需要 40～60 d。此时浆果体积不再明显增大，主要是营养物质的积累和转化。浆果的酸度降低，糖度增加。种子由黄褐色变成深褐色，具备了发芽能力，标志着浆果已达到完全成熟期。

中晚熟品种成熟期前后，新梢逐渐木质化，花芽继续分化，植株地上部的有机营养物质开始向根部运输。此期应采取措施防治叶、果上的病虫害，保护好叶片，使其保持较高的光合速率，以满足浆果增糖和养分积累的需要。在肥水管理方面，要控制氮肥和水分，增施磷、钾肥；在多雨的地方要注意排水，防止裂果和腐烂。改善结果树的通风透光条件，适当疏掉遮光的枝蔓和叶片，促进浆果的着色和新梢的老化。

6.新梢成熟及落叶期

此期从葡萄浆果成熟采收后到落叶为止，可持续 30～60 d。浆果采收以后，新梢的木质化明显加快，叶片的光合作用仍在进行，所合成的养分除自身消耗外，开始转向积累，运往根部和枝蔓贮藏，采收后应及时施入基肥，并以有机肥为主。此时外界温度尚高，土壤中微生物活跃，基肥施入后能被微生物分解一部分，供根系吸收利用，对促进新梢的成熟、恢复树势、增加植株养分积累、提高植株越冬能力都有重要作用。

7.休眠期

从葡萄的正常生理落叶开始，到翌年春季树液开始流动时为止，称为葡萄的休眠期，约有4个月之久。休眠又可分为自然休眠和被迫休眠。被迫休眠指已经通过生理休眠的冬芽，若外界条件适宜，芽眼即可萌动。在我国北方葡萄产区，欧亚品种群在7.2 ℃以下低温总时数达到800～1 200 h就可通过休眠，但此时正值冬天，气候寒冷，植株不能萌芽生长，仍处于休眠状态，此时的休眠称被迫休眠。

休眠期如果没有秋施基肥，应在落叶后、埋土前开沟施基肥。下架后埋土前要进行冬季修剪，结合病虫害防治，进行清理果园、灌封冻水的工作，以保证葡萄植株安全越冬。

三、栽培管理

(一)育苗

葡萄常用的育苗方法有扦插、压条和嫁接等。其中以扦插法最简单，使用最普遍。北方寒冷地区多用嫁接法。

1.扦插育苗

(1)露地硬枝扦插　即利用冬季修剪下来的枝蔓，选粗0.6 cm以上，芽眼饱满、节间较短、无病虫害的当年枝蔓，贮藏在湿沙中备用。在地温稳定在10 ℃以上时即可扦插，南方地区一般在3月中、下旬，北方地区在4月中、下旬。插条一般用双芽，节间短的可用3～4芽，上端离顶芽2 cm平剪，下端紧靠节下斜剪，呈马耳形。最好盖地膜扦插，露出一个芽眼即可(图7-3)。

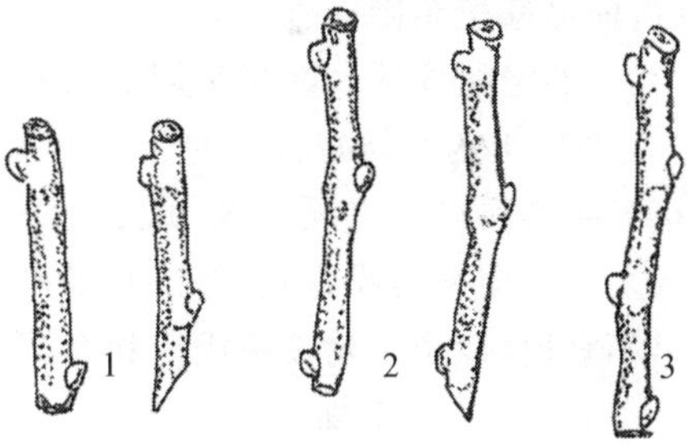

1.双芽扦插；2.三芽扦插；3.四芽扦插

图7-3　插条剪接方法

扦插前可行催根处理，即将插条基部浸于生根粉或萘乙酸、吲哚丁酸等溶液中，促进发根。扦插时生产上常用火炕和电热温床催根，使插床温度保持在25～28 ℃。扦插后的管理，对插条生根成活影响很大。

扦插后要经常保持适宜的湿度，一般为80%～85%，不能过干或过湿，过干可采用膜下滴灌。发芽生根后要及时进行根外喷肥，每7～10 d进行1次，肥料种类为尿素和磷酸二氢钾等，浓度为0.2%，早晚喷洒于叶背和叶面。如果是保护地育苗要注意棚内温度，白天保持25～28 ℃，温度过高要及时放风降温。一般当小苗长至3～5叶，即可出圃。出圃前要注意炼苗，逐渐加长放风时间，直到全部揭开棚膜。

(2)绿枝扦插　6月份从当年的新梢或副梢上，截取半木质化的2～3节长的枝条，进行绿枝扦插。除插条的顶端保留1片绿叶，若叶片较大可剪去一半，其他节留1段叶柄外，扦插方法与硬枝扦插相同。

管理的重点是遮阳和供水，全光照弥雾扦插，则主要是喷雾。插床的适宜温度是23～25 ℃，相对湿度70%～80%。夏季应避免强光直射，需要时上午10时前后盖帘，下午3时后揭开；晴天的早、晚，可各喷水1次，阴天可少喷或不喷。其他日常管理和病虫防治工作，与一般硬枝扦插相同。嫩枝扦插 1 周后，便可产生愈伤组织，2 周后可生出幼根，3 周后，可萌芽、展叶，当年可达到出圃标准。

2.压条育苗

(1)水平压条法　一般在春季利用靠近地面的母蔓，在其上芽眼抽生新梢 20 cm 左右时，将母蔓呈水平状压入沟内，使新梢露出地面。当新梢长 1 m 时摘心，水平引缚，促进副梢生长。当副梢长 20 cm 时，再挖数条小沟，将主梢压入土中使副梢露出地面。这样，每节都可以长出新梢和根系，秋季落叶后，挖出并剪断，便可成为多棵独立的植株。

(2)空中压条法　在春季葡萄萌芽前，将 1～2 年生枝条在树杈基部用装好营养土的塑料袋或者小花盆，将枝条套入固定，并及时浇水。一般在 7—8 月以后，于花盆的下部，将枝基部逐渐割断，脱离母体，成为独立的植株。也可用半木质化的新梢，同扦插苗一样精心管理，主要是适时浇水，保持土壤有合理湿度，以利于生根和新梢生长及成苗(图 7-4)。

图 7-4　空中压条

3.嫁接法育苗

(1)硬枝嫁接　生产上多采用劈接法和舌接法。在早春葡萄伤流之前或砧木萌芽之后进行。舌接法要求砧木和接穗粗度大体相同，直径 0.7～1.0 cm 为宜。这两种方法都可以用于田间接和室内接，室内嫁接需进行接口愈合和砧木的催根处理。少量接条可垂直排放在愈合箱中，箱底部和接条之间都填充湿锯末，接穗上部芽眼外露，愈合箱放到火炕上或电热温床上，加温到 25～28 ℃，经 15～18 d 后接口开始愈合，砧木出现根原体或幼根，停止加温锻炼几天后，即可移植苗圃。

(2)绿枝嫁接　嫁接时期从砧木和接穗半木质化开始，到接穗发出的新梢当年能充分成熟 5 个节以上为绿枝嫁接时期。整个嫁接时间从 5 月中旬到 6 月底。生产上多采用劈接法，嫁接时接穗要做好保湿工作，最好是随采随接，剪下接穗后立即去掉叶片，保留叶柄以减少水分蒸发。以塑料薄膜包扎接口，并采取遮阳措施，以利成活和促进枝梢成熟、充实。嫁接时间宜早不宜迟，以免影响枝梢成活和充实。

4.组织培养育苗

组织培养育苗是一项成熟的、卓有成效的生物技术。利用这项技术在短期内可获得大量的苗木，特别适于新选育的单株和新引进的优良品种的扩繁。

在 5—7 月间从葡萄园采集幼嫩的葡萄新梢，取其生长点以下第 4～6 节的茎段，去掉幼叶，将嫩梢剪成 5～10 cm 长，用自来水冲洗，进行消毒后，接种到适宜的培养基上进行培养，当苗生长到一定的高度进行继代繁殖、炼苗、移栽，进而形成大量的植株。

(二)架式

葡萄的架式多种多样，但在生产中采用的架式大致可以归纳为篱架和棚架两大类。建园栽植时，一般篱架以南北成行为宜，棚架以东西行向为好。

1.篱架

架面与地面垂直或略有倾斜，葡萄枝蔓附着其上形似绿色篱笆，故称篱架，也称为立架。篱架的种类也很多，目前生产上主要应用以下几种。

(1)单壁篱架　沿葡萄行向，每隔 6～8 m 立一支柱，每个支柱上拉 3～5 道铁线。第一道铁线距地面50 cm，以上每道铁线间距40～50 cm(图7-5)。行距15 m时，架高1.2～1.5 m；行距2 m时，架高1.5～1.8 m；行距25 m，则架高2 m左右。寒地为了防寒取土，行距一般要加宽到3 m以上。单壁篱架的主要优点是适于密植，整形速度快，易于早结果、早丰产；光照通风条件好；田间作业方便，适于冬季比较温暖、葡萄不下架防寒或埋土较少的地区，尤其便于机械化作业。缺点是绑蔓费工，下部枝蔓结果部位低，易染病害。

(2)双壁篱架　沿葡萄行两侧各设一排支柱，栽植株行距因品种而异，一般为(1～2)m×(2～3)m。两篱壁间距，上端为1.2 m，下端为0.8 m(图7-6)。

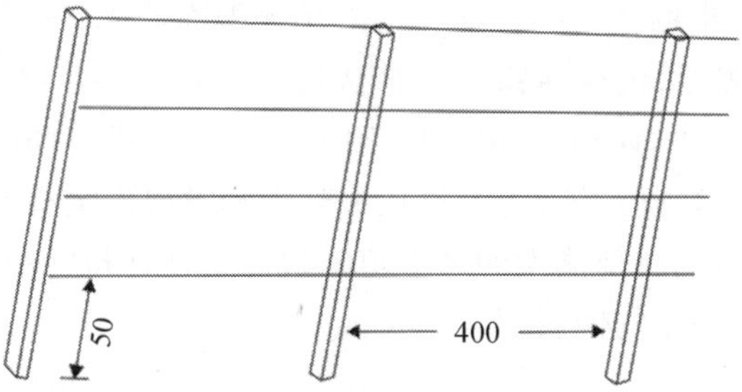

图7-5　单壁篱架(单位：cm)

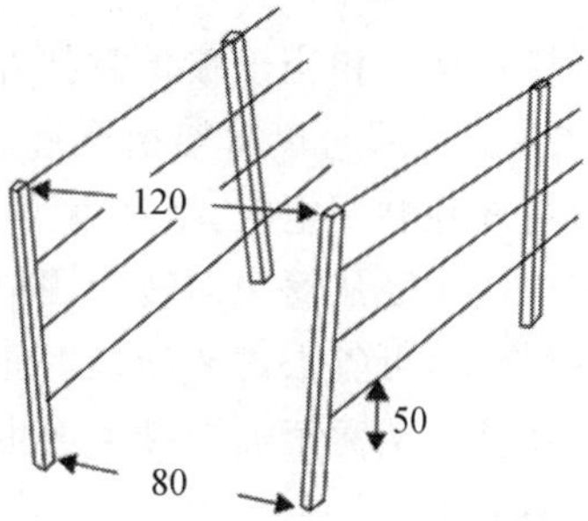

图7-6　双壁篱架(单位：cm)

双壁篱架优点是同样距离比单壁离架的扩大架面1倍，有利于早期获得丰产高产，但枝蔓密度过大，易染病害，果实品质不好。

(3)双十字"V"形架　也称改良式双壁篱架，是单篱架的一种发展。在立柱上部加道长80～100 cm的横梁，离地面160 cm左右。在此横梁下面再加一道长60 cm左右的横梁，离地面125 cm左右。在两道横梁的两端和距地面80～100 cm处各拉一道铁丝，共需拉6道铁丝，下部是单行栽植，上部双臂引绑，同单、双篱架均有不同，故称为改良式双篱架。

本架式的特点是夏季将枝蔓引缚呈"V"形，葡萄生长期形成3层，下部为通风带，中部为结果带，中、上部为光合带，增加了光合面积，提高了叶幕层光照度和光合效率；提高了萌芽率、萌芽整齐度和新梢生长均衡度，使顶端优势不明显；提高通风透光度，避免日灼，减轻病害和大风危害，能计划定梢、定穗、控产，实行规范化栽培，提高果品质量；省工、省力、省农药、省材料。

2.棚架

架面与地面平行或呈一定的角度倾斜，形似凉棚，故称棚架。棚架的类型很多，目前生产上使用比较多的有小棚架、大棚架和棚篱架。

(1)小棚架　小棚架是由大棚架改造发展而来的，它克服了大棚架架面过宽的缺点。架根处的立柱高1.2～1.5 m，架梢高2～2.2 m，行距4～7 m。这种架式的优点是：行距较大棚架缩小一半，栽植株数增加，枝蔓迅速布满架面，定植后3年达丰产；枝蔓短，上下架方便，损伤后更新快，2～3年就能补上空位；架面平整度好控制，易丰产稳产(图7-7)。

(2)大棚架　架长7 m以上称为大棚架。架面一般呈倾斜状，架的后部高1.3～1.5 m，架的前部高2～2.5 m，架长可按品种长势而定，一般为8～12 m。可设4～5根立柱(图7-8)。这种架式对复杂条件的山地、丘陵地比较适合，可起到充分利用土地的作用，但成形慢，进入丰产期较迟，结果部位容易前移，造成后部空虚，不易控制，下架埋土及出土上架多有不便，在平地通风透光差。

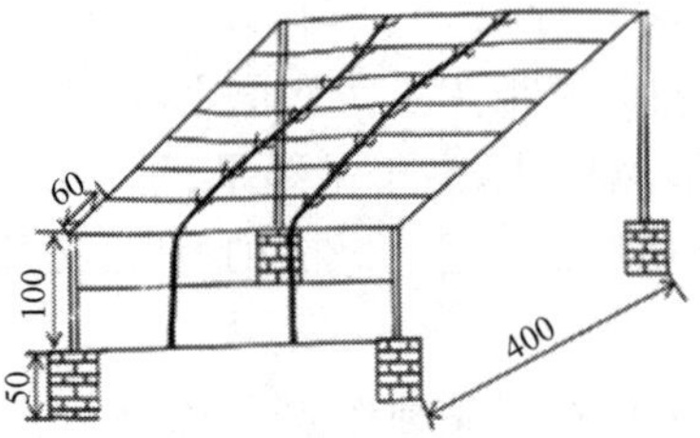

图 7-7 小棚架

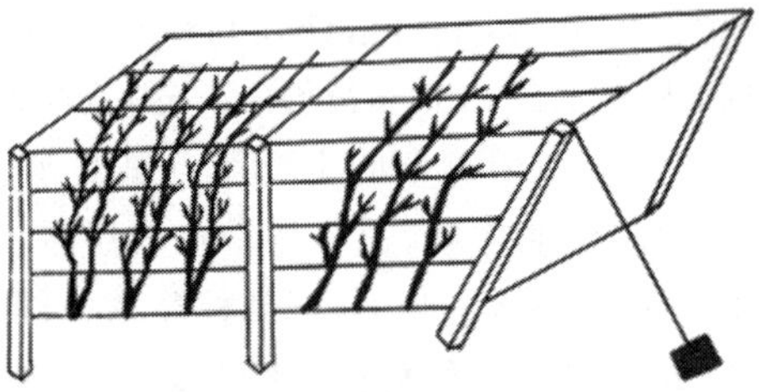

图 7-8 大棚架

(3)棚篱架 相当于在单篱架外附加一小棚架。架长 4～5 m,单篱架高约 1.5 m,棚架前端架高 2～2.5 m,与单篱架相连形成倾斜棚面,植株在篱架上形成篱壁后还可以继续向棚面上爬,可有效地利用空间,增产潜力大。但篱架面的通风透光性下降,易出现上强下弱的现象。此外,植株的主蔓从篱架面转向棚架面时,若弯拐过死,容易造成棚架面和篱架面生长不均衡。在实际操作中,可省去篱架的最上一道铁丝,同时使棚架的第一道铁线与立柱保持 30～40 cm 的距离,使枝蔓从篱架面向棚架面生长时有一定的倾斜度。

(三)整形

1.篱架无主干多主蔓自然扇形整枝

植株无主干,每株留多个主蔓,在每个主蔓上再分生侧蔓或直接着生结果枝组,使其在架面上呈扇形分布。密植的可留 2～4 个主蔓,稀植或双篱架可留更多主蔓。这种整形方法埋土防寒方便,植株受冻后更新容易,在北方埋土防寒区使用较多。这种树形还比较容易控制植株的负载量,适应范围较宽。但这种整形方式,枝条的极性比较强,结果部位迅速上移,如果控制不好,易形成下部光秃的现象,所以,成年后应每年在植株中下部注意选留预备枝,在选留结果母枝时,应注意"留下不留上"和"留强不留弱",适当疏去一部分植株上部的强壮枝条,以利中下部枝条正常生长;上部强枝结完果后,应及时回缩更新。上部枝叶不能留得过多,以防影响通风透光,降低品质。生长势过旺的品种以及容易发生极性生长的保护地品种应慎用(图 7-9)。

2.篱架无主干多主蔓规则扇形整枝

这种整形方式是对自然扇形加以改良而来的,可以克服自然扇形整枝的一些缺点。规则扇形要求配置较严格的结果枝组,每个枝组上选留一个结果母枝和一个预备枝;结果母枝要求生长健壮、成熟良好,作中长梢修剪,一般剪留 8～10 节。结果母枝上发出的新梢作结果枝用,结完果后,一般应从结果母枝的基部剪去。预备枝要求短剪,一般剪留 2～3 节,其位置应在结果母枝的下方。预备枝上发出的新梢,留 1～2 个结果母枝或做营养枝,冬剪时再短剪留作预备枝或将 2 个枝条作一长(上方)一短(下方)修剪,形成新的结果枝组。如此年复一年,实现结果枝组的不断更新(图 7-10)。

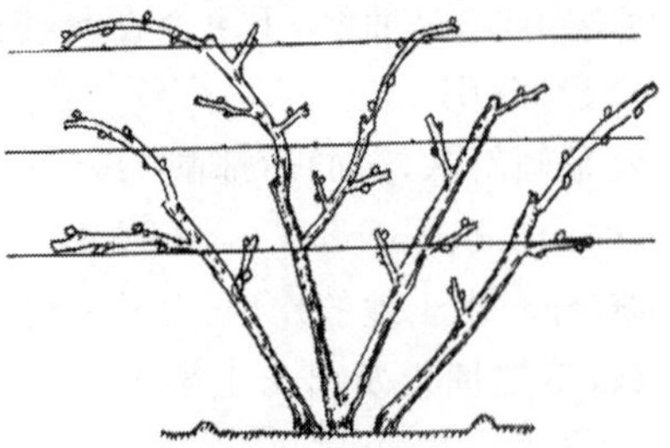

图 7-9 无主干多主蔓自然扇形整枝

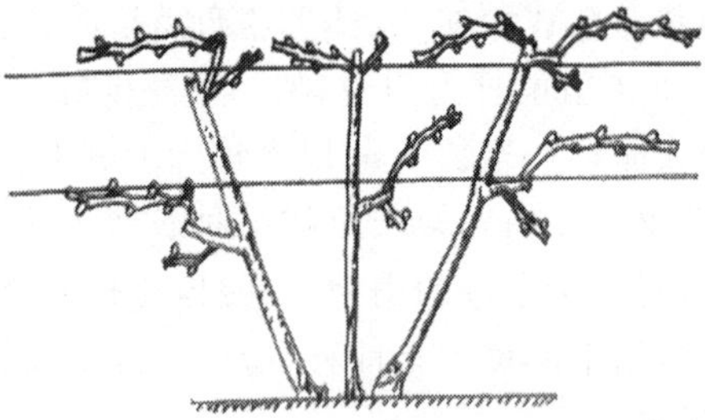

图 7-10 无主干多主蔓规则扇形整枝

3.篱架有主干水平形整枝

有单臂单层水平形、双臂单层水平形(图 7-11)、双臂双层水平形(图 7-12)等。

植株有一主干,干高 0.8～1.2 m,在其上培养 1～4 个主蔓。1 个主蔓,水平引绑在第一道铁线上,称单臂单层水平形;2 个主蔓,在第一道铁线上朝相反方向水平引绑,称双臂单层水平形;4 个主蔓,分两层,分别水平引绑在第一和第二道铁线上,称双臂双层水平形。整形时,第一年选留 1 个强壮新梢做主蔓培养,直立引绑上架,冬剪剪留 1.5 m 左右,以后各年在其上选留出需要的主蔓数,并按要求引绑在相应的铁线上。在每个主蔓上培养 6～8 个结果枝组,采用留 2～3 个芽短梢修剪,对水平蔓上的结果母枝,通过抹芽、定枝,保留间隔 10～15 cm 一个新梢密度,春季发出的新梢可引绑在上几层铁线上。

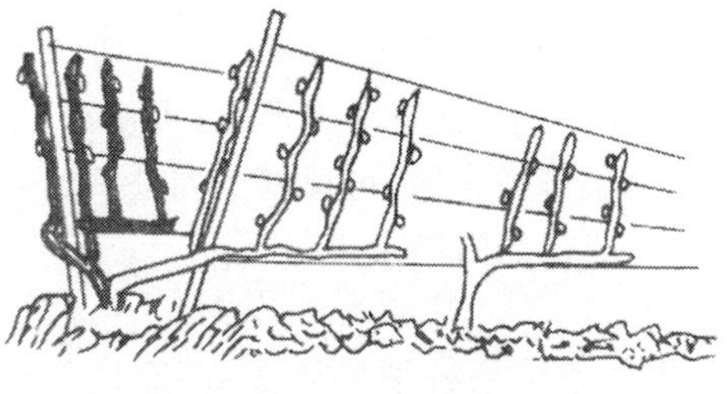

图 7-11 双臂单层水平形

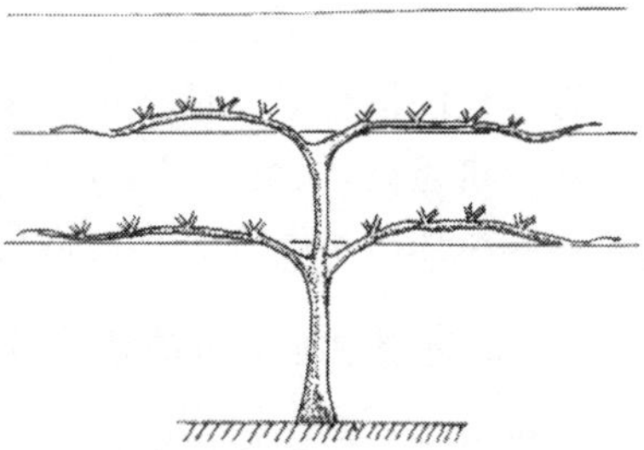

图 7-12 双臂双层水平形

4.棚架龙干形

这是在我国北方葡萄棚架栽培中常用的一种传统整形方式。植株留 1 个至多个粗龙干,由地面顺棚架向上爬。在龙干上均匀分布结果母枝组,结果枝每年短剪,只有龙干先端的延长枝长剪。一个龙干称“一条龙”整形,最常用,也有些老产区用二、三条或多条龙的。多龙干时,龙干之间的距离约为 50 cm,如果肥水条件好,或生长势强的品种,龙干间的距离可以增大到 60～70 cm 或更大(图 7-13)。

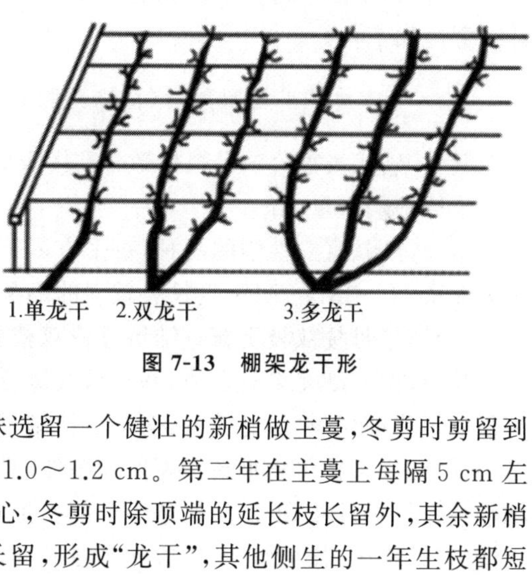

1.单龙干 2.双龙干 3.多龙干

图 7-13 棚架龙干形

定植时,每一个定植穴栽 2～3 株,生长期每株选留一个健壮的新梢做主蔓,冬剪时剪留到成熟节位,一般剪留长度为 1.2～2.0 m,剪口粗度 1.0～1.2 cm。第二年在主蔓上每隔 5 cm 左右选一个新梢作结果枝,夏季副梢留 1～2 片叶摘心,冬剪时除顶端的延长枝长留外,其余新梢都短剪。以后每年都依此方法修剪,顶端延长枝长留,形成“龙干”,其他侧生的一年生枝都短剪,多年反复短剪形成“龙爪”。龙骨基部 50 cm 以下不留新梢。4～5 年后完成龙干整形,植株进入盛果期。

在培养龙干时,为了防寒时埋土和出土方便,要注意龙干从地面引出时应有一定的倾斜度,特别是在基部 30 cm 以下部分的龙干与地面的夹角应在 20°以下,以减少龙干基部折断的危险。龙干基部的倾斜方向应与埋土方向一致。

(四)修剪技术

葡萄修剪分为冬季修剪和夏季修剪。冬季修剪是在休眠期进行的修剪,在埋土防寒地区,一般在下架埋土以前完成。不埋土地区,整个休眠期都可以修剪,但过早修剪,树体耐寒性降低，过晚修剪易引起伤流，一般要求在早春伤流开始前一个月左右完成为好。夏季修剪是指从萌芽到落叶之前对新梢的修剪，可根据植株枝叶的生长需要而随时进行。

1.冬季修剪方法

（1）结果母枝剪留长度　按结果母枝的剪留长度分为极长梢（12 芽以上）、长梢（8～11 芽）、中梢（4～7 芽）、短梢（2～3 芽）、极短梢（1～2 芽）修剪。生产上多采用长、中、短梢结合修剪的方法；传统的独龙干形整枝方式多采用短梢修剪；规则扇形则应是一长一短。在实际应用中，应根据枝条的势力、部位、作用、成熟情况等决定其剪留长度。原则上强枝长留，弱枝短留；端部长留，基部短留。此外还必须考虑树形和品种特性等。一些结实能力强的品种如玫瑰香，基部芽眼充实度高，可采用中短梢修剪，而对生长势旺、结实力低的品种如龙眼应多采用中长梢修剪。

（2）结果母枝的留枝量　留枝量量是指在冬剪时结果母枝留量的多少。一般结果母枝留量越多，下年产量越高；但留枝过多，由于营养物质供应不上，落花落果严重，果穗小，不仅影响产量，还要影响树体生长发育。具体每公顷留多少结果母枝合适，可根据下列公式计算：

$$\text{每公顷地要留的结果母枝数}=\frac{\text{每公顷葡萄园要求产量(kg)}}{X\times Y\times Z}$$

其中 X 代表每条母枝平均留结果枝数，Y 代表每条结果枝平均果穗数，Z 代表每个果穗平均重量（kg）。

冬剪时，也可按每株平均留芽眼数进行修剪。每一株所留芽眼平均数称为芽眼负载量。计算方法如下：

$$\text{每株平均留芽量(植株芽眼负载量)}=\frac{\text{计划每公顷葡萄产量(kg)}}{W\times H\times Y\times Z}$$

其中 W 代表每公顷定植株数，H 代表结果枝占芽眼的比率，Y 代表每枝平均穗数，Z 代表每果穗平均重量（kg）。

生长势弱、直立性强的品种，每平方米架面留 13～15 个新梢；生长势中庸的品种，每平方米架面留 10～13 个新梢；生长势较强的品种，留 7～9 个新梢为宜。

（3）结果母枝双枝更新　结果母枝双枝更新是指两个结果母枝组成一个枝组，修剪时上部母枝长留，翌年结完果后去掉，基部母枝短留作预备枝，翌年在其上培养一两个健壮新梢，继续一长一短修剪，年年如此反复，保持植株结果枝数量和部位相对稳定（图 7-14）。

（4）结果母枝单枝更新　不留预备枝，只对一个结果母枝修剪，翌年再从其基部选 1 个新梢继续作结果母枝，上部的枝条则全部去掉。生产上采用中、短梢修剪时一般多采用单枝更新方法，但采用中、长梢修剪时，应注意在基部留预备枝（图 7-15）。

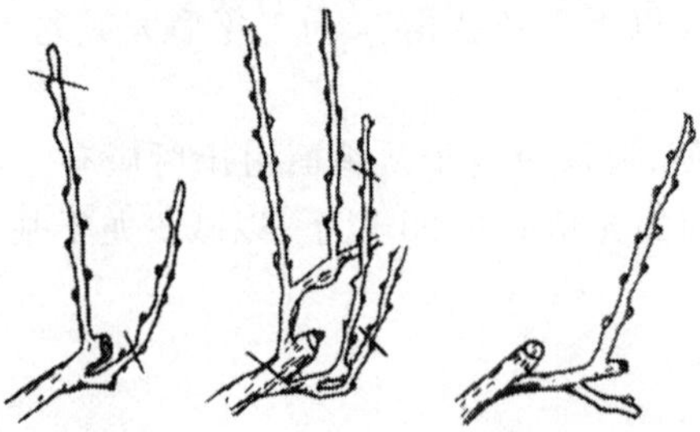

图 7-14　结果母枝双枝更新

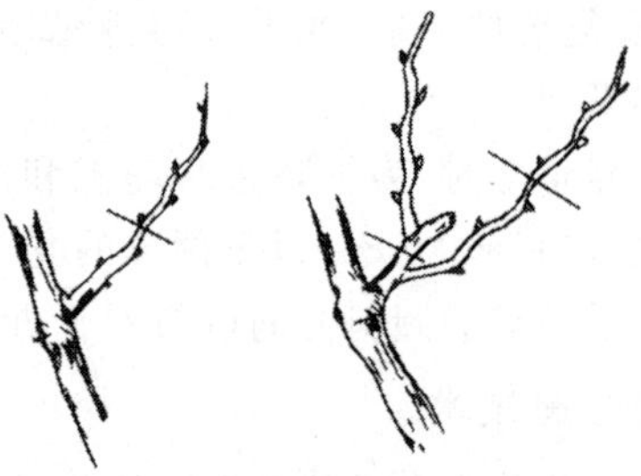

图 7-15　结果母枝单枝更新

（5）老蔓的更新　也称大更新。葡萄的主侧蔓出现衰弱、光秃、病虫为害或坏死时需予以更新，可以从植株基部的萌蘖枝或不定枝中选择合适的枝条预先培养，再逐步去掉需更新老蔓，用新蔓取而代之。注意不能一次更新过多大蔓，可逐年进行。

（6）侧蔓的更新　也称小更新。在一般肥水条件下，4～6 年更新一次。一般采取回缩修剪的方法。

以上为冬季修剪方法。修剪时一般要求所留枝条剪口粗度在 0.8～0.9 cm，剪口应高出欲留芽 3～4 cm 或在上一节节部破芽剪截。疏枝时，应从基部彻底去掉，勿留短桩，同时伤口最好安排在老蔓的同一侧。对生长势旺的品种，应选生长势中庸、充实度高的枝条作结果母枝。而生长势弱的品种，尽量选生长势强的枝条。

2.夏季修剪方法

（1）抹芽和定梢　在芽已萌动但尚未展叶时，对萌芽进行选择去留即为抹芽。当新梢长到 15～20 cm 时，已能辨别出有无花序时，对新梢进行选择去留称为定梢。抹芽和定梢是进一步调整冬季修剪量，使其处于一个合理的水平上。抹芽和定梢宜及早进行，新梢 5 cm 长时开始抹芽，每隔 3～5 d 抹一次，连续进行 2～3 次。

抹芽和定梢的原则是"留早不留晚、留壮不留弱、留果不留空、留下不留上、留顺不留夹"，使果枝在架面上下、左右、前后均匀分布，达到立体结果。

（2）新梢摘心　当年新栽幼树，当新梢长到 40～50 cm 时进行第一次摘心，使枝梢粗壮，芽眼饱满。对已结果的成年树，在花前或开花初期摘心，抑制新梢生长，以提高坐果率。摘心程度依品种和枝条的强弱而不同。强枝果穗以上留 4～6 片叶摘心，中庸枝在花序以上 6～8 片叶摘心，弱枝轻摘心或不摘心。对发育枝一般在 13～14 片叶处摘心。

（3）副梢处理　随着新梢很快地生长，副梢长得也很快，不及时处理，不但浪费养分，影响坐果，还影响架面通风透光。副梢处理常用的 3 种方法如下。

①结果枝上的副梢。只保留顶端 1～2 个，其余全部抹除，顶端留下的副梢，每留 2～4 片叶摘一次心，以后发出的三、四次副梢依次处理，这种方法适合巨峰等落花落果较重的品种。

②坐果高的品种的副梢。如红地球、秋黑等品种，冬芽又易萌发，一般花序以下的副梢抹除，花序以上的副梢留 1～2 片叶摘心。

③营养枝和预备枝的副梢。多采用留 1 片叶进行绝后性摘心，连同其冬芽和夏芽一起掐掉。总之，既要做到留有足够的有效叶片，又要做到架面有条理，以保证架面通风透光，减少或避免病虫害发生。

（4）引缚新梢　可使枝梢分布均匀，有利于通风透光。一般从花前开始进行多次引缚。新梢长 40 cm 左右时进行，先引缚直立旺梢，使其水平并与主蔓垂直。过强梢要先捻后引或呈弓形引缚于架面上，弱梢可不引缚，任其自然生长。引缚后，梢间距保持 20 cm 左右，保证每梢都有生长空间。绑缚时要求新梢不与铁线接触，并且铁线处要绑牢，新梢处要绑松。常用的绑扣多为"∞"形或马蹄形（图 7-16）。

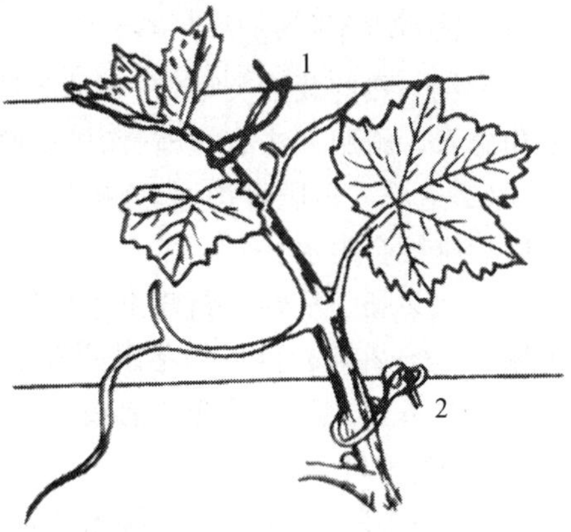

1."∞"扣；2.马蹄形

图 7-16　新梢的绑法

（5）去卷须与摘叶　卷须缠绕果穗与枝蔓等，造成枝梢紊乱，老熟后不易除去，应结合摘心、绑梢等工作及时摘除。

果实着色采收前，摘去下层部分老叶，可使架面通风透光良好，有利果实着色和提高果实品质。生长后期，要将新梢基部黄叶及老叶剪除，改善通风透光条件，加速新梢成熟。

(6)疏花序　为了集中营养、提高葡萄坐果率和果实品质，保证合理的产量负担，需要进行疏花序。疏花序对花序较多、花序较大及落花落果严重的品种尤为重要。疏花序一般在开花前 5～7 d 进行。留花序的多少根据品种、枝蔓粗细等决定，一般果穗重在 400～500 g 及以上的大穗品种，壮枝留 1～2 个花序，中庸枝留 1 个花序，细弱枝不留花序；小穗品种(穗重在 250 g 左右)，壮枝留 2 个花序，中庸枝以留 1 个花序为主，个别空间较大的枝可留 2 穗，细弱枝不留花序。

(7)掐穗尖、疏副穗　可与疏花序同时进行。对花序较大和较长的品种，要掐去花序全长的 1/5～1/4，过长的分枝也要将尖端掐去一部分。对果穗较大、副穗明显的品种，应将过大的副穗剪去，并将穗轴基部的 1～2 个分枝剪去。通过掐穗尖、疏副穗可将分化不良的穗尖和副穗去掉，使营养集中，坐果率提高，果穗紧凑，果粒大小整齐，穗形标准(图 7-17)。

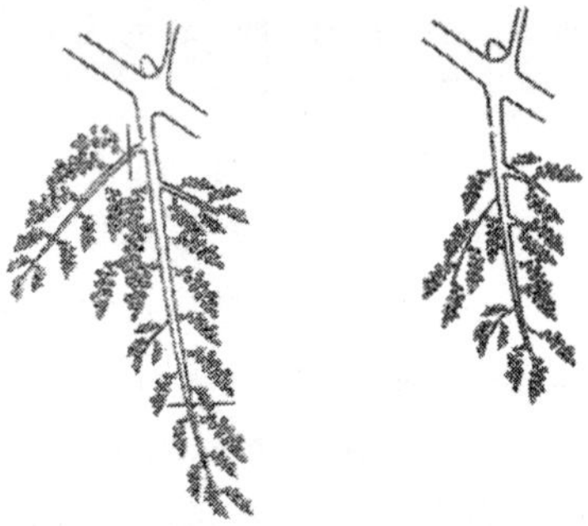

图 7-17　掐穗尖、疏副穗

(五)葡萄园的土、肥、水管理

1.土壤管理

葡萄园早春深翻畦面，疏松土壤，可提高地温，提高土壤保墒通气能力，促进微生物活动，加速有机质分解，提高肥料利用率，有利于根系的生长和新根的发生。翻深一般为 15～20 cm，将翻土打碎，搂平。若秋季没有施基肥，可结合深翻施足基肥，也可同时追施氮肥，最后修理畦埂。

2.施肥

施肥分施基肥、追肥和根外追肥。

(1)基肥　基肥对于葡萄生长是必不可少的，幼树每结 1 kg 果需施有机肥 3～4 kg。布满架面后，每千克果施 2～3 kg。每千克有机肥混入 2～4 kg 过磷酸钙，按上述比例视有机肥质量酌情增减。例如，若第三年估产 1 000 kg/667 m^2，则于第二年秋季施有机肥 3 000～4 000 kg，加过磷酸钙 30～50 kg；盛果期计划产量 2 500 kg/667 m^2，则秋季施有机肥 5 000～7 000 kg，过磷酸钙 50～100 kg。

一年一熟的栽培类型，在 9 月上旬施基肥；一年两熟的栽培类型，在二茬果采收前的 10 月上旬施入。施肥方法有撒施、沟施、沟内撒施等。

(2)追肥　追肥可沟施，施碳酸氢铵应及时盖土，防止肥料损失。为使肥料尽早发挥作用，追肥后应结合灌水。

①催芽肥。早春于葡萄出土后结合深翻畦面，在植株周围进行土壤施肥，一般每 667 m^2 施尿素 15～20 kg，可促进芽眼萌发整齐。

②催条肥。萌发后开花前按以上方法施入尿素和过磷酸钙，每 667 m^2 施尿素 75 kg 左右，过磷酸钙 50 kg 左右。

③催果肥。于葡萄浆果膨大期每 667 m^2 施 10～15 kg 尿素。

④催熟肥。于葡萄浆果开始着色时进行叶面喷肥，每隔 7～10 d 连续喷布 2～3 次磷、钾肥。

(3)叶面喷肥　尿素0.2%～0.5%，多用于生长前促进新梢生长，增大、增厚叶片和提高叶绿素含量；过磷酸钙或草木灰1%～3%，磷酸二氢钾0.2%～0.3%，多用于生长后期促进果实和枝蔓成熟，一般2～3次；硼砂、硼酸、硫酸锌、硫酸镁、硫酸锰等微量元素0.1%左右，多用于花前，可提高坐果率，防止缺素症等。

3.水分管理

根据葡萄生长发育对水分的需求，葡萄园常规水分管理应做到“两促、两控、保证冻水”。即在葡萄发芽后到开花前灌2～3次水促进新梢生长和花芽形成；开花期控水，防止叶徒长和授粉不良；浆果膨大期，根据降水情况灌水，以促进果实膨大及花芽形成；浆果着色期控水，以防病害、裂果，提高果实品质；北方寒冷地区下架防寒后保证灌好封冻水。不埋土地区冬季遇干旱要适量灌水。

此外，丘陵山地及低洼盐碱地葡萄园，在7—8月的雨季，要特别注意排水。

(六)越冬防寒

葡萄的抗寒力低，一般认为冬季最低气温低于－15 ℃以下的地区都应进行埋土防寒。

1.埋土防寒时期

北方地区防寒一般在冬季修剪后至土壤封冻前进行。华北地区大致在11月上、中旬。

2.防寒方法

(1)空心覆盖法　在高寒地区或庭院为了提高防寒效果和出土方便，常采用此法。即在埋土的部位开沟，并在沟的两侧再筑土埂，然后将捆好的枝蔓放在沟内，埂上架以木棍、秸秆，最后覆盖土。

(2)实埋覆盖法　一种是将枝蔓顺行向压倒在地面，直接用土覆盖严实，称为地上实埋覆盖法，此法生产上应用较多；另一种是在行间挖临时性沟，将枝蔓压入沟内再覆土，称为地下实埋覆盖法，此法大棚架应用较多。

地上实埋覆盖的厚度、宽度应依据地区、苗木类型、品种而定，寒冷地区、自根苗、不抗寒品种比温暖地区、嫁接苗、抗寒品种埋土要厚、宽。如辽宁沈阳地区巨峰葡萄自根苗覆土的厚度和宽度分别为0.5 m、1.2 m。

(3)出土上架　在春季葡萄树液开始流动至发芽前，必须撤土解除防寒。一般根据当地的物候期确定适宜的出土时间。山桃初花期、杏栽培品种花蕾显著膨大期为葡萄出土的适宜期。华北地区一般在3月下旬至4月中旬。

在北方寒冷地区，葡萄撤除防寒物要求一次撤完，不要分期进行。分期撤土，枝蔓上面土层过薄，白天气温较高，容易引起过早萌芽，上架时易被碰掉，以后产生的花序也易受晚霜的危害。

项目二　草莓设施栽培

草莓果实柔软多汁、甜酸适度、芳香浓郁、营养丰富。一般栽后数月即可成熟收获，既可以露地栽培，也可以利用保护地进行促成或半促成栽培，鲜果可周年供应上市，具有极高的经济价值。我国从20世纪80代中后期开始发展草莓的设施栽培并且面积不断扩大，形成了日光温室，大、中、小棚等多种设施栽培形式，并根据不同地区的气候、资源优势形成了具有地方特色的规模化生产基地。

一、塑料大棚半促成栽培

半促成栽培的特点是对完成花芽分化并已进入休眠的植株，通过一定的技术措施，使植株提前结束休眠，并保持旺盛生长状态，达到提早开花、提早结果的目的。与促成栽培相比，果实上市时间较晚，但由于花芽分化充分，产量相对较高，品质较好，且设施简单，管理方便，成本低，较省工，是目前广泛采用的一种设施栽培方式。

（一）品种选择

1.宝交早生

日本兵库农业试验场用八云×达娜育成。果实圆锥形，整齐，果面鲜红色，有光泽，果心不空虚，平均单果重 17 g，最大果重 24 g。果肉橘红色，肉质软，果肉细，果汁多，酸甜适口，香味浓；可溶性固形物含量 9.6%～10%，含酸量 0.9%，维生素 C 含量 49.0 mg/100 g 果肉，鲜食品质优良。果面柔软，果皮较薄，不耐贮运，在常温下放置一天即变色变味。

该品种植株生长势较旺，株态开张，易发匍匐茎。较丰产，早熟，品质好，平均株产 120～160 g，休眠较深，解除休眠需 5 ℃以下低温 400～500 h。促成、露地栽培均可，以半促成栽培最为适宜。对土壤的适应性很强，沙土、火山灰土都能丰产，抗病力中等。目前我国各地栽培较多。

2.全明星

美国农业部马里兰州农业试验站杂交育成。果实圆锥形，鲜红色，整齐美观，果面有光泽。平均单果重 21.3 g，最大果重 32 g，果实硬度大。果肉橘黄色或淡红色，髓心空、味酸甜，有香味，果汁多。可溶性固形物含量 6.8%，含酸量 0.88%，维生素 C 含量为 52.0 mg/100 g 果肉。种子黄色，向阳面红色，密度中等，凸出果面。

该品种为中晚熟品种，高产，常温下可贮存 2～3 d。植株生长旺，株态较直立，株冠大。匍匐茎繁殖能力强。植株能耐高温高湿，抗病力强，基本无病害发生，是露地和保护地半促成栽培的优良品种，也是鲜食、加工兼用品种。

3.新明星

河北省农业科学院石家庄果树研究所自全明星优系中选出。果实圆锥形或楔形，整齐，美观，果面鲜红色，有光泽，平均单果重 24 g，最大果重 56 g。果实坚韧、硬度大，果肉橘黄色，果汁较多，风味酸甜，有芳香味。可溶性固形物含量 9.8%，含酸量 0.97%，维生素 C 含量为 73.13 mg/100 g 果肉。种子黄色，个小，分布中等，陷入果面较浅。

该品种植株生长势强，株冠较大。丰产性强，抗逆性强，品质好，耐贮运，常温下可贮存 3～4 d，休眠期较短、早熟，是保护地和露地栽培兼用的优良品种。

4.星都 1 号

北京市农林科学院林业果树研究所育成。果实圆锥形，红色有光泽，一、二级序果平均单果重 25 g，最大单果重 42 g，果实外观评价上等。果实硬度大，耐贮运。风味甜酸适中，香味浓，果肉红色，肉质评价上等。可溶性固形物含量 8.85%，含酸量 1.42%，维生素 C 含量为 54.49 mg/100 g 果肉。北京地区露地栽培果实成熟期为 5 月中旬。

该品种植株生长势强，株态较直立。较丰产，一般每 667 m^2 产量可达 1 500～1 750 kg，适合露地和保护地的促成及半促成栽培。

5.星都2号

北京市农林科学院林业果树研究所育成。果实圆锥形，红色略深，有光泽，平均单果重27 g，最大果重为59 g，外观评价上等。风味酸甜适中，香味较浓，果肉红色，肉质评价中上等。可溶性固形物含量8.72%，含酸量1.57%，维生素C含量为53.43 mg/100 g果肉，果实硬度较大，耐贮运

该品种植株生长势强，株态较直立。早熟，成熟期比星都1号早一周，果实采收期可长达一个月左右，丰产，一般每667 m^2 产量1 800～2 000 kg，适合露地和保护地促成及半促成栽培。温室促成栽培果实可在1月成熟上市。

6.哈尼

美国品种。果实短圆锥形、深红色，有光泽，果顶平滑，果形整齐美观。一级序果平均单果重25.5 g，最大果重52 g，果肉橙红，髓心稍空，肉质稍硬。甜酸适度，香味浓，品质好。可溶性固形物含量为8.6%～10.0%，维生素C含量为51.0 mg/100 g果肉。

该品种植株长势较强，株态直立，抗病、丰产性强，较耐贮运。休眠深，适于露地和保护地栽培。

7.春星

河北省农林科学院石家庄果树研究所育成。果实圆锥形或楔形，整齐，鲜红色，有光泽，果面平整，一、二级序果平均单果重31 g，最大单果重78.8 g。果肉橘红色，肉质细，果汁多、味酸甜、香气浓，品质上等。可溶性固形物含量11%，含酸量0.926%，维生素C含量为127.3 mg/100 g果肉。在石家庄地区，露地栽培条件下，果实采收始期为4月底，采收高峰期5月中旬，采收结束期6月上旬，果实供应期30 d以上。

该品种植株生长势强，对灰霉病、炭疽病抗性较强，但对叶斑病抗性较弱；产量高，成熟早，果形大，品质优，是一个综合性状优良的品种。适合露地和保护地栽培。

8.达思罗

法国品种。果实圆锥形，果面平整，深红色，有光泽，果肉全红，果实韧性强，耐贮运，酸甜适口，香味浓郁，品质极佳。可溶性固形物含量9%～12%，较全明星高2%～4%，一级序果平均单果重25 g，最大果重60 g，株产300 g，每667 m^2 产量可达2 000～3 000 kg。休眠期较全明星短，较吐德拉长，较全明星早熟10～20 d，较丰香和吐德拉晚熟10～20 d。

该品种植株生长健壮，分枝力强，叶片中大、浅绿色。单株花序3～4个果实，适于露地、拱棚、温室半促成栽培，口感极佳，是一个鲜食及高档加工兼用品种。

9.达赛克莱特

法国品种。果实长圆锥形，深红色，有光泽，果面平整，一级序果平均单果重30 g，最大果重80 g。果肉全红，酸甜适口，香味浓郁，风味极佳。质地较硬，耐贮运性强。可溶性固形物含量9%～12%，维生素C含量为60 mg/100 g果肉。

该品种丰产性强，一般株产量250 g以上，每667 m^2 产量可达2 000～3 000 kg。抗病性和抗寒性较强。休眠期比全明星短，较丰香长，适合露地、拱棚和温室半促成栽培。

10.达娜

果实扁圆锥形，鲜红色，表面有光泽，纵棱明显；平均单果重12.5 g，果肉橘红色，果汁多，果髓小。味酸甜可口，有芳香味，果实较硬，耐贮运。该品种不耐旱，易受红蜘蛛为害，抗白粉病能力强。休眠较深，一般在5 ℃以下低温750 h才可打破休眠，适合半促成栽培。

11.丰香

果实圆锥形，平均单果重25 g；果面鲜红色，有光泽；果肉白色，较硬，较耐贮运，果汁多；酸甜适中，香味浓。该品种抗白粉病能力较弱。自然休眠期较短，在5 ℃以下低温情况下，经过50～70 h即可通过自然休眠。适合促成栽培。

12.弗杰利亚

果个较大，第一级序果平均单果重33 g；果长圆锥形，果面鲜红色，有光泽；果肉粉红色，果肉细腻，酸甜适中，有香味，果肉硬，耐贮运。该品种休眠浅，适合促成栽培。

13.红颜

果实短圆锥形，整齐度好，果面鲜红色，果肉细腻，香味浓，含糖量高，品质极优。一级花序平均单果重38 g。休眠期短，适合促成栽培。

14.甜查理

美国早熟品种，平均单果重52 g。果面全红，色泽艳丽，酸甜适口。含糖量高。适合保护地栽培，大棚可在春节前上市。休眠期短、丰产、抗逆性强。

15.盛冈16

平均单果重17 g；果实短圆锥形，果面鲜红色，有光泽，果肉白色，果髓稍有空腔，肉质细密；果肉味甜酸，汁多，有香味；果实硬度较大，较耐贮运。该品种休眠较深，在5 ℃低温下经过1 300～1 500 h才可打破休眠。适合半促成栽培或抑制栽培。

(二)定植及定植后的管理

1.定植

(1)土壤消毒　草莓忌重茬，定植前可用太阳光进行土壤消毒。具体方法为7—8月，在保护地内每667 m^2施作物秸秆或其他堆肥1 500～2 000 kg，撒施石灰氮50～60 kg，然后深翻，起垄，垄宽一般60～70 cm，地垄沟内灌水。灌水量以土壤处于饱和水分状态为宜，目的是使土壤处于缺氧状态，加速有机质分解，用透明塑料薄膜覆盖垄面，同时将温室密闭，利用夏季太阳热产生的高温杀死土壤中的病菌和害虫。密闭期间土壤温度如能达到40～45 ℃，14 d以上就能达到消毒效果。

(2)整地施肥　定植前半月按每667 m^2腐熟优质有机肥5 000 kg以上，氮、磷、钾复合肥50 kg进行施肥，翻耕耙平，做成垄高20 cm，垄面宽50～60 cm，沟宽40 cm的高垄进行栽植。

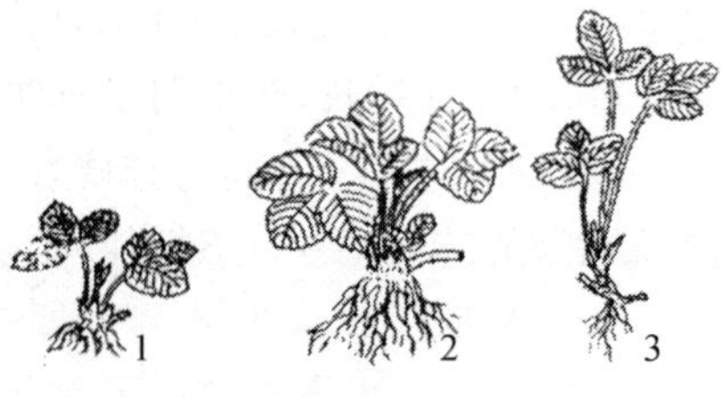

1.小苗；2.壮苗；3.细弱苗

图7-18　草莓各种苗的形态

(3)选苗　半促成栽培是在低温、短日照的寒冷季节促进植株生长发育，并使植株连续开花、结果。为了实现早果、丰产，栽植时要选用优质壮苗。优质壮苗的标准为根系发达，一级根20条以上；叶柄粗短，长15 cm左右，粗2～3 mm，成叶4～7片；新茎粗0.8 cm以上，苗重30～40 g，无病虫害(图7-18)。

(4)定植　定植时期，南方一般为10月中旬，北方一般为8月中旬至9月中旬。

定植时每垄栽两行，苗的根茎弓背朝向畦沟，株距15～20 cm，每667 m^2栽苗6 600～10 000株。如采用假植苗，起苗前要充分浇水，带土取苗，尽量少伤根，并摘去病叶、老叶。定植后要立即浇透水，有条件的地区最好采用滴灌，经常保持土壤湿润，以提高定植成活率(图7-19，图7-20)。

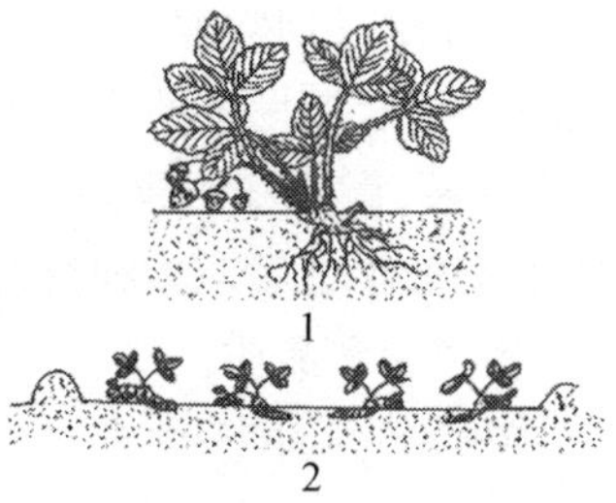

1.果穗抽生方向；2.秧苗栽植方向

图 7-19　秧苗定向栽植

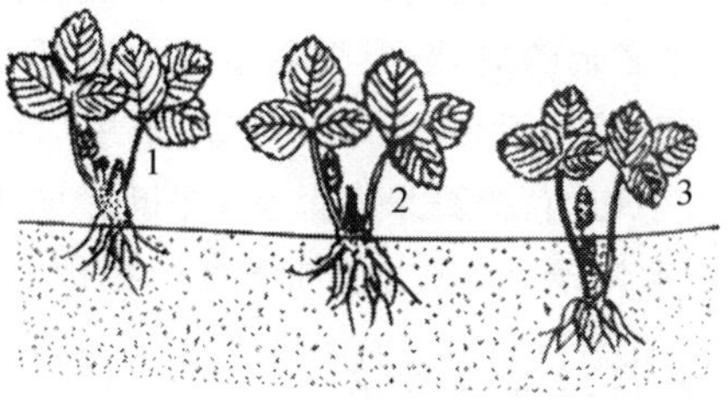

1.过浅；2.适度；3.过深

图 7-20　草莓栽植深度

2.定植后的管理

定植苗成活缓苗后，开始生长。半促成栽培草莓花芽不需要分化过早。为了适当延缓花芽分化，促进秧苗健壮生长，应追一次氮肥或叶面喷施 0.3%～0.5%尿素。立冬以后，11 月中旬进行第二次追肥，每 667 m^2 追施氮、磷、钾复合肥 10 kg。可采用开沟追肥，也可制成 0.2%的肥液，顺畦面浇施。结合施肥要进行灌水，11 月下旬土壤封冻前浇封冻水。

(三)扣棚保温及保温后的管理

1.保温时期

半促成栽培一般适于在植株基本通过自然休眠，还处在休眠觉醒期进行保温。由于不同品种休眠期长短不同，休眠较浅的品种可早保温，休眠深的品种保温时期可稍晚，北方一般为 12 月末到第二年的 1 月中旬开始保温。各地可根据当地的气温条件和选择的品种来确定具体保温时间。为了保持地温，大棚覆盖薄膜后要立即覆盖地膜，夜间棚内最低温度如在 5 ℃以下，还要加上内挂窗帘或用小拱棚进行多层保温。冬季较寒冷的地区，可在浇封冻水后进行覆盖地膜，主要作用是防寒保湿，扣棚保温后破膜提苗。

2.保温后的管理

(1)温度管理　保温初期到现蕾期，一般白天气温保持在 28～32 ℃，不能超过 35 ℃，夜间 9～10 ℃，夜温达不到要求时，可在棚内再加盖小拱棚，小拱棚上还可加盖草帘；现蕾后棚内温度要适当降低，到开花前白天温度保持 25～28 ℃，夜间 8～10 ℃；花期白天适温应为 23～25 ℃，夜间 8～10 ℃，温度超过 30 ℃时花粉发芽率降低，夜温降到 0 ℃以下雌蕊会受冻害；果实膨大期白天 20～25 ℃，夜间 5～6 ℃为宜；在接近果实成熟时，白天保持在 20 ℃左右，夜间保持在 5 ℃左右。

(2)赤霉素处理　通常在大棚保温 3 d 后，植株生长初期，喷 1 次 5～10 mg/L 的赤霉素，每株喷 5 mL，喷在心叶上。用药浓度与多种因素有关，一般扣棚早、苗壮、温度低，用药浓度应较高，否则用药浓度应低。因温度较高时，赤霉素处理效果较好，所以喷药时间应在晴天上午进行。赤霉素处理不当极易造成植株徒长，坐果率下降，叶柄和花梗过度伸长，严重降低草莓的产量和品质，所以要严格掌握喷药的浓度和用药量。

(3)肥水管理　保温前期一般施肥灌水较少；果实膨大期需肥水量大，应追 1 次肥；当进入果实采收期以后，应追 1～2 次肥，以追施氮、磷、钾复合肥为好。每次追肥量，每 667 m^2 追 10～15 kg。

开花结果期需水较多，应保持土壤湿润，但此期灌水后要注意通风排湿，避免空气湿度过大影响授粉受精。为了降低棚内湿度，最好采用膜下滴灌，也可将肥料配制成肥液进行沟灌。

(4)植株管理　半促成栽培草莓一般能发出5～8个花序，在结果期需要10～15片叶制造营养。对基部多余的老叶，要随着新叶的展开及时摘除，同时要把后期发生的多余的腋花芽去除；现蕾后要疏除发育晚的弱小花蕾；坐果后要及时摘除畸形果、病果和小果，适度疏蕾和疏果，使果个大小均匀，提高果实品质，并可提早成熟；在前期果实采收之后，要及时摘除老叶、果柄等，以改善通风透光条件，增加光合产物积累，提高后期果实产量和品质。

二、日光温室促成栽培

促成栽培是草莓保护地栽培中，果实成熟上市最早的一种栽培方式。它是在草莓完成花芽分化以后，进入休眠之前，利用温室保温、辅之赤霉素处理和人工延长光照，使植株不进入休眠，促使其继续生长发育，实现在冬季正常生长、开花结果的一种特早熟栽培方式。温室促成栽培的草莓果实成熟期可提早到11月下旬至12月上旬，采收期长达4～6个月，其经济效益远远高于露地栽培。

(一)品种选择

促成栽培的草莓品种要选择休眠性浅、抗病、生长旺盛、花芽分化早、耐寒性好、不易矮化、花粉多而生活能力强、果实大小整齐、畸形果少、产量高、品质好的品种，目前适于促成栽培的优良品种有丰香、枥乙女、春香、章姬、鬼怒甘、童子一号、石莓1号、丽红、弗杰尼亚、美香莎、明宝等。

(二)定植技术

1.定植前准备

定植前进行整地施基肥。草莓促成栽培结果期长，产量较高，对营养的需求量较大，一般每667 m^2 施用熟的优质有机肥5 000 kg以上。底肥中要加入草莓专用肥或氮磷钾复合肥50 kg。底肥撒匀后翻耕2～3遍，翻耕深度30 cm左右，然后做高畦，畦面宽40 cm，沟宽40～50 cm。

由于草莓促成栽培比半促成栽培采收更早，产量更高，花前生长期更短，所以，对秧苗的要求也更高，以选用在专用育苗圃中培育的无病毒优质壮苗为好。所选苗根发达，一级根量在25条以上；叶柄粗短，长15 cm左右，粗3 mm左右，具成龄叶5～7片；新茎粗1 cm以上，苗重25～40 g，花芽分化早、发育好，无病虫为害。

2.定植

草莓促成栽培的定植时期，南方温暖地区在9月中旬至10月上旬，北方地区在8月下旬至9月上旬。定植一般以自然气温15～17 ℃、地温20 ℃左右为宜，不可过晚，过晚距休眠期较近，不利于缓苗后的生长。为了提高成活率，缩短缓苗期，定植前1～2 d假植畦内，要浇透水，起苗时带土坨。定植密度通常在高畦上栽2行，株距15～20 cm，每667 m^2 栽800～1100株。栽植深度要适宜，要定向栽植，草莓茎的弓背朝向畦面的两侧，将来果实吊在畦两侧的坡上，利于通风透光，减少果实病害，提高果实品质，也便于采收。定植后立即顺畦沟浇一次透水，2～3 d后再浇一次小水。

3.定植后管理

定植缓苗以后新叶展开，植株开始旺盛生长，此期只要土壤不干就不用浇水，至9月下旬，植株长出6片叶左右时即进行花芽分化，此时应控氮肥控水，扣棚前每667 m^2 结合浇水追施复合肥15～20 kg，但肥水不要过量，防止植株徒长，影响花芽分化。要随时摘除枯叶、病叶，摘除抽出的匍匐茎。如果在保温前植株生长过旺，叶数过多，留 5～6 片叶即可，摘叶的同时摘除侧芽，以减少营养损失。

(三)适时保温

适时保温是草莓促成栽培的关键技术。保温过早，花芽分化发育不充分，产量下降；保温过晚，一旦植株进入休眠，则很难打破，会造成植株严重矮化，果小，产量低。适宜的保温开始期，应根据休眠开始期和腋花芽分化状况而定，应掌握在休眠之前、腋花芽分化之后保温。靠近顶芽的第一腋花芽，一般是在顶花芽分化后 1 个月进行分化。因此，在顶芽始分化后 30 d 左右开始覆膜保温较为适宜，北方为 10 月中旬，南方为 10 月下旬至 11 月初。当夜间最低气温降到 8 ℃左右时开始盖膜保温较为适宜。保温用膜最好用透光性好的聚氯乙烯长寿无滴膜，以增加温室内的光照强度。

(四)保温后的管理

1.温度管理

扣棚保温初期，为了把即将进入休眠的植株唤醒，使其进行正常生长和促进花芽发育，应给予较高的温度，白天 28～30 ℃，超过 30 ℃要开始通风换气，夜间保持 12～15 ℃，最低不低于 8 ℃。保温初期外界气温还较高，可暂不加盖草帘，并要随时注意白天放风降温，以后视温度下降情况进行覆盖保温。现蕾到果实采收期的温度管理参照大棚半促成栽培。

2.湿度调节

不同生育时期对湿度的要求不同，现蕾期 60%～80%，开花期 30%～50%，果实成熟期 60%～70%。一般排湿结合调节温度的放风进行，每天中午前后要放风。

3.覆盖地膜

覆膜可提高地温，促进肥料分解，又可减少土壤水分蒸发，降低温室内的空气湿度，减少病害发生，并可使果面保持洁净，减少果实腐烂，提高果实品质。一般在保温后 10～15 d 覆盖地膜。覆膜后要立即破膜提苗，并在两行苗之间打一行洞，用于追肥、灌水。有滴灌条件的可不打洞。为防止杂草生长，用厚度为 0.015～0.03 mm 的黑色聚乙烯薄膜较为适宜。

4.人工补光

在促成栽培中要用人工补光给予长日照条件，人为地抑制草莓进入休眠状态，促进植株生长发育良好，提早开花结果。一般在 11 月中旬开始补光。补光方法在温室内可安装白炽灯，每 4 m 挂 1 只 100 W 的白炽灯，高度离地面 1.5 m，照明时间从 17:00 到 23:00，使日照长度达到 16 h。人工补光对促进草莓植株旺盛生长、增大果个有良好的作用。

5.肥水管理

温室保温后，由于温度高，尽管有地膜和棚膜覆盖，土壤水分的蒸发量仍然很大，容易造成土壤缺水。为保证土壤有充足的水分，一般保温前、覆地膜前各浇 1 次水，以后除结合追肥浇水外，再根据土壤含水的情况酌情补水，如土壤相对含水量在 50%～60%以下时需浇水。从保温到采收这段时间正是侧花芽分化、发育和顶花芽开始结果、幼果膨大成熟时期，需要大量营养，这段时间要及时追肥 3～5 次。追施 0.2%氮磷钾复合液肥，同时结合苗情，叶面喷施铁肥、磷酸二氢钾 300 倍液 2～3 次，以后在顶花序果实采收后的植株恢复期和腋花序果实开始采收期各追 1 次肥，最好采用膜下滴灌。

6.植株管理

随着植株的生长，腋花序、侧芽、匍匐茎陆续抽生。为了集中养分供应果实生长发育，改善室内通风透光条件，防止植株郁闭徒长，提高后期果实产量和品质，应经常摘除老叶、病叶及多余侧芽和匍匐茎，并要及时防治病虫害。在花期疏除高级次的小花，集中养分，供应低级次果实发育，使果个增大，提高果实整齐度。

7.人工放蜂

在草莓的促成栽培中，经常发生坐果率低或畸形果发生率高的现象。为提高坐果率，可以在温室内放养蜜蜂。放养蜜蜂的时间一般在草莓开花前7～8 d进行，使蜜蜂在花前能充分适应温室内环境。一般每栋温室放一箱蜜蜂即可，放蜂期间要调节好室内的温、湿度，保证顺利授粉。蜜蜂出巢活动的最适温度为15～25 ℃，与草莓花药开裂适温13～20 ℃相一致，白天温度超过28 ℃时要进行通风换气，换气时为防止蜜蜂外逃，棚膜通风处要加盖纱网。

8.二氧化碳气体施肥

由于冬季日光温室放风时间较短，室内严重缺乏CO_2，使草莓光合作用效率下降，制约了草莓产量的提高。因此，温室采用CO_2气体施肥是一项简单实用、经济有效、值得推广应用的增产增收措施。

一般在严冬、早春及草莓生育初期施放CO_2效果好。生产上一股在开花后1周左右开始施用。每天从早晨8:00～9:00，连续施用1～2 h以上。晴天每天每公顷CO_2施放量为15 000～18 000 mg/m^3，阴天每天每公顷CO_2施放量为5 250～12 750 mg/m^3。

模块巩固

1.简要说明葡萄的主要种类。

2.简要说明葡萄的主要品种群特点。

3.简要说明葡萄生长发育要求的生态条件。

4.简要说明葡萄扦插育苗的方法。

5.简要说明葡萄的主要架式。

6.简要说明葡萄单臂篱架的优缺点。

7.简要说明葡萄副梢处理的方法。

8.简要说明草莓半促成栽培选苗的标准。

9.简要说明草莓半促成栽培时的定植方法。

10.简要说明草莓半促成栽培时定植后的管理。

11.简要说明草莓日光温室栽培时定植前的准备工作。

12.简要说明草莓日光温室栽培适时保温的措施。

参考文献

[1] 蒋锦标，卜庆雁. 果树生产技术(北方本). 北京：中国农业大学出版社，2011
[2] 蒋锦标，卜庆雁. 果树生产技术(北方本)，2 版. 北京：中国农业大学出版社，2014
[3] 马文哲，雷世俊. 绿色果品生产技术(北方本). 北京：中国环境科学出版社，2006
[4] 张义勇. 果树栽培技术(北方本). 北京：北京大学出版社，2007
[5] 陈守耀，周秀梅，陈建业. 北方优质果品生产技术. 北京：中国农业大学出版社，2012
[6] 张同舍，肖宁月. 果树生产技术. 北京：机械工业出版社，2017
[7] 陈登文. 果树生产技术. 北京：中国农业出版社，2013
[8] 张玉星. 果树栽培学总论，4 版. 北京：中国农业出版社，2017